U0153837

5國立中央圖書館 台灣分館感謝公司斥資借印珍藏台灣日日新日報 85 捐贈宏道老人福利基金會圖書

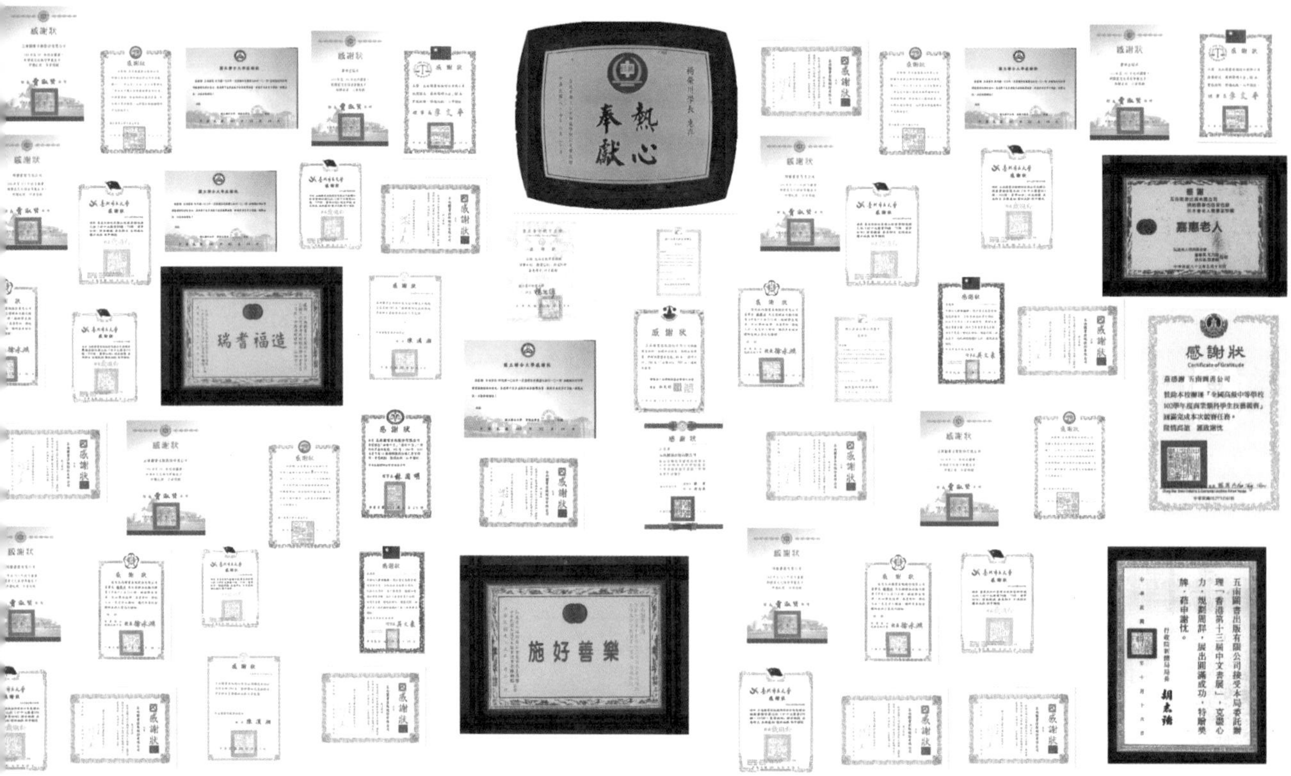

義 感謝贊助 95臺北市國立台中教育大學校友會—校友嘉惠 99台北市國立台中教育大學友會 感謝巨額捐款

感謝

80委辦香港第十三屆中文書展 行政院新聞局局長胡志強特贈獎牌 84承贈書一批法務部長廖正豪敬

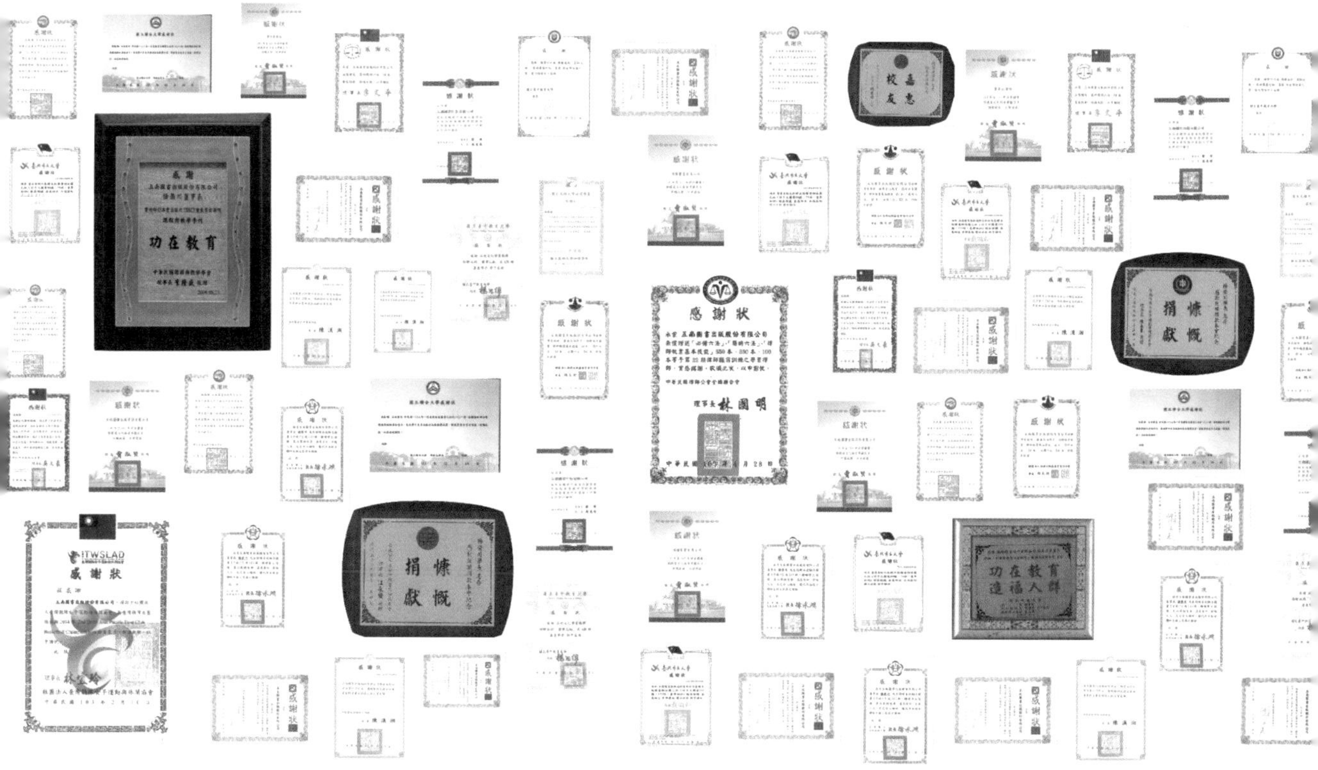

92贈宏道老人福利基金會一百本三代同堂孝親楷模表揚大會活動圖一百本——瑞耋福造 94第九屆華文出

出版職人

中華民國一〇五年
歲次丙申 九一叟 無名[illegible]
[illegible]

敬祝五南文化五十有成

洪孟啟／文化部部長

哈佛大學教授奈伊（Joseph Nye）曾提出一個概念：一個國家以非軍事強迫或經濟收買的方式，對外形成的吸引力與影響力，就是「軟實力」。「文化」就是國家的軟實力，「出版」更是其中重要的一環。根據書號中心統計，至民國一〇三年底止，申請ＩＳＢＮ的一般出版社累計已達一七〇七九家、個人出版單位有七二一四家，近年來的出版總量更是驚人，每年都在五萬種以上！

這些數字，顯現的是我國文化的活力充沛旺盛、隱含的則是出版產業的競爭非常激烈。為了獎勵這些深耕產業的文化尖兵，行政院新聞局首度在九十六年頒發「金鼎三十『老字號金招牌』資優出版事業特別獎」，向這些成立超過三十年而且曾經得過金鼎獎的資深優良出版業者致意。獲得這項榮譽的有四十三家出版及雜誌社，「五南」正是其一。

「五南」以服務學術為志業，五十年來出版優良圖書近七千種、學術期刊八種，並兼營文化廣場為學術專書布建全省性的銷售據點。在推動本部主管的政府出版品方面，亦默默耕耘且卓然有成，推廣擴及海內外，為研究我國政府政策的重要資訊平臺，也是臺灣研究領域具有專業權威及信度的關鍵文本。創辦人楊榮川先生更與出版界攜手前行，作文化的尖兵，以出版事業作為我國文化軟實力的象徵和文明指標，孜孜矻矻未嘗稍懈。於公，我要給予肯定和掌聲。

在私人情誼方面我與「五南」結緣將近半世紀。民國六十年初的重慶南路，大約是現在的宏國書店和三民書局附近，第一次遇到了五南的出版品，猶記當時的五南面容清秀身材嬌小，襯著白底水藍或者白底紅邊的衣裳，向我娓娓細訴如何準備功課、如何面對考試，優雅的姿態，親切的談吐，那麼令人難忘。重慶南路是好幾代年輕人的記憶之鄉，五南也為我們的記憶之鄉漆抹了幾許春紅。

我與創辦人相識相交也將近四十年，榮川兄說當初因為自己在學校教書同時參加考試，一方面是有了成功的心得，一方面卻又見許多友儕努力而不得其方，基於推己及人和不忍人之心，於是興起了寫書出書的想法，希望為有志向學並力爭上游的秀才們助一臂之力。「五南」誕生之後，榮川兄一如天下父親，盡心盡力的努力培植，不但遍訪名師更不斷充實五南的知識領域和內涵。

「五南」穩健走過半世紀，一如成長之初，始終以傳播學能，服務學子為志業，天命之年其志益堅，敬祝五南五十壽辰，並祝松柏長青，邁向永續發展大道。同時也向盡心照顧培植五南的榮川兄敬致佩忱，當然也不能忘記向五南的褓姆和師長們表達感謝之意。

無心插柳半成蔭
——五十年的翻騰與期待

楊榮川／五南文化事業機構
創辦人

五十年的翻騰，有挫折，也有滿足；有心酸，也有快樂。想到草創時的遲疑，以至屹立至今，歷歷在目，心濤起伏之餘，感恩隨之。

赤腳囝仔，人窮志不窮

萬萬沒想到會走入「出版」這條路，尤其是一位生長在代代務農，年節才有魚肉上桌的家庭。不特別為了什麼，「脫貧、爭出頭」，是潛存心中的一股動力。若說為了「實現理想、提升文化」而作出版，那是過度的自我膨脹。在那個赤腳上學的年代，七、八歲就得放牛、田泥裡討生活長大的鄉下小孩，哪有理想，何來文化！圖個溫飽而已。

當年，同村的小孩，放學回家後可以盡情嘻笑玩鬧，我呢？回到家已是下午四、五點，還得放牛吃草；遇到雨天也得披著麻布袋摺成的斗遮（連蓑衣都沒有），出去放牛兼割草。想來好笑，童稚的心裡還期盼著要嘛雨就下大一點，大到不用出外工作……。到了學校，看到升學班的同學穿著漂亮的衣服，而我卻是天尚濛濛就得出去放牛，在升旗的前一刻，才赤著腳走了四、五十分鐘的路趕到學校，能不羨慕嗎？或許「脫貧」的意識就在那時候種下的！

小學以全校第二名畢業，眼看著同學一個個進入初中讀名校，多羨慕啊！在父親反對、老師勸說、舅父支助、母親支持下，才得以考入鄰鎮的大甲初中。心中能不怨才怪！怨懟的同時，小小的心靈已悄悄蘊育「有朝一日，我要爭出天」的奮鬥意識。這種意識的潛存，一直鼓勵著自己；三年初中以最優異成績獲得唯一保送，進入百中取一的臺中師範，一九五九年八月取得不錯的小學教師職業保障。

身為長子的我，必須兼作農耕不能遠離鄉居，經濟上也不允許我再考大學，但也不願眼巴巴看著中小學的同學紛紛進入了大學，只能靠自己了。一九五七年師範畢業，兩年內積極準備考試，分別考上普考、高考，接著陸續應試取得初中高中教師資格。一年一試及第，更成為鄉里稱羨、請益的對象。從小自卑，這時候，開始拾回一些自信。

撰文、編寫、發行 初嘗脫貧滋味

從事出版的人，多半是在書局、出版社工作過的人，或是受親朋好友的耳濡目染才走入這行的。而我是在自己讀書專長的圈裡打轉，寫文章只是自己「水盡山窮」後找到的又一村！

一九六二年起在苑裡初中教了幾年，心中的悸動始終不停，受限於應試資格也不能再考研究所了，放眼考試界已無再展身手的餘地；企圖在教職外有更多發展，於是開始寫作。三、五年間在各大雜誌報章，發表近百篇教育與教學的文章，常與當時教育名家文章並列；除了得到成就感，更重要的是有稿費可拿。沒想到發表文章，也成了脫貧的一招半式！

有一回完成一篇文章放下筆的當下，想到這樣一直寫總會有文窮筆盡的時候，一文一稿費總有斷絕的一日。何不寫書賣書，才有永續收入？《初中國文分類總複習》一書就這樣交由當時升學參考書的龍頭「南一書局」出版經銷，反應良好，初嚐成功的滋味。

辭去教職 埋首投入出版

看書是我的樂趣、記誦是我的天賦，歸納整理更是我的專長。每試必過成就了「考神」的美名，因而招來了無數應考之道的探詢。放眼當年的應考書界，雖有三、四家，但體系零亂無章、內容簡陋貧乏，正提供我出版高普特考用書的空間。心生一計，何不自行編寫出版？除了增加業餘收入，還可以提供其他應考者參考，一舉兩得何樂不為！就這樣，一本《普通教學法題解》風靡暢銷，更強化了出版的決心，成立「五南書廬」專門出版自寫自編的考試用書。教學之餘又多了一份在家的工作。

一九六八年，評估當時國家考試是年輕人找工作的重要途徑，所編寫的書又很快銷售一空，於是說服所有反對的親友，決然辭去教職投入出版，正式登記「五南出版社」，初期以出版高普特考用書為主，並於一九七二年遷至苗栗縣苑裡鎮。創新的編輯體例推出之後，很快就席捲國家考試用書市場，不出三、四年，新的出版社也開始跟進競爭，我思考著轉變出版路線；另外也認為在臺北的印製、作者等相關資源較多，又費盡口舌說服家人舉家北遷。至此出版已成為我後無退路的終身志業，真是始料未及。

移居臺北 開拓大專教材的出版

臺北的天空是無限寬闊的、是大顯身手的好地方，就看怎麼尋找自己的舞臺。立下雄心大志，跳脫高普特考用書的惡性競爭，鑽進大專領域教科書的開拓。初期的大專教材出版，仍以國家高普考應試科目為主，企圖藉由考試科目的教材出版突顯五南的與眾不同，並帶動高普考題解書的銷售，同時試探大專用書的市場，一舉兩得；另方面，由高普考用書的盈餘支撐大專教材巨額的資金投入，二者相輔相成。

在這樣的策略思考之下，林紀東大法官的《法學緒論》、管歐大法官的《憲法新論》、楊希震教授的《國父遺教》，一九七八年以後相繼誕生。應試科目的教材書出版漸齊之後，就選擇自己熟悉的領域——教育學科，重點開發。當時在臺灣師範大學教育研究所所長賈馥茗教授以及後繼者黃昆輝博士的提攜與支持之下，很快就在教育學術領域裡站穩了腳步；緊接著法律、政治、行政……漸次拓展。

其間雖然面臨市場開拓的排擠、品牌定位的轉換困擾、業界競爭的打壓，但憑靠著學者的支持、作者的厚愛、讀者的鼓勵，以至於同仁的打拼；終究在學術著作、大專教材的出版，取得一席之地。一九九九年《應用心理研究》期刊出版後，又進一步與學界合辦其他學術期刊，至今已有八種，為學術奉獻一份心力。

兩岸出版交流與通路布建

一九八七年解嚴之後，兩岸出版交流亦漸開放，版權授受不計其數，此外更積極投入兩岸的出版活動；包括：參與歷屆「兩岸三地出版聯誼會」、組織臺灣教育訪問團、承辦第四屆大陸全國書市中的臺灣館、接受中華文化發展基金會委託補助大陸學者出版、冷門的研究專著、舉辦「兩岸大學出版社經營研討會」四次。二〇〇五年，更獲得兩岸四地華文出版聯誼會頒贈「出版交流成績卓著」獎座，表彰本公司對兩岸交流之貢獻。經營漸具規模，出版書種日多，卻面臨通路只賣市場書不願陳列學術書的問題；因而另設自營的銷售據點「五南文化廣場」，從一九九五年臺中總店開始，至今全臺已有七家，解決了中南部學術著作缺少專業通路的瓶頸。

二十一世紀初的因應

一九八〇年代以後，大專院校的急速擴充，提供了公司發展的空間，而一九九七年代以還，少子化的趨勢卻漸次降低了教材的需求；面對市場流失，不得不另尋出路以為因應。首先強化知識讀本的開發，除了充實原有書泉出版、台灣書房的出版內容外，另立「博雅出版社」有系統的出版知識書；學術通俗化成了另一個發展方向。

少子化導致學生人口縮減的浪潮，二〇一〇年起漸次滾入了大專院校。此後的十年，大專院校的學生將縮減百分之四十六。而資訊取得的多元化、知識需求的淺碟化、閱讀興趣的淡薄化，更使大專教材市場雪上加霜。因此決定擴展學校市場的縱深，上延碩、博士研究生的研究用書，下伸中小學生的學習用書，以填補大專院校學生的缺口。「知識讀本」深入廣大的社會大眾，「中小學學習用書」擴大學校市場的縱深；二者同為進入二十一世紀後努力的目標。

無心插柳半成蔭

經過五十年的辛勤耕耘，由小鎮到都會、由單一到集體、由考試用書到學術專著、由出版到通路、由圖書到雜誌，「五南」已成為少數含括圖書出版上中下游的文化事業機構。二〇〇七年獲行政院新聞局頒授「金鼎三十，老字號，金招牌」的肯定，半生心血，稍有所成。五十年期間，循著環境的變化不斷調整策略，大致歸結起來，可以概分為六個階段：

一九六〇年代：匍匐探索、走進國考用書的時期；

一九七〇年代：攀上考試用書巔峰、徐圖大專教材出版的時期；

一九八〇年代：邁向大專教材學術專著的出版、兼及知識讀本的時期；

一九九〇年代：堅守學術出版、從事兩岸交流的時期；

二〇〇〇年代：深化學術專業品牌兼及知識讀本、延伸高職教材出版的時期；

二〇一〇年代：擴展出版縱深、啟動數位產品行銷的時期。

不同的時代、不同的策略，讓五南得以繼續存活下來。雖不敢說有多大成就，至少沒有凋零。「無心插柳半成蔭」或是真實的寫照。這要歸功於學界的厚愛與支持，沒有學界菁英的著作，出版將成空殼，縱有使命，亦無以為媒。工作同仁的努力，也讓五南得以不墜，我們衷心感謝。未來仍將以「平實穩健」為經營風格，「知識、創新、責任」為企業理念，「傳承知識、弘揚學術、提升文化」則是我們終身的志業。

翻騰半百，成就一半；未竟全功，尚待努力。願共勉之！

目次

二〇一〇年代　擴展出版縱深 啓動數位產品與行銷　258

欄目索引

特稿 作者、同業、友人 對五南的期許與祝福（按姓氏筆畫排序）

號外 金鼎獎作品

TOP 五南最具代表精選書

W檔案 出版交流、新書發表、來函手稿、活動照片、延伸報導

放送臺 公司業務、搬遷、異動、公告事項

午茶時間 五南職人花絮

附錄

一九〇年代

匍匐探索 走進國考用書

雞鳴破曉牧歌唱晚，日出而作日落而息，一九六〇年代的臺灣正是這一幅農家樂的景象。「老師早！」「老師好！」，每當楊榮川，騎著自行車前往學校的路上，那些打著赤腳、提著布包的孩子，總是拉開嗓門的喊著，深怕他沒聽見。「老師」這個職業雖非志趣所在，但至少能圖個一家溫飽，而且頗受村人敬重，課餘之暇，還可以陪伴年邁的父母兼顧家中的農事。就這樣吧！

就這樣，上課時傳道授業、下課時汗滴禾土；看似踏實又平靜的日子卻按捺不住心中的那個聲音：「我，遍讀群書高考及格、又擁有初高中教師資格，鐮刀鋤頭畢竟不是我的工具呀！動筆吧！」於是，「楊榮川」三個字便隨文章常常出現在各大報章雜誌。每當看到自己的名字與張起鈞、毛松年、何應欽、謝冰瑩、賈馥茗、林清江等學者名家並列時，心中更是波濤洶湧。

既然選擇了用「筆」來宣洩心中的悸動，那就要讓這支筆盡情的揮灑。一九六六年《法學緒論題解》誕生、接著《普通教學法題解》暢銷、《教育心理學題解》大賣，教學之餘，包書送貨的速度已經趕不上源源而來的訂單，於是「五南書廬」有了開頭、「五南出版社」有了基礎。成功決非偶然，更不是必然，總是要天時地利人和，但楊榮川似乎不全然具備。

先說「人和」，他是不顧親友的反對，放下鐵飯碗、開起出版社的，若是失敗可真無顏面對家鄉父老呀；再說「地利」，苗栗的通霄和苑裡都是農業鄉鎮，並沒有出版相關的資源，光是排版、印刷、送貨、收款，就不是件容易的事；至於「天時」，那就是他敏感的察覺到當時參加「國家考試」取得公職，是年輕人重要的就業途徑，便掌握了這個契機。

光有「契機」還不夠，有「考神」之稱的他，還發揮「創意」將自己百戰百勝的考試經驗變成一門生意，接著以「創新」的編寫體例脫穎而出，博得考生青睞，最後才以出版國家考試用書跨出「創業」的第一步。我想，蠶在吐絲的時候，並不知道自己會吐出一條絲綢之路；楊榮川在搖動筆桿的時候，也不知道他正在描繪一幅橫跨兩岸三地的出版藍圖吧！

王翠華◎主筆

五南大事

1962

九月、創辦人歷經高普考，初中教師檢定及格之後，開始撰述時論文章，分刊雜誌報刊。

1966

一月，出版升學用國文參考書：最新初中國文分類總複習、高中國文精解、高中國文分類總分析等三書，交臺南南一書局總經銷。

六月，以未登記之「五南書廬」為名，出版《法學緒論題解》恬逸著，為出版高普考用書之第一本。

十一月，《普通教學法題解》造成轟動。

出版要聞

1967

一月，國立編譯館正式接辦審查連環圖畫出版工作。

四月，教育部核准增加八家出版社，印行部編本中學教科書。

五月，教育部甄選七十一家書局印行國、公、史、地，以外教科書。

十月，第一屆全國圖書雜誌展覽。

1968

六月，正式登記出版社之前，截至五十七年六月止已出書二十種。

七月，正式登記成立「五南出版社」於苗栗縣通霄鎮五南里。以出生地「五南」為名，專門出版高普考用書。

遍覽群書之餘 開始寫作撰文但未出書

【記者謝昀諭／報導】

楊榮川的名字，最近幾年經常出現在報章雜誌上，一篇篇的文章都是針對教育的議題發表意見，提出看法。記者實地採訪，才知道，他只不過是一位二十多歲的初中教師而已，卻能針砭時弊或是傳播新知，真不容易。

他是一位農家子弟，苗栗縣通霄鎮的鄉下「羊寮仔」是他的出生地。苑裡國小畢業考入鄰近的大甲初中，接著保送臺中師範學校普師科，三年的師資養成教育，加上畢業後的準備普考、高考「教育行政人員」，讓他遍覽群書。他說：「幾乎當下的所有教育類著作或期刊論文，我都有看過，毫不遺漏。」難怪師範畢業後第一、二年就分別登上全國性的普考、高考的金榜（記者按：當年的高普考制度，是按照全國三十六省的人口數比例分配各省錄取人數的。）書看多了，自然有了想法，下筆成文，陸續見諸報章雜

■十八歲，一臉童稚，依依不捨地在母校門口留影，開始投入教職的行列（民國46年6月）。

出版職人

社　　名：五南書廬
創 辦 人：楊榮川
劃撥帳號：22367
地　　址：357苗栗縣通宵鎮五南里119號

大事與聞

■五月，中共發動文化大革命。

誌，幾年下來論點漸受肯定。

據他說，有一次他接受中華日報「文教論衡」專刊的邀稿，在專刊上寫一篇文章，結果同版登出的除教育學者外，尚有時任臺灣師範大學校長杜元載教授。「看了，自己都覺得汗顏。」一篇〈經濟發展過程中教育應有之配合〉，登在《新天地》雜誌上，不出幾天就接到經濟部人員的來函，邀約北上面談，可以派車到車站接人。「那位熱心人士不知道我還是一個涉世未深的鄉下小伙子，皇天在上！嚇都嚇死了，怎麼敢去呢？」楊榮川如此形容。

■《教育與文化》、《臺灣教育輔導月刊》等都是知名雜誌，能夠刊出的都是名家的文章。

平生第一本書誕生了！出書 但非出版

【記者謝昀諭／報導】

民國四十六年臺中師範畢業，分發至家鄉五福國小任教的楊榮川，雖然收入只有月俸三百八十五元，但在工商業普遍不發達的鄉下，對一個貧窮的農家子弟而言，是一份穩定、人人稱羨的職業。後來普考、高考及格雖然沒讓他轉入行政機關，但經過甄試，卻取得初中、高中教師的資格，服務國小滿三年，當完預官之後，於五十一年轉任苑裡初中教書，被分派教授國文。

「我不敢說我的國文有多強，但我知道學生要的是什麼，怎麼樣呈現給學生。」於是將編寫的《最新初中國文分類總複習》、《高中國文精解》、《高中國文分類總分析》等交由臺南南一書局經銷，初步嚐到成就感與額外獲取貼補家用的喜悅。這是楊榮川的首次出書，是撰寫論文發表之外的另一項教學業餘工作，扮演的是作者的角色，但並非出版的功能。

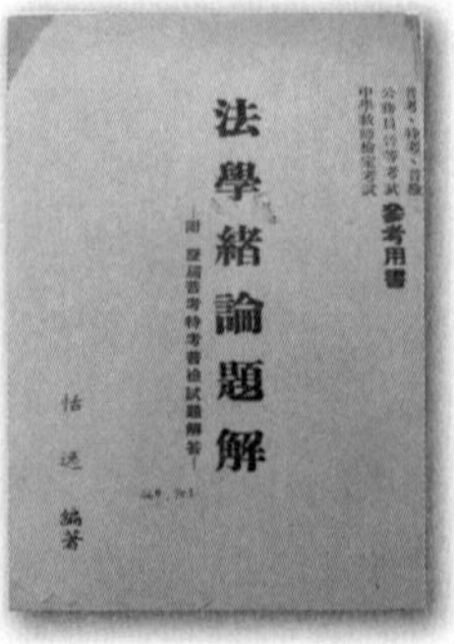

■恬逸 著，五南書廬一九六六年六月出版。

「五南書廬」第一本書《法學緒論題解》初探考試書市場

【記者蘇秀林／報導】

「讀書寫作是我的興趣，資料歸納整理是我的專長。」苗栗通霄鎮五福國小教師楊榮川，平日準備應試、參加高普考、教師甄試，屢試屢中。金榜題名之後，更在各大報章雜誌發表近百篇的文章，但終未成書。最近於六月出版的《法學緒論題解》是「五南書廬」的第一本書，也是楊榮川的處女之作。本書不僅引起考生注意，更開啟了他自寫、自編、自印、自銷的模式。

本書之出版，主要是經各種考試金榜題名之後，楊老師在鄉里同學間頗有盛名，有志應考的人紛紛請教他如何準備考試，在這樣的情況下開始萌生編寫題解書；又觀察坊間考試用書的狀況，確定了自己編寫題解書的特殊體例，就此投入坊間考試用書的市場試水溫。

至於他不是學法的，為什麼會寫這本書？他的回答是：「我雖未正式受大學法學教育，但為了準備初中、高中公民科教師資格考試，我遍讀了必考科目《法學緒論》坊間所有相關書籍，對法律特別感到興趣與偏愛，對法律的意義、制定、修正、解釋等等概念並不陌生。尤其《法學緒論》是所有行政類考試的必考科目，應考人數最多，市場也就最大，出書就要賣書，以市場考量第一，能不先寫嗎？」

■楊榮川與夫人在五南書廬——五南「羊仔寮」家門前。

《普通教學法題解》
楊教授命題 造成轟動

【記者蘇秀林／報導】

教師資格考試才落幕，考生間盛傳一本某校楊「教授」在十一月初版的著作《普通教學法題解》，據說能找到坊間教科書均無解的答案，是唯一有答案的題解書，造成轟動，編寫者楊榮川因此而享譽教師檢定界。

「五南書廬」出版的《普通教學法題解》一書在坊間相當轟動，考生爭相捧讀。近期舉辦的初中教師資格檢定考試，其中一題有關「協同教學理論」方面的試題，坊間任何教學法的權威著作都無相關論述，只有這本楊榮川編寫的書內才能找到答案，考生相傳是楊「教授」命的題。只是才取得初中教師資格兩年的他，笑笑的說：「其實只不過是因為寫文章須要查找資料，常看教育期刊論文，從中整理而成罷了。」

從第一本《法學緒論題解》出版成功後，他綜合整理歸納坊間更多考試科目的書，《國父遺教七百題》、《普通教學法題解》、《教育心理學題解》相繼出版，這些都是他的專業，也是高普考、教師資格檢定的必考科目。他說：「當年，我以高考及格的資格，服第九期預備軍官役，陸軍步兵學校第二名畢業後，分發澎湖部隊服役，不出二個月，就歷經連、營、團、師、軍澎湖防衛司令部，逐級甄試，最後代表澎湖防衛司令部軍官組，參加全國陸軍每年一度的政治大考，亦獲入選。之後代表陸軍參加三軍政治大考，入住博愛路國軍英雄館三個月期間，每天讀的是三民主義、國父遺教、五權憲法……，能不熟嗎？」

綜觀楊榮川編寫的幾本書：《普通教學法題解》、《教育心理學題解》、《國父遺教七百題解》等等，都是綜合坊間各種教材專著，加以整理、歸納，以自己的構思作系統化鋪陳，這是他的專長。「這是我能夠從師範學校畢業第二年起，歷經普考、高考、初中教師、高中教師等等考試，每試必中的主因。」尤其《普通教學法題解》這本書在市場上銷售成功，讓他堅定了出版這條路，除了增加收入之外，也是服務考生，更慢慢地有了「社會責任」實現的愉悅。

■《普通教學法題解》楊榮川 著，五南出版社出版。

特稿

一個好的出版社有助端正社會風氣

翁岳生
前司法院院長

我與五南圖書出版公司楊榮川先生結緣甚早，記得民國五十幾年時，我回國任教於臺大不久，楊先生經人介紹來訪，邀請我撰寫行政法教科書，我對其好意雖表感謝，但以德國學術上傳統，年輕學者要就其研究領域，不斷研究，發表論文，到了相當資深，學術地位受到肯定後，始能寫教科書，目前自己只是研究發表論文階段，而予以婉拒。楊先生表示理解，並未強求。數年後又提出同樣要求，我仍予以婉拒。民國六十一年我到司法院服務，一直仍在大學兼課，釋憲、教學、研究非常忙碌，楊先生知道實情，就未再提撰寫教科書之事，所託撰寫教科書終未實現。

民國八十九年七月一日起實施大變革之行政訴訟制度，新制由原來只有一級一審之行政法院，改為二級二審之高等行政法院及最高行政法院。訴訟種類也由原來只有撤銷行政處分之撤銷訴訟，增加公法上一般給付訴訟、課予義務訴訟及公法上確認訴訟。此外並增訂重新審理、保全程序及強制執行等規定。行政訴訟法條文也由原來三十四條增加為三百零八條。其變動之大，可以想見。當時司法院，為使行政法院法官理解新法，發揮新法功能，除舉辦各種研習會，聘請國內外學者講授相關規定外，也想到如能有行政訴訟法逐條釋義之類的書籍，當更有助益。乃與五南商議，楊先生深知逐條釋義之書，遠比教科書銷路為差，仍慨諾出版。因此我乃邀請學者、法官二十五人分別負責撰寫，編輯工作則由五南處理。由於五南熱心協助，終於九十一年十一月順利出版，與五南結緣總算有些成果。

回想與楊先生初次結緣時，「五南」公司剛草創不久，轉眼已屆五十周年，其間不斷成長茁壯，如今已枝繁葉茂，值得慶賀。盼望五南能為社會健全發展，尤其法治建設方面有更多貢獻。

五南出版著作

《行政訴訟法逐條釋義》（精）（主編）

業餘編書 發行樂在其中

【記者蘇秀林／報導】

五南的題解書在坊間書店受歡迎，訂單一張張來。記者一月專訪「五南書廬」廬主楊榮川表示，業餘經營，工作量愈來愈多。教書、編寫、發行，通通自己來，所幸有家人大力協助，書陸續出了三、五種，都是他和夫人賴美雲女士二人負責打包寄發。

用草繩、水泥紙袋捆裝寄發一包包的書

六〇年代，捆書用的是自行編織的草繩以及楊榮川媽媽到處討拾村人殘餘的水泥紙袋捆裝打包。村落的人知道他們有需要，蓋房子留水泥紙袋，就自動送來，楊榮川低價買入；然後利用收割的稻草，曬乾結繩，用以打包。鄰居閒著無事，偶而也會前來幫忙。常常第二天一大早，他本人就趁著去學校教書之便，騎

■用收割的稻草曬乾打成繩索，再用來綑書（凌雨君繪圖）。

出版職人

社　　名：五南書廬
創 辦 人：楊榮川
劃撥帳號：22367
地　　址：357 苗栗縣通宵鎮五南里 119 號

大事與聞

- ■七月，臺北市改制院轄市。
- ■十月，開始「中華文化復興運動」。
- ■十一月，教育部文化局成立。

著腳踏車，後座載一包一包的書，騎了近四十分鐘到苑裡鎮上的郵局或貨運行交寄。騎輪轆轆，有書載倒也喜在其中。楊老師每天下課回家，看到一包包的書待發、一張張的郵局劃撥單、書局訂單，什麼辛苦勞累，也都沒了。所謂成就的喜悅，大概就是這樣吧！

書多了，工作量不堪負荷，剛好鄰居原來在鐵路局服務的堂兄張水濱先生，因案離職無業，請來幫忙。這是「五南」的第一個員工。

業餘編書本本暢銷，書店老闆結款不怠慢

張先生每天下午四時左右就包好書，用腳踏車，多時就用兩輪拉車，拉著去鎮上交寄，減輕他及夫人的工作負擔。鄰居也相當有人情味。不識之無，只知

■凌雨君繪圖。

道一包包的是書，可以賣錢，必須拿到貨運行交寄。有時騎車上街買東西就順便幫忙帶著幾包，幫了一些忙，同村人的幫忙讓楊榮川感念在心。

書發出去了，帳款呢？書店結帳，都要親自收取，還得看老闆臉色，有空才結帳付款。還好，「五南」的考試書能銷，結款往往不敢怠慢。還在教書的楊榮川，只得利用假日往北部、南部書店登門收款；為了充分利用有限的時間，不顧商場忌諱，早上九點開門，就第一個衝進去找老闆結帳，久而久之與店家老闆熟識，他說：在鳳山的建宏書店林世忠老闆每每見到他來收款總要調侃一下，好笑又倍覺親切。至於家鄉附近的中部書店，就由他的夫人負責了。編寫的書大受考生歡迎、打包寄送有家人與鄰居協力支援，楊榮川以出版為業的意念，慢慢成形。

五南書廬 正式登記為出版社

【記者蘇秀林／報導】

楊榮川在出版多本自已編寫的考試用書以「五南書廬」出版之後，書越出越多，有了更多的出書規畫，已非全是個人的著作，在七月起正式登記出版社名為「五南出版社」。

書總該有個家，他出身農家，住的是農村稻草蓋的簡陋屋舍，寫書、出書、藏書都在這裡，「書廬」就這樣蘊育而生，其前總要再加個廬主，無以名之，就冠上自己出生成長的「五南」俗稱「羊寮仔」（苗栗縣通霄鎮五南里一一九號），讓子孫不忘鄉里。兩年後為符合法令與規定，改名為「五南出版社」，一九六八年七月，登記字號為「行政院新聞局內版臺業字一六七八號」，以出版高普特考用書為主。出書已有二十種。

出版職人

社　　名：五南出版社
創 辦 人：楊榮川
內版臺業字第 1678 號
劃撥帳號：22367
地　　址：357 苗栗縣通宵鎮五南里 119 號
營運狀況
年度新書：2 種
累計出書：20 種
從業人員：1 人
年成長率：100%

大事與聞

■九月，九年國民教育實施。

▲TOP 國家圖書館保存最久的書

《經濟學五百題》

恬逸 編著

五南書廬，一九六八年出版

創辦人執筆編著，目前國家圖書館保存五南出版年限最久的藏書（一九六八），另以精裝書衣保存。

（蘇美嬌提供）

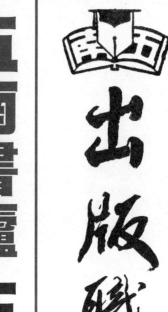

第一屆全國圖書雜誌展覽　熱鬧揭幕

【記者王翠華／報導】

內政部為響應中華文化復興運動，由新聞局出版事業管理處於十月二十四日下午在臺北市舟山路的僑光堂舉辦「第一屆全國圖書雜誌展覽」，並請嚴副總統家淦先生蒞臨剪綵，現場人潮踴躍，可謂盛況空前。本次展覽將至二十九日結束，為期六天。

自從一九四五年十二月，臺灣光復後第一家成立的出版社——東方出版社成立，至一九六一年底經內政部核准登記的出版社已有五八七家。

另外政府宣布自今年九月新的學年開始即實施九年一貫義務教育；相信更多教育資源的投入可以培養更多的閱讀人口，也為圖書出版業的成長提供了良好的環境。

午茶時間

父親的背影

教書之餘　振筆疾書

【楊錦芬／提供】

下午四點，在初中教書的爸爸（楊榮川），下課回到家就埋首書桌前奮筆直書。一直忙到晚上十一、二點，中間只有短暫的晚餐時間，囫圇吞棗似的用餐，才扒完碗裡的飯，還未及吞下就已坐在書桌前了。

臨睡前，媽媽哄我入睡時，總望著尚在書桌前的爸爸，在微黃的燈光下，背對著我們，地上散落著被淘汰揉成團的紙，聚精會神的振筆疾書，搭配著搖動的雙腳，好像是驅使他的馬達（害我大概就這樣子耳濡目染的繼承了他搖腳的習慣）。

我問媽：「爸爸在做什麼啊？為什麼還不睡覺。」媽回答：「他在編書啦！這樣才可以賺更多錢養你們。」

一九七〇年代

攀上考試用書巔峰
徐圖大專教材出版

「那是最好的時代，也是最壞的時代；是智慧的時代，也是愚蠢的時代；是信仰的時代，也是懷疑的時代……」；狄更斯在《雙城記》的開頭便如是說。是的一九七〇年代的臺灣正處在這麼一個風雨飄搖又曙光乍現的時刻——蔣公逝世、十大建設、石油危機、經濟起飛、退出聯合國、亞洲四小龍——這些關鍵字總是讓人憂喜參半、猶豫躊躇，但「五南」選擇了勇往直前。

第一步是另闢藍海。藍海，那是有遠見、有勇氣的人，才看得見、到得了的地方。就在「五南」品牌深植考生心中的時候，也正是「國考用書」廝殺最激烈的時候；衡量自身優劣條件——已從國考用書賺到第一桶金、評估外在機會風險——還沒有同業針對考科撰寫教材，五南決定擺開那些追隨者、模仿者，踏入大專教材的市場。突出考試書同業的特殊性。MBA的那一套理論又再次被驗證。

第二步是離鄉北遷。搬家，這對安土重遷的鄉下人來說，不是個容易的決定，其中的掙扎可想而知，但創業的熱情克服了所有的障礙和牽絆，也開啟了五南的「銅山街時期」。銅山街在哪裡？很多人聽都沒聽過；這條街很短只有兩百多公尺，開車不會經過、走路不會停留；只是緊鄰臺大法商學院，好像為接下來的發展留下伏筆？這就是五南在臺北的第一個落腳處。

第三步是插旗教育與法學。插旗，有宣示的意味，但眾聲喧嘩中要怎麼讓人看見你的「旗幟」呢？首先，田培林教授的《教育與文化》得到教育界的肯定與掌聲；接著，體例創新的《六法全書》恰似平地一聲雷吸引了法學界的注意。張愛玲說過：「出名要趁早呀！來得太晚的話，快樂也不那麼痛快。」我想，不斷與時間賽跑、追求創新的人，最能享受這「痛快」感覺。

談到臺灣中小企業的創業與成長，大多歸功於白手起家的「老闆」，而忽略了「老闆娘」這個靈魂人物。銅山街時期的「老闆娘」巧妙的扮演了一個柔性的角色：一早要打掃環境燒開水、中午要蒸便當煮點心、下班後還要結帳加帶小孩，女同事生孩子要準備麻油雞去探望、男同事娶媳婦就打扮的漂漂亮亮去提親～天哪！「老闆」都跑到哪裡去了？

王翠華◎主筆

五南大事

1970
三月，「五南出版社」在苗栗縣政府正式辦妥工商登記，設於通霄鎮五南里一一九號。

1971

1972
四月，「五南出版社」遷址於苗栗縣苑裡鎮世界路五十一號。
七月，創辦人正式辭去苑裡初中之教職，全力投入出版。

1973

1974
一月，鑒於高普考用書出版社日多，為避開激列競爭並提升出版品層次，開始策畫「社會科學概要叢書」，聘任臺灣大學楊希震教授擔任總主編，開始廣邀學者撰寫。

1975
四月，五南出版社遷移臺北市銅山街一號。主要著眼於鄰近臺大法商學院，方便轉型約稿。
八月，遷移臺北後聘用第一位業務同仁──黃德泉
五南出版社改制為「五南圖書出版有限公司」，但仍為獨資型之家族公司。

出版要聞

1970
三月，第一屆期中華兒童叢書金書獎頒獎。

1971

1972
四月，中華民國圖書出版事業協會成立。
八月，修正公布出版法。
新聞局增設出版、電影、廣播等三個事業處。

1973

1974
九月，全國秋季書展，在國際學舍揭幕。

1975
二月，新聞局全面換發出版事業的各類登記證。
八月，臺北市出版商業同業工會依法成立。

九月，「社會科學概要叢書」第一本著作《刑法概要》（高仰止著）出版、接著陸續出版：《國父遺教概要》（楊希震著）、《憲法概要》（管歐著）三書，為踏入學術出版的先鋒。

十月，擴編業務，徵募新員工。遷移臺北後聘用第一位編輯同仁——陳綺華。

1976

一月，明確訂立未來出版策略，開始積極轉型，進軍大專教材之出版，「以高普考用書的盈餘支援大專用書的出版；以大專用書的聲譽帶動高普考用書的銷售」，雙軌並進，相輔相成，漸次轉型。

1977

四月，考用雜誌創刊。

1978

七月，出版《新編六法參照法令判解全書》，體例創新，首開民國以來「六法全書」編輯體例新紀元。

十一月，為因應龐大的大專教材之出版費用（稿費買斷制度出版），並容納部分作者的非教材性的一般著作，另行創立「書泉出版社」，專事出版社會大眾之知識性讀本，屬於五南體系的另一家出版社。

1979

一月，中美斷交，時局悲觀，且大專教材買斷稿費在同業競逐下，受到擠壓，開始猶疑約稿，而稍受停頓。

十月，與印刷廠商洪俊雄共同收購明光堂印刷廠，專事日本出版界交付之日文書排版。

二月，新聞局編印「中華民國出版年鑑」，為國內第一本出版年鑑。

五月，蔣經國院長指示教育部，速編「臺灣史籍」。

十月，中華民國著作權人協會成立。

十二月，金鼎獎開辦。

五月，解除「停止雜誌登記」。

考試用書體例創新 站穩出版業界

【記者蘇秀林／報導】

想當公務員，坊間口耳相傳第一首選就是五南的考試用書。五南出版社的書一發行即暢銷，業務量大增，於是遷址擴大營業，只是才新春開始，決定以高普特考參考用書為出版路線之後，書要怎麼寫？內容怎麼鋪排？體例怎麼規畫？如何成為考生優先參考的用書？這是五南緊接而來的課題。

楊榮川，是考場身經百戰的人，他說：「我知道考生要的是什麼？怎麼樣的內容資料，才可以符合應考的需求？怎麼樣的體例規畫，可以幫助考生得到完整的知識？內容如何展開，才可以幫助考生記誦？更重要的，我了解坊間已有三、四家出版社高普考用書的缺失在哪裡？如何針對缺失，另闢蹊徑？」因此立下編寫的原則：

一、內容必須要新，除了坊間所有學科專

■五南的高普特考用書，都有附錄歷屆試題解答。

出版職人

社　　名：五南出版社
創 辦 人：楊榮川
內版臺業字第 1678 號
劃撥帳號：22367
地　　址：357 苗栗縣苑裡鎮世界路 51 號
營運狀況
年度新書：18 種

大事與聞

■九月，中華民國與日本斷交。
■十月，南部橫貫公路通車。
■六月，謝東閔提倡客廳即工廠，鼓勵家庭代工。

書的要點盡收書內之外，必須兼收專家學者近期發表的論文精華，尤其是時論性的文章。

二、歷屆考題必須毫無遺漏地融入內文相當章目之中，並且題末加註考試年次，提醒考生留意。這與坊間現有書只象徵性的將少數試題放在書後附錄，甚至有題目卻找不答案，迥然不同。

三、按照該考科的理論體系，搜遍所有學者專著的內容，以題解的形式、按章分節、逐次展開，給予考生系統的完整知識。看了這本題解書，等於閱遍了所有學者專著。這與坊間書東一題、西一題，給人零碎拼湊的感覺不同。

四、每章目題次的安排，必須將綜合性提綱契領式的題目在先，再將綜合題的細目、設題依序展開。就是依「綜合↓細目↓歸納」的順序，展開該章目題目的鋪排，層次井然，給人完整系統的知識。

五、每題答案的鋪陳，必須層次分明，分項分點標出，一目了然，容易記誦。不須長篇大論，簡要為尚。答案特長者，寧可簡要帶過，在其後另闢一題發揮，前後呼應，一氣呵成，印象深刻。

六、書後附錄歷屆試題及解答索引（即詳見本書第○○題），證明試題不出本書。試想坊間他書，有試題卻無答案，讀者怎麼想？題目給你，你卻不解，怎麼會對書有信心。

楊榮川以自己應試的訣竅加上站在讀者的角度，詳細地書寫這些規畫，他說：「就是這項完整細緻的規畫，才擄獲了應考者的心，書一出，本本暢銷，風靡考試界，成就了五南考試用書的地位，也成了日後所有加入戰局的書寫典範。」難怪一、二年內，坊間早有的同業，有的結束、有的改變出版領域，當年撰寫試題解答書的學者也自請併入五南的行列，「後來成了我的好長輩，提攜不少，感念不忘。每到美國，必定訪謁請安。」楊榮川有所感地說。

除了全面的搜集資料歸納整理之外，如何猜題解答？考題一概是祕而不宣，考選部也只印一次「歷屆試題彙編」，根本緩不濟急。那麼，又是如何取得試題做為編寫內容？他說：「只好東問西詢，後來就請人報考，進入考場默背試題後即交卷。要的是試題而已，出場追憶的題旨雖不差，用字遣詞，偶有迥異。」可是卻被後進的出版社奉為原真試題。「我覺得好笑，又不便說。」楊榮川如是說。

五南竭盡心力地為考生讀者著想，書一發行就能形成風潮，也是站穩考試用書第一品牌的最大原因。舊的結束了，新的又紛紛加入戰局，引發楊榮川另項新的思考……。

遷址於世界路
擴大營業 服務更快速

【記者蘇秀林／報導】

今年四月五南出版社為了能在接收訂單與發行更便利，自即日起遷址於苗栗縣苑裡鎮世界路五十一號，服務讀者。

五南原位於通霄鎮五南里一一九號，因為書愈出愈多，又要縮短發送書的往返時間，所以遷於世界路五十一號，是鎮上唯一一家書店，目前在考試用書上已有聲譽，讀者考試要用書一定選「五南」。

很多人對「五南」二字也感到好奇，字面上沒有意義，怎麼會命名「五南」？常常稍有熟識的人問創辦人：是不是你有五「男」？是不是你做出版覺得有五「難」？他常開玩笑的回應：「都不是，是『舞男』！」儘管不少人對出版社名疑問好奇，楊榮川僅遷址擴大營業，不改其名。

■機車行所在位置，即是五南出版社的舊址世界路五十一號。

出版職人

社　　名：五南出版社
創 辦 人：楊榮川
內版臺業字第 1678 號
劃撥帳號：22367
地　　址：357 苗栗縣苑裡鎮世界路 51 號
營運狀況
年度新書：8 種

大事與聞

■十二月，蔣經國宣布十大建設計畫。

中央主管官署為新聞局

「出版法」修正公布

【記者王翠華／報導】

「出版法」是政府管理出版品的最高法源依據。一九三〇年十二月公布後，又經過了一九三五、一九三七、一九五二、一九五八的歷次修正。本次修正公布的條文有：第七、九、十四、二十二、四十、四十一、四十七及四十五條等。

比較重要的是第七條：「本法稱主管官署者：在中央為行政院新聞局；在地方為省（市）政府及縣（市）政府。」這是為因應組織精簡，將一九六二年政府成立的「內政部出版事業管理處」，於本次修法將之併入新聞局，並改名為「出版事業處」。

中華民國圖書出版事業協會 成立

【記者王翠華／報導】

全國性的民間社團「中華民國圖書出版事業協會」（Publishers' Association of the Republic of China）於四月三十日成立，正中書局總經理李潔當選為第一屆理事長。

臺灣出版業百家爭鳴，為協助政府推行政令、團結出版力量、提高出版品質，促進出版事業發展、推動國際合作及增進文化交流，協會於焉誕生。協會將本著「促進中華文化復興，團結圖書出版機構，研究改進出版事業，開拓圖書出版前途」的宗旨，為出版同業服務。

抉擇與轉折
北遷擴大事業版圖

【記者蘇秀林／報導】

五南自在一九七一年五月從通霄鎮的小村落「五南里」搬移到苑裡鎮的的世界路之後，因為五、六年的出版累積，隨著量的增多，以及相對而來的繁雜業務、工作的方便，「五南」再次決定遷到臺北鄰近臺大發商學院的銅山街一號，試圖轉型擴大約稿。

■銅山街一號公司大門。

出版職人

社　　名：五南圖書出版有限公司
創 辦 人：楊榮川
局版臺業字第 0598 號
電話專線：3916542・3933357
劃撥帳號：0106895
地　　址：100 臺北市銅山街一號
營運狀況
年度新書：13 種
年成長率：27%

大事與聞

■四月，蔣介石去世，嚴家淦繼任總統。

■銅山街會議室。

其實自寫以至於外約撰寫幾年後，楊榮川決心走出版這條路的時候，就面臨了二大問題。他說：「這是我至今為止，人生面臨最掙扎的二事，也是最難抉擇的二大問題。」第一件事，就是「要不要辭掉教職？」，雖然待遇不高（苑裡初中，每月只領四百五十元），但算是穩定，在鄉下地方也是受人尊敬的行業。當他向家人提出「辭職」的想法時，都被堅決反對。爸媽不用說，夫人也認為「我們這樣兼著做就可以了。」連一起參加初、高中教師檢定的師範同班同學王朝宗，也堅不認同，來信力勸「萬萬不可」。但他說：「也許幼小時的苦，萌生的鬥志，讓我鐵了心，連爸動用最疼我的長輩陳開春老先生登門告誡我，都未撼動。」他的掙扎可想而知。就這樣在一九七二年十二月離開了人人稱羨的苑裡初中，少了一份月領四百五十元的薪水。從此，除了出版，已無路可走，面臨人生很大的轉折，「滄海茫茫，這個決定是對？是錯？是禍？是福？就交由老天決定了！」這是他當時心情的寫照。

第二件事就是「要到臺北發展嗎？」在苑裡鎮街上，他自己蓋的三層樓房，住居兼工

■銅山街編輯部辦公室。

作室、兼倉儲，埋頭苦幹了三年，專業出版。書種愈來愈多，愈做愈有信心，但也漸漸感到鄉下出版的局限：誰願意幫鄉下人寫書？廠商排版、印刷，臺北、臺中來往鄉下奔波，加價也是應該。加上高普考書已充斥，惡性競爭不在話下，怎麼辦？楊榮川開始深思。就此滿足嗎？再謀發展？若要走出鄉下，臺中好呢？還是臺北適當？搬到臺中是就近，至於臺北，也只去過幾次，人生地不熟。遠離家鄉，父母當然反對，夫人也不贊成。但在聽到他說：「家裡的小孩個個聰明，成績不錯，未來一定可以考上臺中一中，甚或建國中學、臺北一女中，勢必住宿他鄉，父母不在身邊，妳願意嗎？妳放心嗎？」聽到這樣，全家大小默默的接受了遷臺北的決定。就這樣，四月舉家遷到臺北，離開了生長，就業三十七年的鄉下老家。這次的抉擇，雖也不易，但「自己內心的掙扎，相對於辭掉教職，輕鬆多了！」他說。

徬徨與猶疑，終於渡過，遷來臺北，一切如預期的順利，「這是個明智的決定，也是人生的二大轉折點，後來五南的發展，應該會慢慢肯定當時的思考，如果沒有這二項改變，過幾年五南可能是另一種景況。」他說。

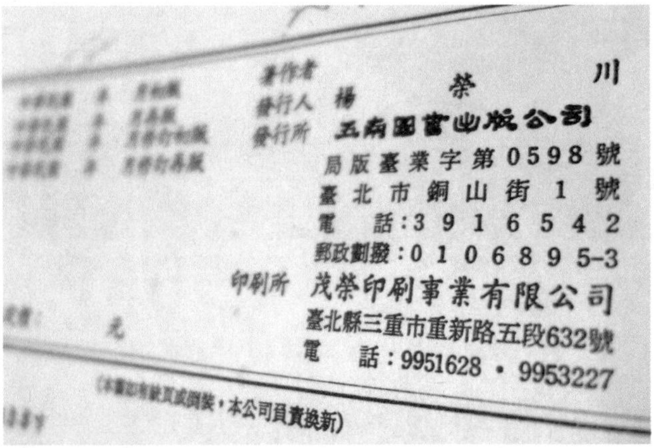

■五南圖書從苗栗世界路搬到臺北銅山街。

擴編業務 徵募新員工

【記者蘇秀林／報導】

隨著業務的增長，不到二十坪的銅山街辦公室，雖已有三位外僱從業的員工，編輯、校對、發行等作業還是人力吃緊，因應轉型與擴大編務十月徵求員工，歡迎有志在出版業發展者加入「五南」家族。

在苑裡小鎮做出版的晚期，總共有三位外僱從業的員工：張水濱、胡金秋、何志高，都是鄰居，除了何志高之外，民國六十四年都跟著北遷來臺北，住在一起，生活在一起，沒有主從之分。

五南社址新搬來臺北，聘用進來的員工第一位業務員是黃德泉，他原是苗栗縣南庄鄉的卡車捆工，也跟楊榮川家人同住銅山街，以辦公室為家，共同生活。

■編輯陳綺華（後排）照顧頭家的小孩，如同家人。

後來，陸續聘用的則是第一位編輯陳綺華，由她一手布建規畫出版部，整個出版團隊都由她領導，雖不負責約稿，整體編務則是一手承擔，也看著五南業務成長。楊榮川感謝的說：「員工看著我們家的小孩一個一個長大，有時還幫忙照顧那些小鬼（頭家的小孩）」。隨著業務增加，員工相繼進來，擠在一間不到二十坪的辦公室，一起打拼。全部不到十人，大家工作在一起，有的生活在一起，建立的工作情感，形同一家人，彼此互相關照。未來還有許多的計畫要進行，轉型與擴大邀稿，業務量大增，楊榮川表示：歡迎勤懇、對出版有興趣的人才加入。

特稿

五南大六法與我

古登美
前監察院監察委員

我和五南結緣大概是在民國六十四至六十五年間。當時五南圖書的楊董事長，與住在附近的林紀東老師認識。楊董事長發現日本有一種法典，除了法規以外，還把相關法令也編在一起，當時臺灣還沒有這一類的法典。於是楊董事長便與林紀東老師討論編纂事宜，林老師也認為這種法典若能完成，會對臺灣法學界有很大的幫助，因此同意協助五南編纂。

既然是六法全書，當然就要涵蓋憲法、民法與民訴、刑法與刑訴以及行政法。林紀東老師就找了鄭玉波與蔡墩銘兩位教授和我。大家在林老師家一起討論並分工進行。我是裡面輩分跟年紀最小的，負責行政法。當時編纂的稿酬是一個人兩萬元，那時候的兩萬元算是一筆不小的金額。我不知道其他三個人是怎麼編的，但我跟林老師說：「行政法的種類實在太多，不知道要怎麼著手進行。」林老師當時建議我可以找一個研究生來幫忙分門別類的蒐集資料，所以我找了一個法律所的研究生，因為工程非常浩大，我一共付給這位研究生兩次費用，一次五千元。我當時要求他要細心、耐心的一步一步的進行。先把要編入行政法的法律，依性質分類，每類的法律再以一個法一個法為單位，去找出它的相關法規、判例與司法院解釋。

當時我們的作法就像土法煉鋼似的，完全憑耐心與毅力去大海撈針，當年還沒有電腦，就只能把找到的資料，用手寫抄入一疊疊的稿紙中。三十個法就三十疊手稿，幸好那時候的大法官解釋不多，不到二百個。不過就司法院的解釋、最高法院的判例及行政法院的判例及有關的法律命令就很多了。把初步的資料放入後，再一次又一次的對照確認，尤其是解釋或判例的字號絕對不能出錯。此外一再尋找有無疏漏之處，希望不會遺漏有關係的法規或解釋例。戰戰兢兢的大概花了將近一年的時間，才把資料整理好。完成之後向楊董事長提及，也許這個版本還不是十分周全，將來五南圖書裡最好要成立一個有法律背景的團隊，隨時跟著日新月異的法律及判解，更新內容。因為解釋例、法律命令都會增加或變更，大法官解釋更是隨時代在變化，這本大六法的內容永遠都要做到正確且不落後，如此才會受到肯定。

出版以後，許多學生都會買來參考。不久學生跑來跟我抱怨，大六法更新內容出新版後又得買新版，四年的大學中要買好幾本，實在不是窮學子可以負擔。但新法新解釋例出來後的版本，對學生更加重要，所以只好再買新版。於是我就建議楊董事長，能不能學生買了大六法以後，可以做修正版的勘誤表或對照表送給學生，這對學生來說會是一大福音。楊董事長從善如流，造福學子。現在就是這樣做，買一本大六法可以享受服務五次的修正版對照表。

我們四個人把大六法的編纂工作完成，交付印刷以後，我們就不再經手後續的工作，由五南圖書的團隊負責後續的增修工作。

楊董事長曾請我們四個人一起吃飯，不久又送給我們額外的報酬。我負責的行政法部分，如果有新立法或修法，尤其有關行政法的解釋最常出現，我就會通知楊董事長，請他交代他的團隊增加或修正，有時發現有錯置或筆誤的地方也儘速更正。因為當年是用手稿完成，編輯又用人工打字，校正也不可能一點都不會錯，有錯就要儘速改正。經過這麼長的時間應該很周全了。大約五年前，有位大法官遇到我，她看到大六法上面有我的名字，還以為我一直都還有參與，給了我一份勘誤表，跟我說這是她發現書中的一些錯誤。雖然那些錯誤只是少一個字或重覆一個字，還有一些標點符號的錯置，但我非常感佩這位大法官的細心及愛護我們大六法的用心，所以我把這資料交給五南外，還請五南送一本最新版的大六法給她，表達我們的感謝心意。

時間過得真快，我跟五南的結緣竟然有四十年的時間，很高興聽到五南即將慶祝五十周年。當年楊董事長的遠見，編纂不同於過去所有六法全書的創舉，連林老師都稱讚不已，林老師還一再交代我們再困難艱鉅也要努力完成。今日的大六法，就是五南對法界最大的貢獻，希望五南繼續出版更多的好書造福我們的社會。

五南出版著作

《新編六法參照法令判解全書》（合著）

出版職人

社　　名：五南圖書出版有限公司
創 辦 人：楊榮川
局版臺業字第 0598 號
電話專線：3916542．3933357
劃撥帳號：0106895
地　　址：100 臺北市銅山街一號
營運狀況
年度新書：18 種
年成長率：25%

大事與聞

■十月，臺中港正式啟用。

新編「社會科學概要叢書」導引「大專教材」的思考

【記者蘇秀林／報導】

去年九月以來坊間書店有一套標示：「大專教材 考試用書」的五南「社會科學概要叢書」相繼出版，該叢書都是由教授撰寫的應考科目著作，據楊榮川表示：「社會科學概念叢書」是一項同類出版社所無的叢書，該叢書一開始推展不易，挫折感很大，但終也取得了部分大學教授的支持。觀其已出版的書目中《刑法概要》、《國父遺教概要》等等均由權威教授撰寫。此一策畫由學界專家撰寫的著作，備受市場與考生關注。

「五南」在家鄉通霄、苑裡，耕耘國家考試的出版，打拼中度過了六、七年後，成就了考試參考書的一方之秀，也招來了坊間投入出版的蓬勃發展。一時蜂起，「個個頭戴浩然巾，手執器械，蜂擁而至」，甚或五南的作者，自立門戶；其他的作者又開了出版社，群起搶食市場，形成了惡性競爭。

凡事起頭難，又有風險；後繼者依樣畫葫蘆，編撰體例、資料蒐集、試題配置、市場開拓等，都已有了前規，因而成本相對低，以偏低的折扣，搶攻市場。五南雖然地位已穩，卻面臨激烈的競爭：考試人數的激增，市場的可為，又成就了高普特考補習班的興起，雖然費用高，但也吸走一部分的考生，他們自有講義，也自行出書，靠著廣告的優勢，擠壓純

出書的出版社，威脅存活的空間。

即便是創新的先驅者，占有優勢，五南面對這樣的環境，也不得不亟思跳脫，走出困局。雖然有人建議五南也兼設補習班，甚至要借用五南名義成立補習班，坐享分紅即可，但補教界那種虛發考試訊息、誇大宣傳，虛張聲勢，變相招生的作為，「不是『五南』所能作的，更不是我的行事風格。」楊榮川遲遲不願意加入補習業戰局。百思之下，楊榮川想出了一項同類出版社所無的，那就是應考科目的教授著作。別人不易跟進，既可以在考試出版圈子獨樹一幟，也可相對提升品牌形象；又可以在擁擠的考試書中，走出另一條路。這種想法雖然推展不易，挫折感很大，但終究取得了部分大學教授的支持。

透過任考選部參事、司長李飛鵬先生的推介，認識了臺灣大學教授楊希震先生，邀其擔任主編，開始廣邀學者教授撰寫。一九七五年九月高仰止博士的《刑法概要》於焉誕生，緊接著楊希震教授的《國父遺教概要》、管歐教授的《憲法新論》、臺大教授趙捷謙博士的《經濟學要義》、東海大學教授曹興仁博士的《政治學概要》……應邀撰寫，為了方便行銷，將之系列化，取名：「社會科學概要叢書」，附標：「大專教材 考試用書」。

這系列書的出版，選書都是應試的科目，作者都是學界的專家，甚至有些是命題委員。內容基本上也是考試導向的，自然又是風行暢銷。加以五年制專科學校陸續增加，五專學生將會年年增長，招收國中畢業生，自與大學生有別。剛好這套書提供了適當的教材。這套書原是為報考人數最多的普考以及丙等特考而出版，著眼的是考試，也在每章後排入相關試題。五南雖早有預估到五專的可能市場，卻沒有將之當為主場。只是如虎添翼，這套叢書在考場之外，又增加一項園地，這是規畫之初擬以「學者撰寫的應試教材出版、提升品牌形象，掙脫考試書市場的群鬥」的策略思考是始料未及的。近來的市場反應，印證了創辦人策略的成功。他用行動告訴市場：「我們又領先你們一步了！」為「五南」開啟了另一片天。

▲TOP 五南最早的大專教材

《刑法概要》

高仰止 著

五南圖書出版公司

一九七五年出版

五南創社第一本大專教材，由高仰止老師撰寫。**（蘇美嬌提供，書影為新版書封）**

▲TOP 憲法類再版最多次的書

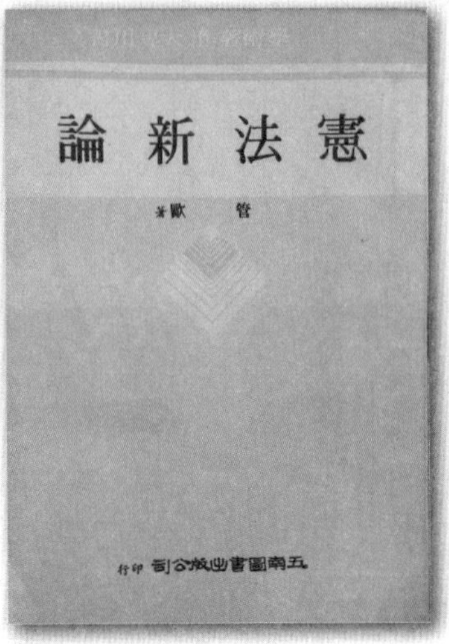

《憲法新論》

管歐 著

五南圖書出版公司

一九七五年出版

作者管歐為第三屆司法院大法官，此書至二〇一五年為三十版，是憲法類書最多版次的書籍。**（王翠華提供）**

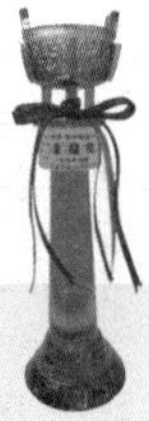

金鼎獎開辦

【記者王翠華／報導】

為促進出版事業發展、鼓勵出版從業人員敬業精神，以發揮文化傳播及社會教育功能；行政院新聞局於二月設立了「金鼎獎」，以獎勵在各出版領域中表現卓越之作品與人員。「鼎」為三足兩耳之金屬製品，在中國古代為傳國之重器，古人譔錄先祖之功德，皆刻著於祭祀之鼎，以示不忘，對中國人來說，鼎乃象徵權威事務的傳承；「金鼎」二字代表的是「金言九鼎，文化薪傳」意義深遠。

根據不同的獎項，新聞局聘請各領域中的學者專家擔任評審委員。得獎者除獎座、證書外，亦視情況酌予獎金，實質獎勵。第一屆頒獎典禮在臺北市三軍軍官俱樂部舉行，由行政院副院長徐慶鐘頒獎，共有四十四家出版事業單位獲獎；包括：雜誌金鼎獎二十一家、雜誌出版品輸出績優金鼎獎七家、圖書出版品輸出績優金鼎獎十一家、唱片錄音帶出版品輸出績優金鼎獎五家。

著作權人協會成立

【記者王翠華／報導】

十月二十三日，由學術界、文藝界和出版界共同發起的「中華民國著作權人協會」宣布成立。這是國內第一個推動著作權的民間仲介團體，也是著作人自主爭取應有權益的里程碑。

長期以來國內執法單位似乎不認為「盜版」是嚴重的犯罪行為。今年在一場政府與出版業者的座談會中，便有出版業者指出，儘管現行法令規定盜版者可處三年以下的有期徒刑，但大部分都只輕判六個月以下，並得易科罰金，這等於間接鼓勵了盜版行為。協會成立後，將秉持章程所賦予的任務，維護會員著作權益、增進大眾對著作權人作品的重視、促進國際間著作權益之互惠事項。另外，協會也可以督促立法與監督執行、傳達著作人的心聲，並減少著作人為了維護自身權益而奔波於各司法單位的困擾。

▲金鼎獎沿革

一九七六年：行政院新聞局創設金鼎獎：「優良雜誌獎」及「出版品輸出績優獎」。

一九八〇年：開始分為「新聞」、「雜誌」、「圖書」、「唱片」四類獎勵對象。

一九八二年：金鼎獎開始設立獎金。

一九八五年：增設推薦「優良出版品」。

一九九六年：取消「唱片金鼎獎」，與金曲獎合併辦理。增加金鼎獎特別獎。

二〇〇一年：取消「新聞金鼎獎」。金鼎獎特別獎更名為「金鼎獎特別貢獻獎」。

二〇〇七年：新增「數位出版金鼎獎」。

二〇一二年：由文化部承接主辦金鼎獎。

二〇一三年：文化部整併數位出版金鼎獎及行政院研究發展考核委員會主辦之「國家出版獎」，擴大辦理第三十七屆金鼎獎。新增「優良政府出版品獎」。

二〇一四年：第三十八屆金鼎獎重新調整及新增獎勵項目，總獎金調高至新臺幣六百萬元。

（資料來源：維基百科）

《新編六法全書》
首創編輯先例 為五南法律書打頭陣

【記者蘇秀林／報導】

獨家體例創新，首開傳統「六法全書」的《新編六法參照法令判解全書》在七月出版了！該書集合國內大法官共同編撰，法律條文下加註「條文要旨」、逐條「參照法令」更附列「重要法律事項條文索引」，編輯體例首創新紀元，引起法界重視，可望奠定日後五南法學出版之基礎。

法律對楊榮川而言，算是陌生的領域，但因為之前出版了管歐教授的《憲法新論》、林紀東大法官的《法學緒論》、法務部高仰止博士的《刑法概要》……數次訪談之後，對法律及法律學界漸有了解。有一回因為自己的需要，翻查當時坊間的二本「六法全書」，都只是法規條文的彙編而已，對使用者的檢索與深究，不方便且不足。開始有了加入「條文要旨」、「參照法令」等等新元素的構想。構想成熟之後，訪謁林紀東大法官，提出六法全書的出版構想，林大法官告訴他：「你這個構想很好，對法學界是一種貢獻。但是每條的「參照法令」，資料收集不易，工程浩大。更重要的是所費不貲，是否符合商業利益，你要慎重考慮。你回去想想，在商言商，是否值得投入？如果你要做，我可以幫你找幾位法學專家，負責主編。」那一幕，楊榮川至今記憶猶新。

苦無創新切入點的他，在法學領域發現了敲門磚，也得到鼓舞與支持，不出五天，回訪林大法官：「我要做，我要出版與眾不同的六法全書。」林大法官很快邀到臺大法律系的古登美教授、

出版職人

社　　名：五南圖書出版有限公司
創 辦 人：楊榮川
局版臺業字第 0598 號
電話專線：3916542・3933357
劃撥帳號：0106895
地　　址：100 臺北市銅山街一號
營運狀況
年度新書：13 種
從業人員：11 人
年成長率：60%

大事與聞

- 五月，蔣經國、謝東閔就任第六任總統、副總統。
- 十月，高速公路全線通車。
- 十二月，第一臺電腦 BBS 啟用。

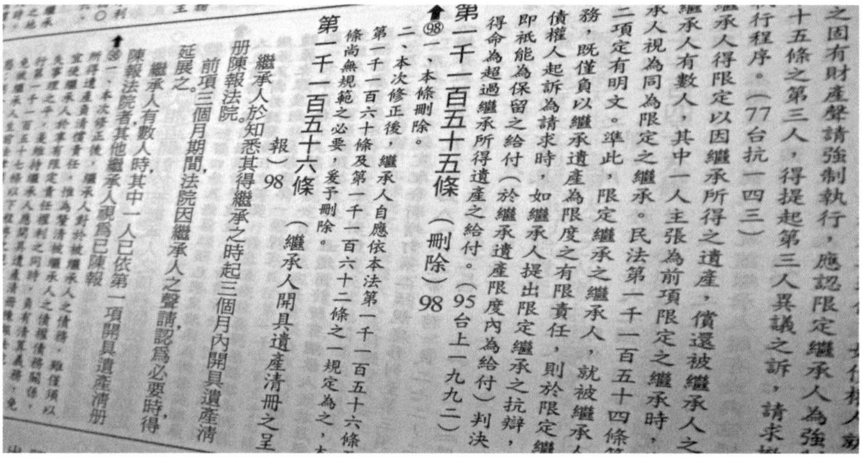

鄭玉波大法官、蔡墩銘教授，加上林紀東大法官自己，共四位，分別負責行政法、民事法、刑事法、公法的主編工作。楊榮川提出自訂的規畫，也得到四位主編認同的體例，開始分工編寫：

一、在重要法律的每一條文下，加註「條文要旨」，讓人一閱即知。

二、在重要法律的主要條文之後輯列「參照法令」，包含該條文的相關條文、尤其是特別法的規定，以及重要的大法官解釋、司法院判例。方便讀者進一步了解與深究。

三、全書之後附列「重要法律事項條文索引」，對法律人員更是方便。

經過兩年的努力，終於在七月出版。這本書讓法學界耳目一新，很可能成為相關法律從業人員桌上的案頭書。五南從大專教材經營到法學工具書，編輯一再的推陳出新，不僅為出版社的經營打下基礎，更一步步提升品牌形象與知名度。

▲TOP 最長壽、改版次數最多的書

《新編六法參照法令判解全書（聖）》

林紀東等 編纂

五南圖書出版公司

一九七八年七月出版

五南銷售前三名，累計銷售超過十五萬冊。歷史最久，且還在賣的一本書。首開傳統「六法全書」編輯體例新紀元。是五南最長壽、頁數最多、改版次數最多的一本書。**（法政編輯室提供）**

時代創造機會

高普特考用書 站上出版巔峰

【記者蘇秀林／報導】

五南出版社從最早一九六六年的第一本書到一九七九年六月止，總共出版國家考試用書已達三百種，在坊間普遍獲得考生的信賴，有相當高的市占率，對於想取得公務員資格的考生而言，提供了減省摸索、搜集資料的階段，可以很快的投入讀書計畫準備考試。

臺灣整體經濟大抵還是以農漁業為主，要轉型為工業製造業與商業服務業是趨勢，也正在發展中，但是工商業尚未繁榮，就業市場相對擠壓，就業機會不多，畢業生找尋工作不易；沒有「八行書」（即請託推薦函），「畢業即失業」是常有的現象。尤其鄉下孩子，在地既無工廠行號，外出又缺關係，尋找工作，談何容易！

經由考試取得公務人員的資格，算是找工作的一條捷徑。但是現時國家辦的考試有限，錄取比率又非常得低，根據考試院的統計，尤其一九六六年各種國家考試的錄取比率相當低，考試的難度很高，這正好提供了考試用書的切入空間。楊榮川看準了這個商機，加上自己的考試歷練與經驗，一開始以個人兼業的心態，教學之餘，自寫、自編、自銷的形式，探索市場，得到出奇滿意的市場回應。增加信心之後，開始對外邀稿。他的臺中師範同班同學，後又讀大學的王秋鴻所寫一九七一年出版的《貨幣銀行學三百題》，是五南外邀著作

出版職人

社　　名：五南圖書出版有限公司
創 辦 人：楊榮川
局版臺業字第 0598 號
電話專線：3916542．3933357
劃撥帳號：0106895
地　　址：100 臺北市銅山街一號
營運狀況
年度新書：22 種
累計出書：305 種
從業人員：11 人
年成長率：10%

大事與聞

- 一月，與美國斷交。
- 二月，桃園中正國際機場啟用。
- 四月，與美國簽署臺灣關係法。
- 十二月，美麗島事件爆發。

的第一本，才開始有了出版「業」的名符相實。

幾年的耕耘與努力，五南的考試用書已在高普特考用書的市場取得一席之地。雖然後繼者風起雲湧，但是五南書的內容新穎、體例完整，形成口碑。「市場永遠是屬於洞燭機先者；品牌則歸創新的人。」楊榮川以「先入」的姿態，占有了大部分的市場，奠定了高普用書的領導地位。

以考試用書的盈利支援學術教材出版

【記者蘇秀林／報導】

六月，大專學校已進入期末，緊跟著兩個月後新學期也將開始。不少以大專教材為方向的出版社，無不摩拳擦掌，蓄勢以待，開學季對他們而言是相當重要的時間點。坊間受矚目的一套標示為大專用書的五南「社會科學概要叢書」廣受好評，也激發了楊榮川的雄心，覺得大專市場可為，這也強化了當初（一九七五年）從苑裡小鎮北遷臺北的決心。同時為了進入大專市場，就近連繫方便，選定銅山街一號，與臺灣學術菁英所在的臺大法學院為鄰（實際上銅山街與徐州路是一條線，只隔著杭州南路就是臺大法學院），為早已規畫的書系就定位。

雖然大專教材方面已有十來家歷史悠久的大型出版社各據一方，但楊榮川決定一試，他知道當時的學術界，都是以賣斷書稿的方式為主，需要有雄厚的資金作後盾。但是他想：「我可以用考試用書的獲利，支撐學術教材的投入。」自此，在之前「以學術出版提振考試用書的聲勢，帶動考試書的銷售」的思考，又增加了「以考試書出版的盈餘支援大專用書的投資」的想法，形成了二者互為增補，雙軌並進，相輔相成的經營策略。

只是實際並非如此的單純。初期邀稿首先面臨的是品牌的拒斥。親訪約稿最常碰到的是：「你們是專門出版考試書的，我的著作，與你們風格不同。」楊榮川表示：「尤其一些已名成身就的大牌學者，更不屑我們一顧，登門都不易。當然也有一部分學者看到我們的熱誠，體會到我們的真心，熱心的支持我們。除了交與自己的著作，也轉介熟識的友人，讓我們在寒水中感受到一份溫暖，衷心感激。」對於一些名噪當時的學者教授，雖然早已成為歷史悠久出版社的一線作者，五南也不放棄，這些學者具有風吹草偃的作用，爭取不到可作為教材的著作，退而其次勸說學者的純學術專著出版。這些冷門的專著，具有學術價值，但沒有市場價值，出版這類書，雖然大多鉅額虧損（當然有些例外），但獲學界的肯定。五南在建立學者關係之外，也提升了品牌形象，脫離傳統上市儈的出版「商」觀念。

學界與出版界，出版著作絕大部分是付費買斷書稿的賣斷方式出版。簽約就得預付全書稿費三分之一的約額，學術著作不比一般書稿，三年、五年交稿那是正常，十年、十幾年不交稿並不稀奇。預付稿費的龐大，數以千萬計，令人始料未及。尤其稿費二、三年內，由每千字兩百五十元、四百元暴增至六百元（如果沒有新業者的投入，也許仍停留在千字兩百五十元），在千字四百元的情況下已不敷成本效益，嚇退了幾家剛投入大專市場的出版商，何況是六百元！連歷史悠久、財力雄厚的一家出版社，也就此打住，五南還是艱苦的堅持下去。

「五南」在「社會科學概要叢書」獲得成功之餘，隱約體認到出版「商」競逐的常態，面對邀稿的挫折、出版商搶人競爭，楊榮川說：「我們不忌嫌前輩的打壓，我們只感謝學界的熱心相挺，讓五南不至於像其他業者，知難而退。」他思考著邀約的大專教材三、五年後逐漸交稿，加上大專院校業務的開拓，可以逐漸回收；持續在這一塊「學術出版」領域，艱苦奮鬥，存活下來。

▲TOP 第一本有電腦編號的教育類圖書

《教育概論》
賈馥茗 著
五南圖書出版公司
一九七九年六月出版

電腦編號是每一本書在五南的身分證號碼。教育領域的圖書是五南的特色，賈馥茗先生望重士林，他所撰寫的《教育概論》，暨是名家的著作又是五南以電腦編號的第一本教育圖書，更具意義。**（教育編輯室提供）**

以「教育」為先鋒
網羅教育界學者著作

【記者蘇秀林／報導】

在坊間考試用書一直受到矚目與愛用的「五南」，策畫出沒有出版社想得到的「社會科學概要叢書」以來，一連串的企畫，內容上準確的瞄準試題，廣受考生參考選購。從通霄遷到臺北，擴大經營，確定走學術術出版路線，廣邀學者寫書，書種愈來愈多，不禁令同業好奇，下一本是什麼樣的書？得以出奇制勝的招術是什麼？

楊榮川表示：讀的是師範，修的是教育，考的是高普考「教育行政類」，從事的也是中小學教學工作，兼職寫作的也是教育的相關論文。對教育學術自然有所涉獵，對於教育學界的學者名家，亦都耳熟能詳。他更透露：「既然要走學術教材的出版路線，自然要從自己熟悉的領域開始。」當下決定勤訪教育界人才薈萃的臺灣師範學院（現為臺灣師範大學），首先拜訪當時的所長賈馥茗教授，她極力推崇她的恩師田培林教授，也是前任所長，因而出版了田所長的著作《教育與文化》，雖然冷門，但取得了賈所長的稱許與信賴，廣為推介。也認識了黃昆輝教授，雖是楊榮川臺中師範的學長，但是這才第一次見面認識。不多久，學長將他針對當時教育問題提出見解的論文，彙整成冊，名為《教育行政與教育問題》，擺脫多家出版社的爭取，將由「五南」出版，是對五南的肯定，也是支持。更多學者的引薦與邀約，展開了教育學領域的順利出版，幾乎網羅了教育界菁英的典範著作，楊榮川更邀請林清江博士寫《教育社會學》、郭為藩教授寫《當代教育理論與實際》、《人文主義的教育信念》等等。

五南在教育學領域的出版地位，從此建立的訣竅無他：往自己最熟悉的著手，才能瞄準市場，搶得先機。

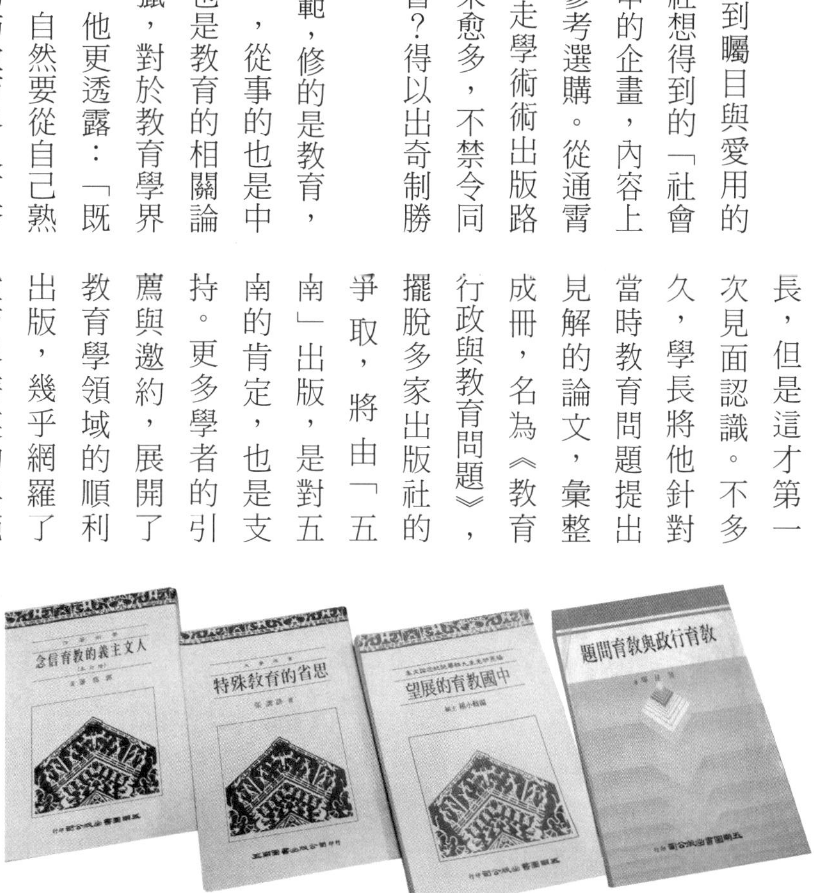

■部分教育書影。

颱風來襲　雨水無情

地下室倉庫泡湯了!!

【楊錦芬提供／楊士清繪圖】

七月颱風天，大雨滂沱，銅山街竟然淹起水來了。雨沒完沒了的下，囂張的淹進了公司及家，流往最低處的地下室倉庫。措手不及，出動所有住宿的老員工及家人，漏夜的搶救那集結眾人心血的資產——書。不敵洪水的無情，倉庫瞬間宛若泳池，損失慘重！隔一天清出泡水書，堆如山高！第一次看到樂觀的爸媽眉頭深鎖，表情哀戚！多麼的心痛，損失有上百萬吧，記得爸媽那時的估計，上百萬算多算少當時不知道，只知道爸媽的心頭很重很重！

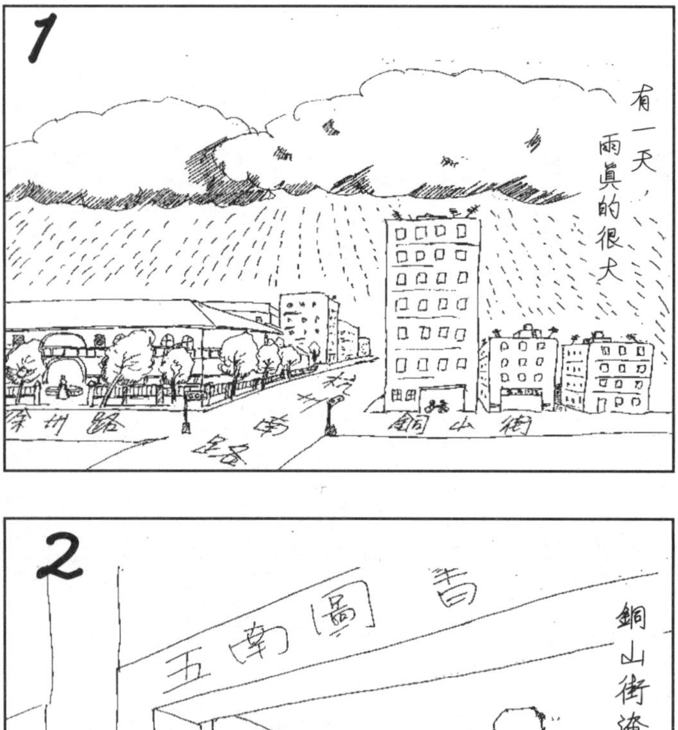
1
有一天，雨真的很大
徐州路
銅山街

2
五南圖書
銅山街淹水了

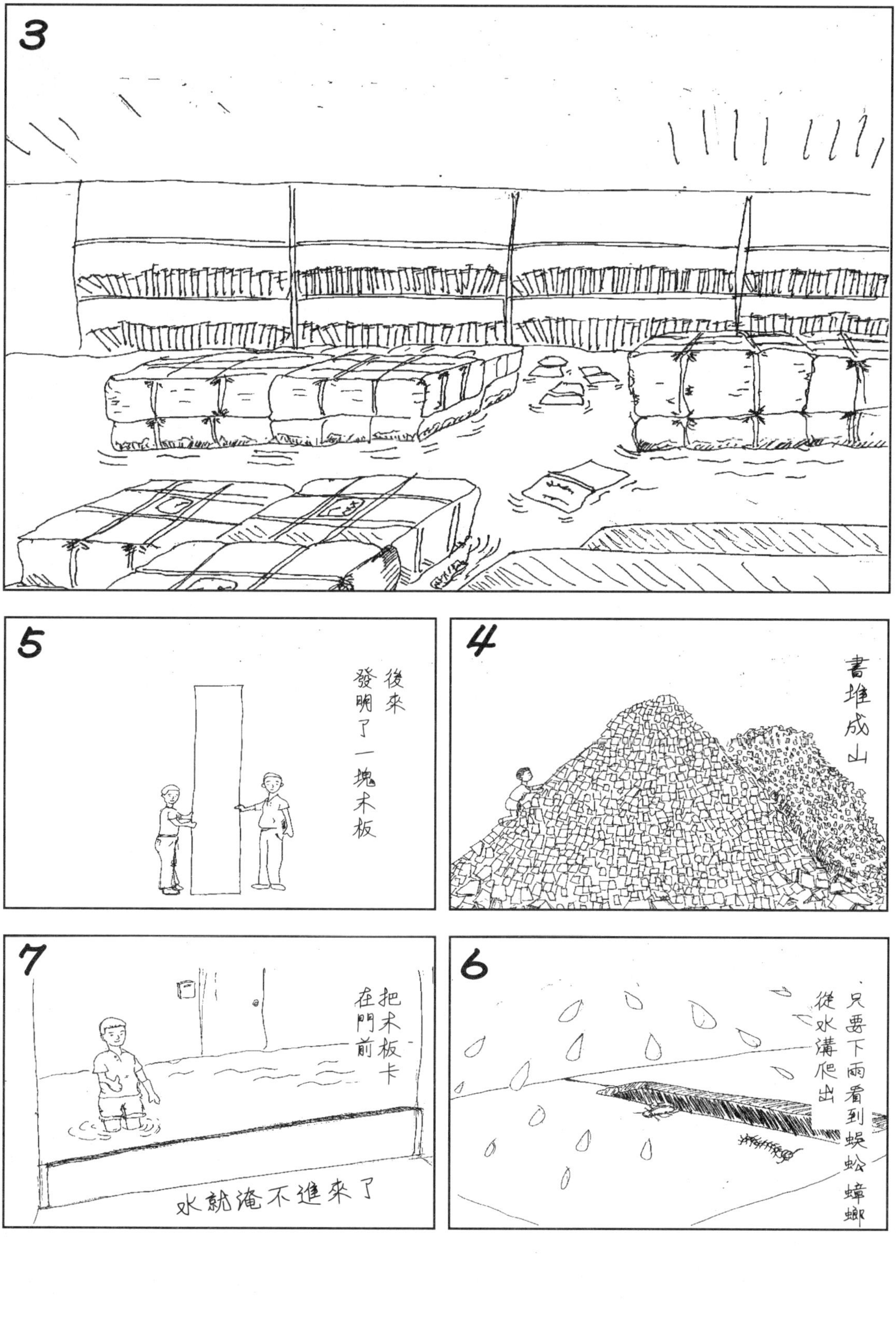
3
4
書堆成山
5
後來
發明了一塊木板
6
只要下雨看到蜈蚣蟑螂
從水溝爬出
7
把木板卡
在門前
水就淹不進來了

特稿

半世紀學術文化播種與耕耘

黃昆輝
前臺灣團結聯盟黨主席

五南文化事業機構創辦人楊榮川兄自一九六六年在苗栗故鄉開辦「五南書廬」起，一步一腳印逐步拓展，歷經半世紀，終於建立一個整合上中下游，涵蓋出版社、雜誌社、文化廣場及網路書店的出版事業體。目前，出版品已超過七千種，且獲得多項「金鼎獎」。出版事業在臺灣這種變遷快速、競爭激烈的環境中，能屹立五十年，已屬不易。更難能可貴的是，五南一直堅持「傳播文化、弘揚學術」的宗旨。

榮川兄畢業於臺中師範學校，昆輝忝為中師校友與五南作者，對其實踐自己所堅持的宗旨，有相當深刻的體會。昆輝任教臺灣師範大學的第一本學術著作《教育行政與教育問題》，就是五南出版的。在出版過程，可以充分感受到榮川兄對作者與學術研究的尊重。其後，師大許多師長、同事的著作也相繼由五南出版。最令人感動的是，賈馥茗老師在退休之後，晚期的著作皆屬高度學術性，換另一個角度直白地說，這些書既非課堂指定教科書或國考必備書，也不是一般讀者會去購買的，銷售實為不易。但榮川兄從未考量這些，只要賈老師一完成作品，他就興高采烈地捧回去出版。他就這樣為我們教育界留下了這些珍貴的經典之作。

五南文化事業機構擁有七家雜誌社，出版品橫跨眾多領域，其中「台灣書房」，近年來特別著重臺灣本土研究與臺灣主題圖書的出版。人民對自己國家文化歷史的了解，乃是凝聚民族感情，建立國家認同的關鍵因素。臺灣長期受外來政權的殖民統治，在偏差的教育政策之下，壓抑本國歷史文化的研究，也剝奪學生的學習機會，導致臺灣迄今仍陷在國人對自己的歷史文化欠缺了解，國家認同混淆的困境，這對臺灣未來的生存發展，實為一大潛藏危機。因此，昆輝特別期盼五南能夠持續致力於本土歷史文化的研究，擴大出版臺灣主題圖書。

今天，欣逢五南文化事業機構創立五十周年，昆輝特別以五南作者暨創辦人校友的身分，簡述這段與五南結緣的過程，來表達衷心的祝賀之意。

五南出版著作

《賈馥茗教育學體系研究》（黃昆輝、楊深坑主編）

《教育行政與教育發展：黃昆輝教授祝壽論文集》（合著）

《教育行政與教育問題》

我所認識的文化企業家楊榮川先生

特稿

黃光雄
前臺灣師範大學教育學系教授兼教育學院院長

我一九七七年八月回到臺灣師範大學教育學系服務，因為研究和教學的需要，常到師大書苑找書，知道五南出版了許多有關西方歷史和教育領域的參考書，因此對於五南有初步的認識。

某天，我與五南創辦人楊榮川先生見面，交談中深感他對於文化出版事業充滿熱情、理想和使命感。這是我對於楊先生的初步印象。

楊先生數度向我邀稿，由於俗務纏身，每每讓他失望。後來我到中正大學服務，才與蔡清田教授合撰《課程設計：理論與實際》（一九九九年），交由五南出版，才勉強回報楊先生的誠懇邀約。

我與楊創辦人的交往中，有三件事印象特別深刻。

一、慷慨大方；教師研究及教學所需的參考書，只要五南有出版，一概贈送。我感受特深是許久以前，我與楊先生聊天，我說臺灣出版英漢辭典，字數少，解釋不夠充實，楊先生說他從大陸帶回兩巨冊的《英漢辭海》，樂意贈送給我。沒幾天，這兩巨冊的辭典就送到我的研究室。

二、敬重學者：我在中正大學服務期間，李登輝總統提名校長林清江教授擔任考試委員。林校長要將他在五南出版的著作送給實施同意案的立法委員參考。林校長託我與楊先生交涉，楊先生慨然答應除作者自購的優惠價之外，另以私人名義贈送一部分。楊先生說林校長是他敬重的學者，理當全力回報。楊先生親自遵守公司規定，又充分展現誠意。

三、善盡社會責任：民國一百年，師大書苑出版社社長白文正先生千金白玉佩博士新婚，在「一〇一」宴客，席間幸遇楊先生，他問我最近有無計畫，我說正好撰寫完《古希臘教育家》，他說是否有榮幸由五南出版，我說此書甚為冷門，絕對賠本。他說文化出版事業不能只為賺錢，亦應善盡社會責任，聽來令人動容。兩、三天之後，我接到五南一位高階主管的電話商討出書事宜，我告以此書初稿刻在臺灣師範大學教育研究所試用中，俟修改後再說，楊先生真的把它當一回事。

五南創辦已半世紀，出版了無數好書，大大造福學界，楊創辦人榮川先生對於文化事業的深遠貢獻，令人敬佩。

五南出版著作

《課程與教學季刊（十五卷一期 2012.01）主題：媒體識讀的課程與教學》（主編）

《課程與教學季刊（十一卷三期 2008.07）主題：十二年一貫的課程與教學》（主編）

《課程發展與設計新論》（合著）

《新品格教育：人性是什麼?》（合著）

《課程設計：理論與實際》

特稿

文載教育五十年　書傳文化千萬天

吳清基
臺灣教育大學系統總校長

五南圖書出版公司成立五十周年，這是臺灣教育圖書出版界之一件大事，創辦人楊榮川先生，出生師範教育界，矢志打造教育出版平臺，提供教育碩學鴻儒深耕教育，出版智慧結晶心得，宏揚教育思想於杏壇嘉惠學校師生及世人，成就不凡、令人敬佩。

認識楊榮川創辦人已近四十年了。當年，我在國立臺灣師範大學教育研究所就讀碩士班，因指導教授黃昆輝博士和楊榮川創辦人都是臺中師範學校畢業的校友，中師校友在社會上很團結，感情很好，有成就的人很多，可說遍布社會各個角落：有考上中小學校長、有當教育廳局長、有考上律師、有當法官的、有成功轉行創業當大企業家、有考上高普考，當政府機關行政首長的，但無論他們在哪個角落，他們都會常聯繫工作或事業上相互扶持協助。

因為我念研究所碩士班時，兼聯繫黃昆輝所長的所務行政助理研究員兼辦所務，有些黃所長的所務對外聯繫我涉入比其他同學知道多，我相當清楚楊創辦人和黃所長私交非常誠篤，楊創辦人對黃所長在教育界之成就非常推崇，而黃所長對楊創辦人之教育文化出版成就和貢獻也非常肯定和敬佩。楊創辦人為表達他對教育出版之用心殷切，常會主動到位於師大分部的教育研究所辦公室來，和黃所長洽談請求教育好書讓五南圖書公司出版。

因為一個圖書出版公司若每年都能有重量級人士，在其公司定期出版有分量的教育必讀暢銷書，則對該公司業務之拓展必可大有助益。楊創辦人在早期創業之用心和投入可見一斑，而在此時間我們一群黃所長的門生弟子也直接、間接地和楊創辦人建立了良好的教育機緣和感情。

本人在民國七十四年完成教育博士學位，為了讓六年心血研究論文心得可分享流傳於世，乃找上五南圖書出版公司希望能幫忙出版。雖然明知教育博士論文都是小題大作，閱讀群組的人不一定很多，也可能未必會暢銷，但楊創辦人基於提攜後進、成全晚輩，也一口答應幫忙出版，令人感動。也因為他的協助出版，讓我有機會在民國七十五年三月參加全國教育行政人員甲等特考，獲最優等第一名錄取，取得國家簡任官職的資格。才能從學術界跨足到行政界，擔任教育部的司長、次長和部長的職務，有幸可為國家教育行政盡一份貢獻心力、飲水思源。我由衷感謝楊創辦人的幫助，贊我一臂之力，感激在內心深處，永難忘懷。

後來，在師大教育系恩師伍振鷟教授之鼓勵下，我和我指導畢業生及一群任教於大學教育系所的師生，共同寫了一本《教育行政》這是師資培育機構學生和準備高考、普考生讀的一本好書，也是在五南圖書出版公司印行，聽說銷售不錯。這三、四年我和我的博碩士指導畢業生利用每年教師節前後的師生聚會聯誼，大家相互激勵分享教學研究心得，定期每年出版一本有關「教育行政和教育政策」新議題的書，也都承五南圖書出版公司印行。我真的很感謝楊創辦人肯投資為成就一群教育界好朋友的出書夢，若能有暢銷不虧本就好，若不暢銷造成虧損，楊創辦人也未曾怨言一句，真是窩心感佩！

五南圖書出版公司創業五十周年，出版多類叢書，廣大行銷有成，門市部在羅斯福路四段公館、臺灣大學對面，生意興隆，嘉惠師生萬千人，功在教育；澤惠杏壇，謹向楊榮川創辦人——這位資深教育界前輩致上最高的敬意和感謝。也謝謝他答應在我恩師黃昆輝教授八十大壽教育學術研討會時，出版《教育行政與教育發展》一書，作為國內杏壇上「導師重道」之再一見證。

五南出版著作

《教育政策創新與行政發展》（主編）
《教育政策與學校行政》（主編）
《教育政策與行政新議題》（主編）
《教育政策與教育發展》（主編）
《教育行政》（合著）

特稿

「五南」與我

賴源河
政治大學榮譽教授

記得是民國六十八年十一月的一個星期二早上，突然接到「五南圖書出版公司」楊榮川董事長的來電，希望能有機會談一談有關出書的問題，當時，我與楊榮川董事長素昧平生、未曾謀面，只知道他從事參考書之類的出版事業，對於法律專書的出版應只是剛起步而已。雖然有此認知，但既好禮求見也不便拒絕。見面之後，他誠懇地邀我寫一本商事法的教科書，條件是先付款而等自美國回國後再交稿。那時候，我從國外回國到政大執教也才只有二、三年的時間，一則還沒有太多的教學經驗，二則毫無聲望，心想雖承楊董看得起，但心裡總覺得虛虛的。正巧，那時候我剛接到美國賓夕凡尼亞大學法學院的邀請，赴該學院「公司與證券市場研究中心」做研究並進修碩士學位課程，賓大雖提供研究獎學金並免學費，但因攜家帶眷赴美，還得籌措一些盤纏，為了多準備一些旅費，最後也顧不了那麼多，硬著頭皮，就簽約收了錢。

回國後，因忙於準備教學與研究，寫作的速度相當緩慢，致未能如期交稿，但「五南」一直未曾催促，其寬宏大量使我銘感於心，反而感到歉疚，只得加緊趕工，最後終於在七十三年初順利脫稿。

《實用商事法精義》這本書出版後，由於用字遣辭淺顯易懂、架構清楚、條理分明、體系清晰，又提綱挈領易於全盤理解要點，且理論與實務兼顧，而深得各界樂於採用，直至今年九月總共已出版十二版，讓「五南」因此書而獲利豐厚。最近幾年，承楊董良心發現遂由補助修訂費改為抽版稅之方式出版，使得我也能繼續因此書多些收入。

《實用商事法精義》一書，有如書名所稱，既名為「精義」，當然無法就重要問題作深入之探討，因此對於有意深入研究的人而言，雖容易把握重點，卻似乎過於膚淺而無法滿足其需求。為實現我個人的心願並服務讀者，乃於百忙之中抽空完成《實用公司法》一書之編著。此書將付梓時，為了感謝楊董的宅心仁厚及樂於培植與鼓勵年輕學者的壯舉，我就毫不遲疑地交給「五南」處理。

在電子科技發達、資訊相當透明的時代，圖書出版事業生存不易，而「五南」在楊董的英明領導下，居然能屹立不搖長達五十年之久，甚且日益壯大，誠非易事。今日欣逢五十周年慶，特此撰文慶賀，並祝鴻業大展。

五南出版著作

《實用商事法精義》
《實用公司法》
《法律類似語辨異》（合著）

一九八〇年代

大學教材
學術專著的出版
兼及知識讀本

早晨的陽光透過落地窗生氣勃勃的照進「編輯部」的辦公室內，八點不到值日生就已完成灑掃庭除的工作；接著有人擦桌子、有人洗杯子、還有人剪報紙，看似忙碌卻安靜的展開窗明几淨的一天。女性天生的細膩，可以讓瑣碎的日常生活變的井然有序、讓平淡的例行公事變的優雅從容；當然，處理雜亂無章的手稿、安撫脾氣暴躁的作者，那也不是什麼難事。

這時期的編輯部也是雀躍熱鬧的。著名的法學家管歐教授，每到歲末總會親筆書寫紅通通的賀年卡，表達對同仁的感謝，讓我們受寵若驚；年輕有為的秦夢群博士剛自美國負笈歸來，對於教育懷有滿腔的理想與抱負，初次見面就被他的熱情所感動；遠在美國攻讀博士的丘為君老師，常提供國外第一手出版資訊，並翻譯了許多史學經典，眼光精準令人佩服……。

《國語辭典》編輯小組的成立更大幅提升了編輯部的戰鬥力。主編周何教授溫文儒雅、幽默風趣，喜歡抽著煙斗沉吟思考，他說：「人為希望而快樂生活，為理想而努力奮鬥。」他把編輯這部辭書當作一件快樂而值得努力的事。而以邱德修老師為首的編輯團隊，則都是接受過文字、聲韻、訓詁等專業訓練的博碩士生，他們以學術研究一般的嚴謹為這部辭書奉獻心力。

《英漢辭典》的編輯小組又是另外一批菁英。總編審包括：金陵教授、黃自來教授、黃宣範教授、陸震來教授、大陸的陸穀孫教授，要把這些響叮噹的名字串在一起，可不是件容易的事。這些專家學者在不同的階段為這部辭書審查把關，文字編輯則發揮雞蛋裡挑骨頭的精神，連標點符號、字距行間都不放過！角落裡堆積如山的字卡、校稿，就是追求「品質」最好的證明。

沉潛一時的副品牌「書泉」也蓄積了足夠的能量，「國民法律知識叢書」、「企業人動腦系列」、「全民健康系列」、「藝術現場」等表現不俗，讓「書泉」有了前進的動力。這些人、這些事，或許沒有太陽般的燦爛，但卻有如繁星點點，散發著鑽石般的閃爍，每當夜深人靜時就會悄悄躍上心頭，確定你還不曾將它遺忘！

王翠華◎主筆

五南大事

1980

一月，度過退出聯合國時局動盪期，重新積極約稿，開拓大專教材出版。已累積未交稿稿約四十三種。並為撙節資金，集中精力，開拓大專教材出版業務。「書泉」停止出書。以版稅制突破大專教材邀稿困境。考試用書不再出新，大力開拓大專教材。

1981

十一月，出版公司增資為一百五十萬元。

十二月，開始與國立編譯館合作，出版國立編譯館主編之學術專著。極度冷僻，市場有限純屬學術品牌樹立之考量出書。電腦日漸普及，因應市場需求，開始試圖出版「電腦叢書」。

1982

五月，六十七年七月所出版《新編六法參照法令判解全書》，其創新體例為坊間書局模仿跟進，但缺新意。本公司為保持永遠領先，再增新體例，在原有基礎上再添「判解要旨」及「重要國際法條文」，改版重出，讓法界耳目一新。

六月，業務、編務日漸增多，從業員工亦增，已達二十七名，將編輯部遷移濟南路金山大廈十樓辦公，與業務部分離。

出版要聞

1981

十二月，第六屆金鼎獎首次利用電視頒獎。

1982

一月，新聞局推動第一期圖書禮券，由商務印書館發行。

七月，開始策畫語言工具書之出版，進行下列二大工具書之投資，組織小組分組編撰：

一、國語活用辭典：由創辦人楊榮川策畫與坊間不同之編輯體例（因體例創新特殊，故名活用），聘任臺灣師範大學前文學院院長周何博士為主編，並由周主編推介邱德修博士為副主編；組織編纂團隊，實際負責審訂文稿，費盡苦心，以至於完成。

二、英漢活用辭典：聘請臺灣大學前文學院院長侯健博士為總主編，分聘黃自來、陸震來、金陵、黃宣範等四位編撰委員，以取得授權之日本小學館《英和中辭典》為藍本，加以編譯。

十二月，跳脱法政類之出版領域，介入文史哲方面之約稿。

一月，公司開始漸次建立體制，逐漸授權，由業務部黃德泉與編輯部陳綺華兩位經理，分別獨立負責。

高普特考用書逐漸萎縮，大專教材日漸增加，二者比例，互為消長，後者已有凌駕之勢。

六月，因應未來企業界自動化之趨勢，本年起積極推動「電腦叢書」之約稿，大都採翻譯模式出書。

1983

一月，臺北「金石堂文化廣場」開幕，首創大型連鎖書店規模。

七月，文訊月刊創刊。

十二月，新聞局為推廣金鼎獎作品首次在國立歷史博物館辦理「全國書展」，參觀人數逾五十萬。

1983

十二月，因應企業界日漸自動化之趨勢，公司確定投入資金，開發作業電腦化 pacall 圖書發行系統。雖出版界尚無成功電腦化之先例，但因創辦人胞弟楊榮波（後為榮樺電腦公司創辦人）策畫，開發第一套客製化之出版業軟體，開出版界自動化之先機。

1984

一月，「五南書廬」時代唯一員工並跟隨來臺北之張水濱先生退休返鄉。

二月，業務處理全部電腦自動化，運作順暢。所有營運狀況都數據化，具體明確，足夠決策之參考。

十二月，「電腦叢書」出版約稿，排版中，撰譯中計有八十餘種，但已警覺出書不理想，市場未拓開，開始停止再約稿。

由於大專教科書銷售市場不易介入，約稿稍歇，但法律書得力六法全書聲譽之助及法學界支持，已漸占一席之地。

「書泉出版社」重新運營，開闢自創體制之「國民法律叢書」出版路線，甚為成功。

投資臺中明文印刷廠並增購「國字排版廠」二者合併，遷至臺北三重埔。改名茂榮印刷廠，投資六百萬元。

一月，總統令公布實施「出版獎助條例」。

1985

一月，出版業界第一家電腦開立出貨單。

七月，總統令公布實施「著作權法」。

十月，內政部「取締盜印小組」成立。

1986

一月，書泉出版社積極出書，除反應良好之「國民法律叢書」外，再開發「企業人動腦系列」投入市場。

十二月，法律類圖書，已成五南之重點，營收占比高達百分之三十點三，幾近三分之一。

配合政府將「師範專科學校」改制為「師範學院」之政策，本年開使積極策畫教育、心理、諮商之邀稿與出版，兩者已近三十種。

1987

一月，編撰排印長達五年之《國語活用辭典》於年初正式出版應市。由於增加解形、辨析、參考延伸詞彙之體例創新，為坊間同類書所無，反應良好，普受全國師生肯定採用，已有取代坊間原有第一品牌之勢，奠定「五南」在語言文學領域的出版基礎。

六月，因應政府開放大陸出版品來臺出版繁體字版，經由香港三聯書局、商務印書館、萬里出版社等之轉授權，共得十幾本大陸圖書版權，計畫出版。

十月，茂榮印刷廠因虧損連連，結束。

二月，臺灣筆會成立。

十月，美國正式傳遞「中美著作權協定草約」。

十二月，新聞局十二月十五日至二十一日，創辦第一屆的臺北國際書展，地點在中央圖書館（今國家圖書館）。

三月，趁政府解嚴與開放大陸探親之便，創辦人楊榮川於三月間獨赴大陸探訪大陸重要出版社，由廣州、上海、蘇州、以至北京，先後拜訪等各大出版社之領導，初步了解大陸之出版制度與現況，建立友誼，收穫甚豐。大陸出版品的出版資源豐富，可資合作者多。復於六、九、十月間又親赴三次，繼由劉文忠經理再赴大陸訪洽，增加大陸出版界對「五南」之認識。

六月，《國語活用辭典》普受歡迎。開始策畫出版簡編本（中小學生用），以多種形式與內容，另作出版，搶占辭書市場。

七月，楊榮川赴陸探訪重量級出版社。

十二月，本年直接取得大陸簡字版圖書近三十餘種之授權，諸如上海辭書出版社的唐詩鑑賞辭典、宋詞鑑賞辭典、唐詩三百首薦賞辭典，中國文聯出版社的中國古代名篇賞等。教育出版社合作，取得「教育經典譯作」之出版授權十餘種。

取自大陸版權之唐詩、宋詞、名篇等三書，共約九百萬字，委由上海中華印刷廠排版、臺灣校對。開啟兩岸合作排版之先機，應為臺灣之首例。

創刊於六十六年四月二十二日之「考用月刊」，因考試用書已非公司重點，於十二月間停刊。

1988

一月，實施解除報禁。

二月，丹青出版公司與中華書局，因美國「大英百科全書」中文版授權風波，進入司法程序。

八月，新聞紙類及印刷品郵資提高。

十月，出版協會率團參加上海「海峽兩岸圖書展覽」，此為一九四九後兩岸第一次正式的民間交流。

一月，公司於行政部、業務部、編輯部外，另成立企畫部，負責企畫業務。

二月，金山南路之編輯部遷回銅山街，與業務部併合辦公。

三月，創辦人為感念家鄉父老幼時提攜，於誕生地苗栗縣通宵鎮五南里慈雲寺廣場，出資興建「五南書香亭」，作為村民信眾休憩清談之所，稍盡回饋鄉里之心。

九月，編輯部陳綺華經理離職，與創辦人合資成立「小天出版有限公司」，由陳綺華負責經營，專營童書。

1989

二月，中美達成雙邊著作權保護協議。

七月，實施ISBN。

八月，外商投資的版權代理商「博達」、「大蘋果」成立。

以版稅制突破邀稿困境

【記者王翠華／報導】

出版社以「稿費制」一次性的買斷作者的書稿內容，然後出版發行，是現行最普遍的合作方式。對作者來說，優點是「論字計酬」有基本的保障，而且簽約時就可以拿到部分「預付款」作為訂金，有名的作家甚至可以先拿到全部的稿費。

近二、三年來，由於出版同業之間競爭激烈，稿費也開始三級跳——從每千字二百五十元、四百元、一下子暴增到六百元！若非財力雄厚，一般出版社是很難堅持下去的。此時「五南」提出「版稅制」的合作模式，不但減輕了自身的財務負擔，也吸引了更多優秀的作者加入出版陣容。

所謂「版稅制」，是指出版社

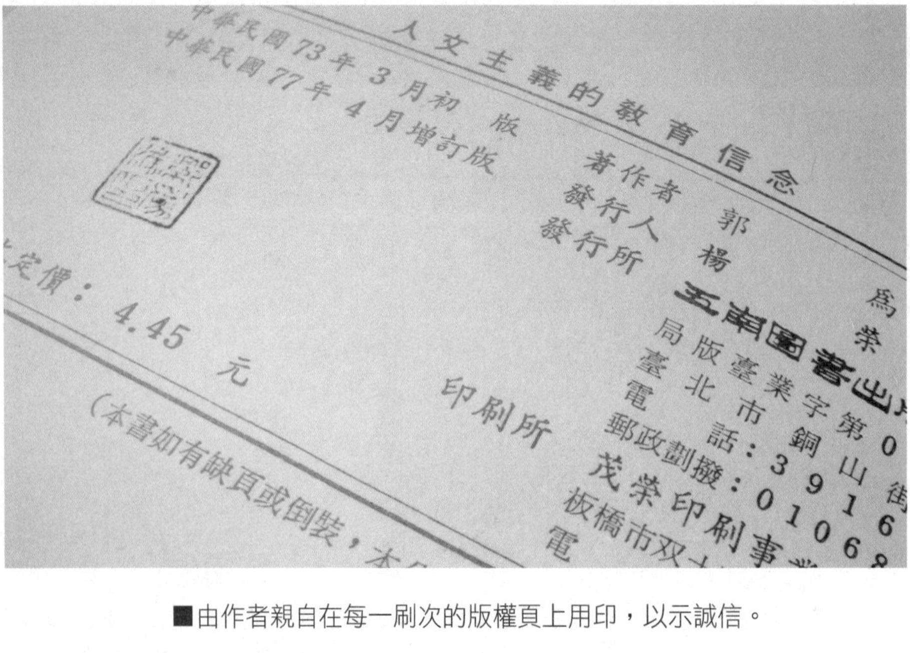

■由作者親自在每一刷次的版權頁上用印，以示誠信。

出版職人

社　　名：五南圖書出版有限公司
創 辦 人：楊榮川
局版臺業字第 0598 號
電話專線：3916542．3933357
劃撥帳號：0106895
地　　址：100 臺北市銅山街一號
營運狀況
年度新書：25 種
累計出書：330 種
從業人員：11 人
年成長率： 57 %

大事與聞

■二月，北迴鐵路通車。
■六月，紅毛城由我國收回。

以圖書訂價的一定比例（例如百分之十）乘上圖書的印刷數量，作為作者的酬勞。對作者來說，優點是「依量計酬」；書印得愈多、賣得愈多、可以得到的版稅就愈多；甚至可以超過一次性的「稿費」。

「版稅制」必需依靠透明確實的財務數據，不然無法取信於作者。對此「五南」的作法是，每一本書印好之後都會請作者在每本書的「版權頁」親自蓋章、確認數量；這樣的操作方式雖然會增加一些印刷裝幀的流程，但誠信的表現也博得了作者的肯定。

考試用書不再出新 大力開拓大專教材

【記者蘇秀林／報導】

一九七九年中美斷交時，社會時局悲觀，主力大專教材的五南，因同業競爭稿費買斷、日漸提高之下，有感於不敷出版效益，約稿開始猶疑。今年年初即確定開始對考試用書不再致力耕耘，只作例行的年度改版之外，不再約稿出新。

五南創造的考試用書品牌，雖是財力支撐的後盾，可是在大專教材前數年的約稿過程中，卻變成五南的原罪，成為擴展院校約稿的阻力。學者認為，出版單位就是自己著作的婆家，為女兒挑選門當戶對的婆家，是理所當然。於是楊榮川極力邀約學者、博士的著作，諸如管歐、林紀東、賈馥茗、黃昆輝、趙捷謙、楊希震等等，表明出版大專教材的決心，加上拜訪邀約的一些學界菁英有感於創辦人的真誠而多方推介，雖然挽回一點對五南的刻板印象，但仍然久久脫不出這個陰影。

雖然「堅持自己的專長，固守創業的根基」是秉持的信念，但是想主攻大專教材的楊榮川開始產生了動搖，也成了他夜夜掙扎的煩心事。他想到自己擔任總經理，又無總編輯之設，一心無法二用，時間也不能二分，加之已取得學界的一些支持，看到大專市場的未來，毅然痛下決心，擺脫五南「考試用書」的形象羈絆。

面對同業競爭、不再出版考用新書的決定，楊榮川說：「是有不捨，但逼於形勢，也沒辦法。」因此，在經營策略上撙節資金，集中火力，開拓大專教材出版業務。

特稿

五十年的魄力與氣度

秦夢群
政大教育系特聘教授

臺灣在一九八〇年代經濟雖已起飛，但學術出版的市場仍有待開拓。當時出版商仍秉持考試主義，願意出版之書籍多限於教科書與考試用書，專精之學術著作相當缺乏。此與歐美先進國家百家爭鳴的情況，實在難以比擬。當時剛自美國負笈歸國，想要出版多年研究之教育學術著作。無奈接觸多家出版社，皆以題目專精而難以引起市場反應而拒絕。最後，經過系內資深教授引介，五南出版社一口應允，也開始我與楊榮川發行人多年的合作情誼。

如今想起，當時楊發行人的魄力實在令人感佩，他是出版考試用書起家的，卻不計成本，仍對小眾的學術專著開放園地。據說不少曲高和寡的書籍銷售情況不佳，存貨堆了一整個倉庫。看看相關書目，五南出版的厚厚一大本，其間市場壓力可想而知。有時碰到楊發行人，他總笑瞇瞇的問好，並說出版有賺有賠，賣不好的書不見得沒有出版價值。如今臺灣面對全球化與資本化的衝擊，出版界局勢極其困難。楊發行人的胸襟就顯得相當可貴，充分展現老出版人的氣度。

與楊發行人認識多年，卻是君子之交淡如水。早期他會先預支部分稿費，好讓我們這群清貧教授的心有所安定，因此大家都暱稱他為「楊老闆」。五南同仁行事規矩，版稅清清楚楚。這些年來，我陸續出版相關學術著作，負責人員在編務上也是一絲不苟，校對與編排相當到位。接觸之人員多是老面孔，顯示社內組織文化相當正面，員工離職率很低。凡此種種，皆顯示楊發行人的經營能力，在目前臺灣風雨不斷的出版界中，確屬鳳毛麟角。

值此五十年社慶之際，讓我獻上感謝與祝福。有了五南出版社，我的大部分學術著作才得以問世。我知道日後臺灣出版市場更加艱辛，但相信楊發行人絕對有能力衝出康莊大道。來日方長，祝您始終青春健康，好做我們永遠的楊老闆！

五南出版著作

《教育選擇權研究》
《教育行政實務與應用》
《教育行政理論與模式》
《教育行政實務與應用》
《教育領導理論與應用》
《學校行政》（主編）
《教育行政學：理論與案例》（合著）
《教育行政研究方法論》（合著）

《新編六法全書》體例再創新

【記者蘇秀林／報導】

一九七八年七月所出版的《新編六法參照法令判解全書》不但引起法學界注意，不到二年，其編輯體例也已普遍成為坊間法規書模仿跟進的編輯典範，但缺新意。五月，五南又推出了新改版的《新編六法參照法令判解全書》，條文除了因時推移的修訂與增新之外，五南為保持永遠領先，在原有基礎上再添加「判解要旨」及「重要國際法條文」，改版重出，又讓法界耳目一新。

最新版的《新編六法參照法令判解全書》這次加了各條條文相關的、具有啟發性的「判解

邊做邊學 又能享受閱讀的喜樂

【陳淑美／提供】

七月，我被五南錄取進入公司上班。第一天，就被那迎面而來的書牆震撼到，感到非常興奮和喜悅，心想太好了：以後上班又有很多書可以看，酷斃了！我負責處理訂書單、劃撥、購書的工作，常常在空閒之餘把辦公椅推到牆邊，沈浸在書海裡享受閱讀的喜樂。

「上班不可以看書喔！」主管提醒我。但沒事可做，真的很難捱，於是我就到地下室的書庫去幫忙，負責倉儲的阿濱伯教我撿書、配書、打包，還有退書回來如何整修打磨，讓舊書煥然一新。尤其手工打包綑綁的功夫真的非常受用，現在任何物品我都能把它打包的非常牢靠呢！

出版職人

社　　名：五南圖書出版有限公司
創 辦 人：楊榮川
局版臺業字第 0598 號
電話專線：3916542・3933357
劃撥帳號：0106895
地　　址：100 臺北市銅山街一號
營運狀況
從業人員：19 人
年成長率：-2 %
同業統計
出 版 社：2228 家
出 版 量：8776 種

大事與聞

- 五月，「文化資產保存法」公布。
- 十一月，通過玉山、陽明山為國家公園。

要旨」，同時因應研究國際法讀者的需要，在六法之外，也增了重要的「國際法」條文，法規工具書的功能，更加完備，很快成為法律研究及從業人員必備的案頭書。

從此法學界對五南不再陌生，讓五南信心勃勃，開啟一系列法學教科書及學術專著的出版計畫。該書的發行成功，也讓楊榮川更加堅信：「創新，永遠是經營的不二法門。」

這本法規書引起法界共鳴與市場認同，促使五南再規畫，預計陸續推出簡明六法全書、基本六法、六法判解精編、以及袖珍六法等，有信心攻下坊間書店法規書的主要櫃位。

增訂版完成

《新編六法參照法令判解全書》自一九七八年推出後，普受好評，廣為法界使用，幾年下來，根據讀者的反應，不斷檢討擴充，今年一月陸續增加「條文要旨」、「判例要旨」、「重要國際法」、「立法理由」，益使本書更加完備，成為法界必備的工具書。

推動書香社會

新聞局發行圖書禮券

【記者王翠華／報導】

為推動「書香社會」，由行政院新聞局贊助、商務印書館所發行的「圖書禮券」於一月二十一日推出，該禮券面額為二百元，可在四十三家風格不同的書局或出版門市部兌換書籍，並享有八、九折優惠，有效期間為一年。這項臺灣出版史上首創的禮券制度，推出後一天便已賣出六百多份，送禮自用兩相宜。

行政院新聞局為響應孫院長號召，積極倡導社會大眾買書讀書風氣，而贊助臺灣商務印書館於七十一年春節前，發行「圖書禮券」一種。臺北市政府財政局依照財部函示，特案核准「臺灣商務印書館」發行「圖書禮券」一千萬元。據統計，至七十一年元月底止，已驗印一百四十萬元。

編輯部搬遷

從「銅山」搬到「金山」

【王翠華／提供】

業務蒸蒸日上，從業員工亦增加至二十七名，銅山街一號辦公室已不敷使用。再加上有成立「國語活用辭典編輯小組」、「英漢活用辭典編輯小組」的計畫，於是另覓空間，將編輯部門遷移濟南路金山大廈十樓，與業務部分離。

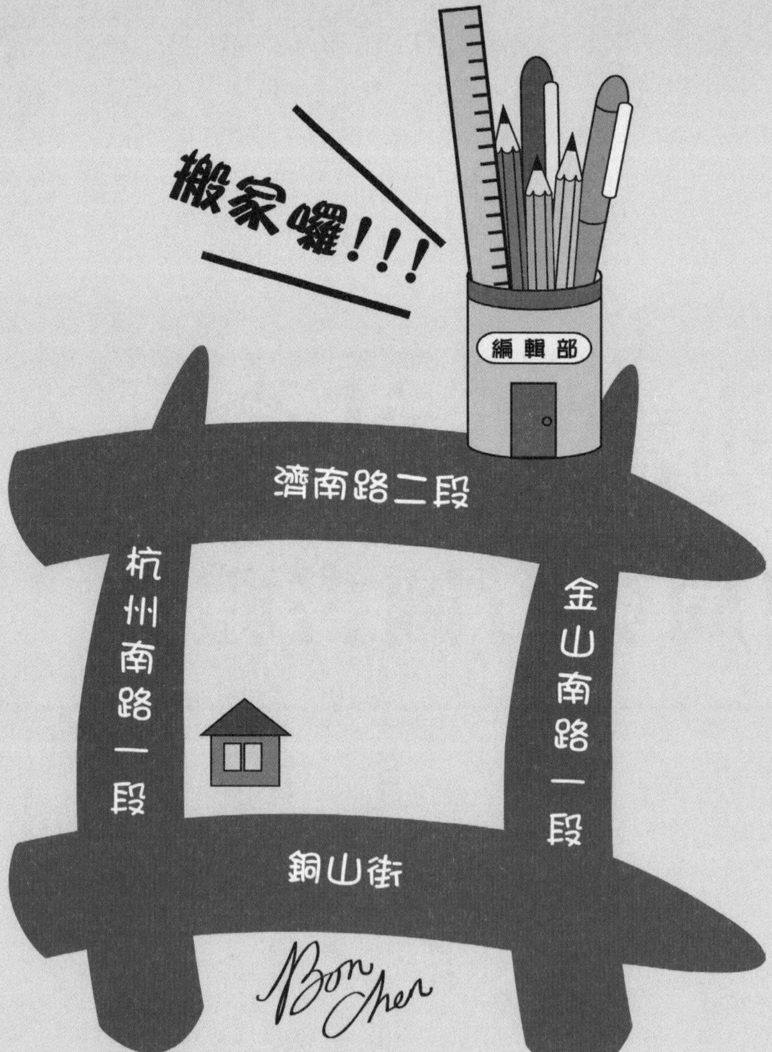

■陳翰陞繪圖。

《國語活用辭典》編輯小組成立

【王翠華／提供】

五月，特聘任臺灣師範大學文學院院長周何博士為主編，並由周主編推介師大邱德修博士為副主編，成立編輯小組；開始策畫與坊間不同之編輯體例的國語辭典，因體例創新故名「活用」。

臺灣師範大學文學院為國內語文教育的領頭羊，由主編、副主編所帶領的編輯小組成員更是一時之選。

《英漢活用辭典》編輯小組成立

【王翠華／提供】

五月，特聘請臺灣大學文學院院長侯健博士為總主編，分聘師大語言所所長黃自來教授、臺大外語所所長陸震來教授、政大外語學院院長金陵教授、臺大語言所所長黃宣範教授，以及上海復旦大學陸穀孫教授等五位擔任總編審，組成編輯小組；以取得授權之日本小學館的「Progressive 英和中辭典」為藍本，進行編譯。

編輯小組陣容堅強，坊間其他英漢辭典難以企及。

特稿

《國語活用辭典》與我

邱德修
日本京都大學人文科學研究所研究員

遠在民國七十一年五月一日，奉五南楊董事長之命至臺北市濟南路的濟南大廈開始「招兵買馬」，緊鑼密鼓地編纂一部前所未有的辭典。這是不可能的任務，也只准成功不允失敗的任務；那時五南正處在成長期。楊董在這同時，也另外籌畫編纂同質性的英文辭書。

我所編組的編委群都是一時之選，且夫一而再，再而三地訓練，同時要求他們凡寫字義或詞條，一定要經修改認證後，才能依此模式寫作。我們所堅持的是一部辭書一定要有三性：一曰科學性；二曰文學性；三曰可讀性，書的調性已定，編委訓練已足，加諸我全力以赴地督促、修搞、改稿、換搞；一切的一切都是依照既定之譜序如火如荼地進行著。

記得有一次，楊董把我叫進他的辦公室，指著辭典的詞條說：「這樣的寫法有誰看得懂？」我說：「老闆！辭典是要引領讀者的水準，而不是去依附讀者的水準！」他用半信半疑的眼光望了望我，再也不說話了。

我們編委群日以繼夜、夙夜匪懈地趕工，努力寫作，終於整整花了四年工夫，把這部前所未有的辭典殺青，接著付梓問世。在市面的好評如雪片般紛至沓來。臺北出版界都向楊老闆投以羨慕的眼光：如何能以如此短暫的時光達陣，而且是一部超水準的辭書呢？楊老闆往往神祕地笑而不答。他們可不知道楊董祕密武器是一個耐操、用心、好用的編者名叫邱德修。

此書面世後有許多感人的故事：其一是某國中老師下課後回到導辦用鑰匙打開抽屜，舉止神祕兮兮的，終於引起同僚疑竇：到底在幹什麼？後來才被人發現他在偷偷地翻查五南《國語活用辭典》。其二是我的家叔早已在美國定居，也是南加大的名教授。一次返臺，他電告他在美好友說：「要我自臺北帶什麼給您？」他那好友說：「只要五南《國語活用辭典》。」家叔一飛到桃園機場就電告我這一件事，我只好自掏腰包送他一部。其三，臺北某一出版社眼見五南的成功，立即西施效顰將此書主編挖過去，另起爐灶，開始編纂同質性辭書，結果因缺少了個邱某而胎死腹中，並且賠上許多鈔票云云。

當然，此書之成就一定要歸功於當時編委群這個賣命的團隊，也要感謝五南的李純聆法律主編，她不辭辛苦地替書內所有法條都仔仔細細審核乙遍。俺云：獨木難支，眾志成城，尤其我們的信念是：從無到有，從有到好，全力以赴，使命必達。我們很有信心告訴讀者，這是一部永遠無人可以取代的辭書，因為它是用心、用血、用汗、用大腦澆灌而成的作品。

五南出版著作

著作

《臺灣語典考證》

《臺灣雅言注譯》

主編

《簡明活用辭典》

《國語活用辭典》

審訂

《小學生活用辭典》

《小學生國語辭典》

進銷存系統電腦化 開出版界之先

【記者蘇秀林／報導】

因應企業界日漸自動化之趨勢，五南確定投入資金，於十二月開始電腦化。雖出版界尚無成功電腦化之先例，但因創辦人胞弟楊榮波（後為榮樺電腦公司創辦人）策畫，開發出第一套客製化之出版業軟體——PACALL，開創出版界自動化之先機。

PACALL系統即圖書發行管理系統，可以即時掌握每一本書的進貨、銷貨、存貨，對於後續的財務管理、出版決策有莫大的幫助。

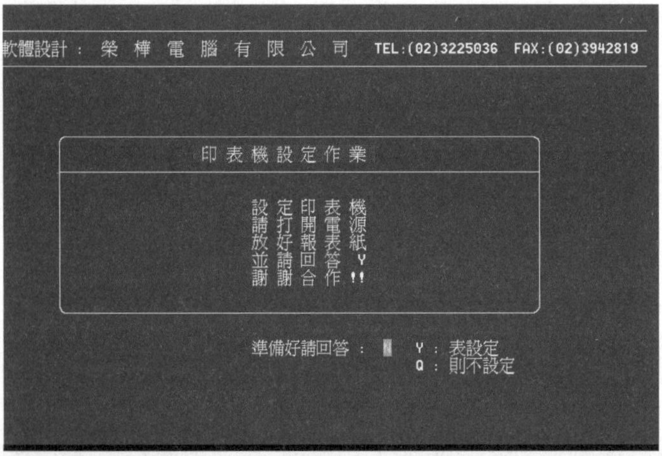

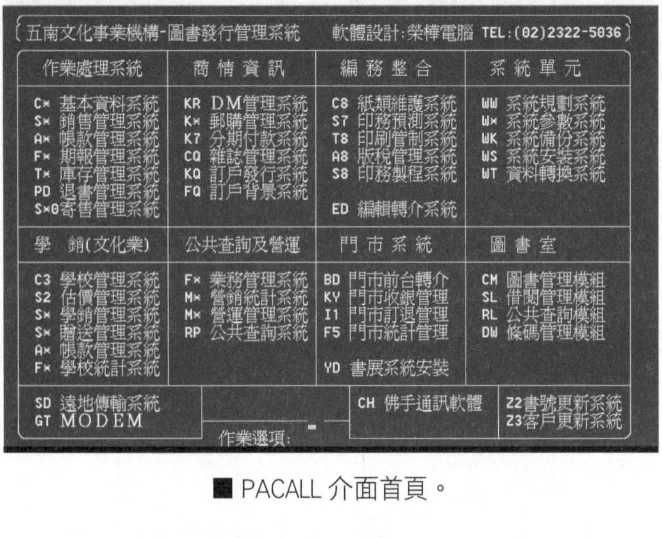

■ PACALL 介面首頁。

出版職人

社　　名：五南圖書出版有限公司
創 辦 人：楊榮川
局版臺業字第 0598 號
電話專線：3916542・3933357
劃撥帳號：0106895
地　　址：100 臺北市銅山街一號

營運狀況
年度新書： 118 種
從業人員： 19 人
年成長率： 29 %

同業統計
出 版 社：2426 家
出 版 量：9008 種

大事與聞

■一月，臺北「金石堂文化廣場」開幕，首創大型連鎖書店規模。
■七月，文訊月刊創刊。
■十二月，新聞局為推廣金鼎獎作品首次在國立歷史博物館辦理「全國書展」，參觀人數逾五十萬。

特稿

出版界「力」與「美」的典範

盧美貴 亞洲大學幼兒教育學系講座教授、前系主任
陳伯璋 法鼓文理學院講座教授兼碩士學位學程學群長

首先恭賀「五南」五十周年生日，更祝賀出版界龍頭老大「楊榮川」創辦人，永遠充滿熱情活力與展現夢想……。從苗栗通霄的「五南里」的五南出版社，以至銅山街和和平東路的五南圖書出版公司，楊董事長和五南夥伴們總是以孜孜矻矻的專業和勤謹熱忱的敬業，對待每一位作者和讀者。我們一家三口的「幼兒教保概論」（一九八八年出版）、「潛在課程」、和「聰明看棒球」等著作，也都因五南的專業名號而行銷熱賣，這是在高唱「生日快樂」之餘，要表達心中的感謝。

對楊董事長由「老師」轉行為成功的「出版人」特別敬佩，也為他第一本自寫、自印、自售的書籍，創下十五天搶購一空的洛陽紙貴而驚艷，有智慧的人總是不斷的在創造「奇蹟」。為了品味閱讀的校園營造捐贈百萬圖書；為了教育文化交流早在二十五年前就先知卓見的促動兩岸眾多學者專家的座談互訪；為了見樹見林加深加廣的視野，擴增除教育以外，有關商管、法學、史哲、文創、傳播和醫護等類別的經營與出版。「五南」是個全方位的綜合性學術出版機構，出版各門各類的學術專著、大專教材、工具書、高中職用書之出版，多元化的經營加上五南文化廣場的直營門市遍布全國，對五南的事業更是如虎添翼。

作為一個傳播文教弘揚學術的出版社，楊榮川董事長說：身為出版人，努力的在作者和讀者間搭起橋梁，讓學者專家的心血結晶，流布學界深入社會。五十年來我們看到「五南」團隊，也見到「楊榮川」董事長的專業承諾與理想的追求。祝福下一個甚或更多個五十年——作者和讀者的需求在哪裡，「五南」的志業與服務就在哪裡——祝福展現「力」與「美」的五南團隊——永遠如鷹般的長青展翅飛翔——生日快樂！

特稿

為五南未來五十年基業 獻上鼎卦的祝福

蔡良文
考試院考試委員

楊榮川董事長於一九六六年創辦「五南書廬」，一九六八年改制為「五南出版社」，因應業務發展，於一九七五年改制為「五南圖書出版有限公司」迄今。該公司以出版大學專業用書為主，目前尚擁有：出版法學書籍，以符時代思潮為主的新學林出版公司；出版大眾科學普及書籍，以滿足讀者求知若渴的心靈為主的書泉出版社；在美國成立的五南科技有限公司；出版人文教育書籍，以求博求通之中，全面觀照中外古今各知識領域為主的博雅書屋等，讓學者、學子們通往知識大道。

每當憶及一九八三年與楊董事長結緣，因同源師範院校，渠雖聲名益顯，而其德行益謙，未見棄於愚，至感敬重。在結識歷程中，渠先提供我社會科學知名教授的著作，迭至我略有長進，多數拙作均與五南公司有密不可分的關係。憶及與榮川董事長交往，其馨如蘭，其淡如水，其深情厚意銘感五內。

二〇一六年五南人文事業創立五十周年，回顧過往與楊董事長互動的點滴之餘，今特對五南文化未來五十年發展基業，略盡建言。按以五十周年為序卦中之鼎卦，鼎乃取新之意，並為國之重器，久煉成鋼之義；其象雖火木，用兼風氣，故稱名曰「火風鼎」。又鼎上為離，卦德為麗明，主光明智慧明察之義；下巽之卦德為伏入，為巽順，主和順與流動，有進入之象。鼎之綜為革卦，革卦是實踐改革原理和方法的應用。鼎之錯卦為屯，本意為險，非大德之人不能隨便改革之意。

「天子能養聖賢，聖賢便以其目為天子視，以其耳為天子聽，聖賢之耳目眾多，天子便視無不明，聽無不聰，故曰：巽而耳目聰明。」聖人假借鼎卦之象，說明修身養性，明心見性之理。晉而以達凝命成道之境。此即道家所謂「煉精化氣，煉氣化神，煉神還虛」之原理。同樣，值此殊勝的五十周年，可鼓勵公司同仁修煉養生功法，達到正位凝命，神清靈敏，共同恢宏可長可久的人文志業。且以五南文化集團匯聚全國學術菁英於一堂，為引領學術思潮，更宜尊重作者群，達成學術出版界領頭羊，而有深遠的貢獻。

最後，鼎象所昭示的元吉，便是大吉，大吉不是帝王一人之吉，而是普天下人民的吉利。德自下積，施自上成，故德施之昭，乃大人功行之基礎，而鼎效之。同理推論，五南五十周年慶非僅是董事長之吉，亦為全體同仁之吉慶。未來五南文化事業集團，建議能構建一個「沒有管理的管理」事業體，即其核心內涵乃是以人為本，順應人性，重視人文關懷，強調高度和諧、友善的氛圍。五南公司為期未來五十年的至善人文基業發展，五南所有領導團隊都能仿效先賢所云，「大其心，以容天下之物；平其心，以論天下之事；虛其心，以受天下之善；潛其心，以觀天下之理；定其心，以應天下之變」，以符大人之道也。

五南出版著作

《我國文官體制之變革：政府再造的價值》

《考銓人事法制專題研究》

《人事行政學：論現行考銓制度》

出版職人

社　　名：五南圖書出版有限公司
創 辦 人：楊榮川
局版臺業字第 0598 號
電話專線：3916542・3933357
劃撥帳號：0106895
地　　址：100 臺北市銅山街一號
營運狀況
年度新書：140　種
累計出書：778　種
從業人員：25 人
年成長率：0　%
同業統計
出 版 社：2547 家
出 版 量：9256 種

大事與聞

■一月，總統令公布實施「出版獎助條例」。

書泉

國民法律知識叢書
用筆活潑生動 市場反應良好

【記者蘇秀林／報導】

成立於一九七八年的書泉出版社，初期採被動出版，內部行有餘力，再作書泉。主要是收納一些五南作者或熟識友人的知識性、生活化的通俗著作，不同於五南專業學術書大專教材的內容。幾年經過，書種漸多，但顯雜亂，便稍作調整，做系列規畫。初以「國民法律知識叢書」在市場試溫，發行以來甚為成功，預計更積極投入市場，開發生活實用類書種。

五南走學術出版路線、書泉走生活類出版路線、考用走國家考試用書路線。三者作品牌及行銷之區隔，各自發展自有專業路線，以免品牌混淆。書泉以「國民法律知識叢書」出發，內容體例專為一般社會大眾的非法律人規畫，作者不找學者。由法律實務界如律師、法官、法務人執筆，選題則是社會大眾常會遇到的法律問題如遺產繼承、結婚與離婚、車禍索賠、刑事官司、民事官司等。

用筆力求輕鬆生動活潑，一推出甚受歡迎，接著將會陸續推出職場專門店、法律識讀、養生保健等等。並有獨立的編輯部專業規畫出版。

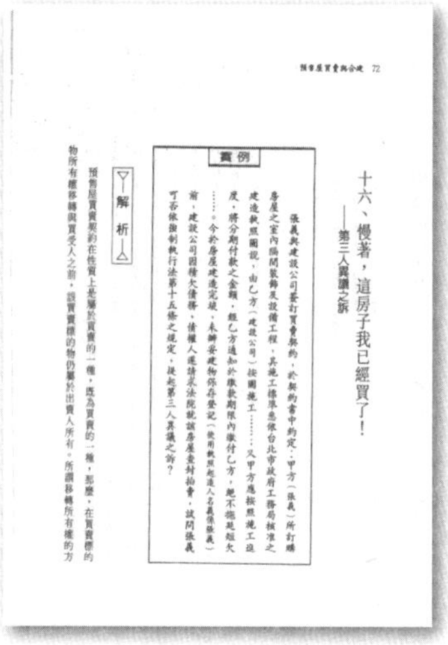

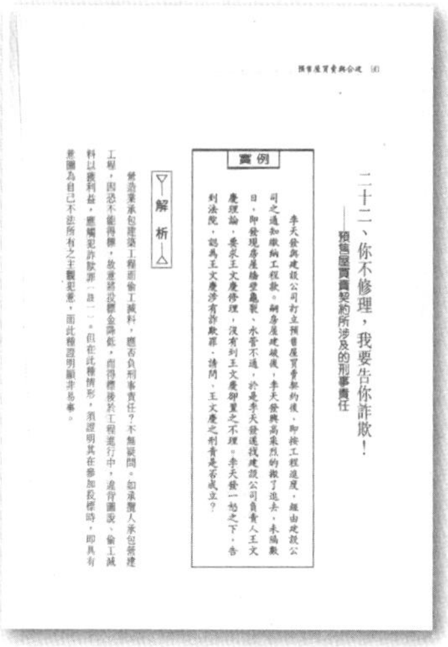

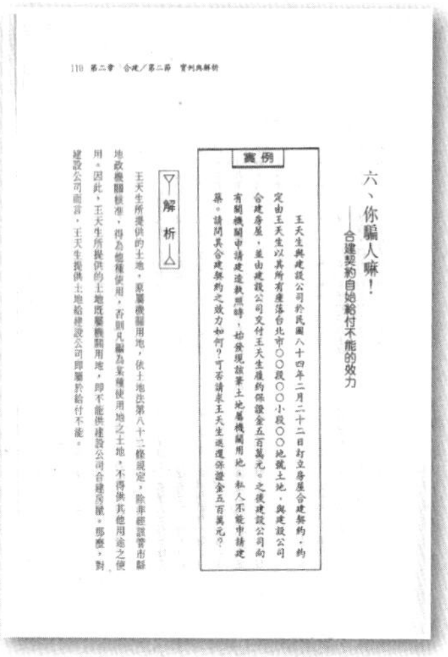

■國民法律知識叢書，從使用者的需求設計題目與體例，大受歡迎。

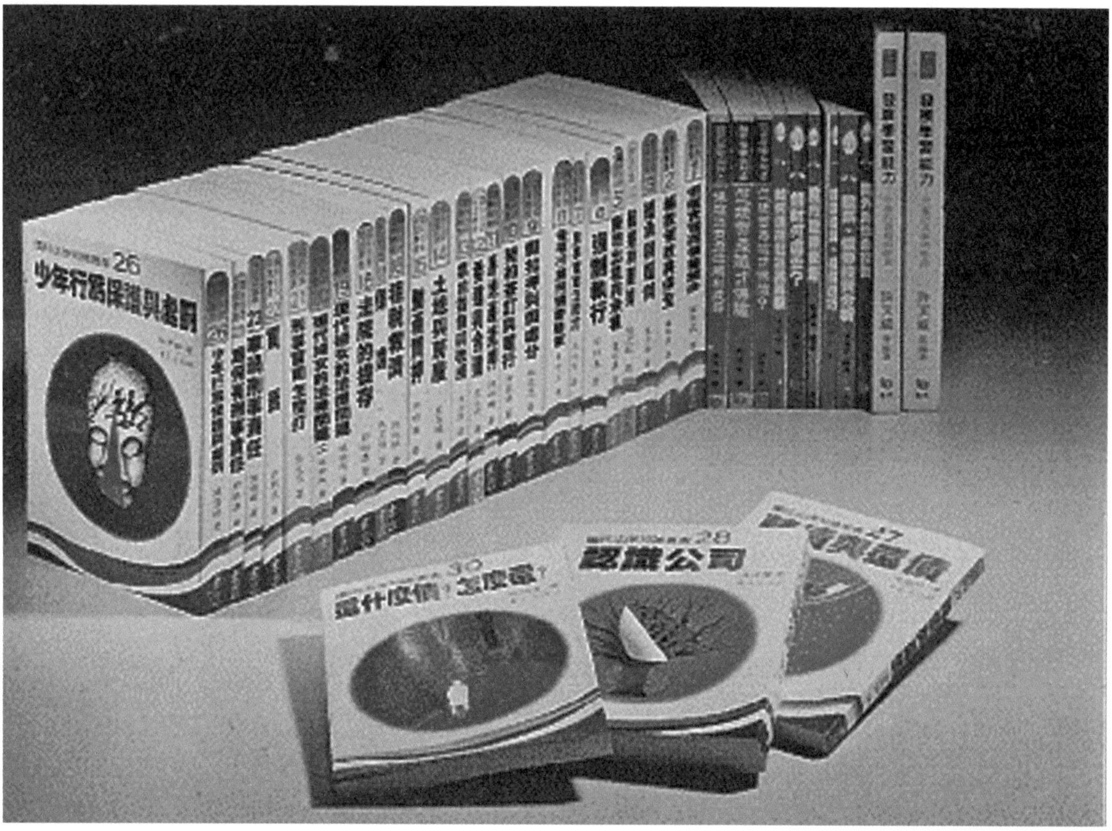

■國民法律知識叢書。

出版業界第一家
電腦開立出貨單

【記者楊榮波／報導】

民國七十一年初，當時市售知名品牌電腦（如日立、蘋果）標準配備為兩個360K軟式磁碟，唯獨全亞電腦具搭配10MB的硬碟，印出中文字體最美，又有特約軟體公司搭配，遂雀屏中選，當時如此硬體配備及印表機及軟體開發投資需要三十萬元，以一本書售價不到百元而言，這是何等昂貴的投資！中文占4BYTE，容量根本不夠用，但仍無法阻擋五南董事長的決心，毅然投下資金著手規畫出版作業電腦化，委請軟體公司研發軟體，於今起缺補書、帳務管理等以電腦化作業，為業界第一家。

六○年代電腦均為IBM、DEC等大型電腦，使用領域局限於國防、教育、研究等政府單位或如上海銀行、東元等大型企業，一般企業均無法一窺究竟或享受資訊化的能力，直到近七○年代，蘋果將大型電腦的硬體架構及系統發展成一般企業可承擔得起的PC，時稱APPLE時代的電腦因此產生，政府為推動企業電腦化，經常為各行業辦理電腦化講習、宣導電腦化「可節省多少人力」的優點，董事長楊榮川也在此觀點下，考量若用傳統作法勢難承擔日益擴張的業務，況且董事長又有對出版業流程很熟、且又是電子計算機系畢業的親友協助開發，無同行電腦化成功案例下，毅然決然跨出了電腦化的第一步。

時任中科院天弓系統研發的親友，並無涉獵資料庫的管理與設計經驗，在時間及經驗考量下，軟體設計委由全亞電腦代理商負責開發，親友則負責需求及使用介面方便規畫，考量容量不多及減少作業人員輸入，董事長在兼顧五南未來發展性之下，最後以

出版職人

社　　名：五南圖書出版有限公司
創 辦 人：楊榮川
局版臺業字第0598號
電話專線：3916542、3933357
劃撥帳號：0106895
地　　址：100臺北市銅山街一號
營運狀況
年度新書：121 種
累計出書：899 種
從業人員：28 人
年成長率：25 %
同業統計
出 版 社：2725家
出 版 量：8822種

大事與聞

■三月，「勞動基準法」生效實施。

書號四位來定位，客戶四位為基準，此一制度奠定了最少人力登錄及系統發展的基礎，軟體公司即以DBASE語言開發書局及圖書建檔程式。建檔程式開發順利，半年後，七十三年初則由員工翁貴鳳等人負責建立資料。銷退系統開發時，基於每日數千筆訂單的負荷，銷退系統設計時，輸入便捷化為首要考量。全面要求以陣列式（類似EXCEL）來開發設計時，因輸入的介面關係到電腦化登錄效能影響頗大，新書發行、缺補書管理、帳務管理等自然為此一階段的開發範圍。

在無任何套件資源可利用或參考的電腦環境下，對於未曾有此設計方式經驗的軟體公司來講，這是一艱難挑戰工作，單單矩陣列式輸入方式，為此協調溝通就花了近半年，更加以銷退同時又得兼顧庫存及缺書的管理，其複雜性可見一斑，再加上工程師對出版業流程不了解，訂書作業反覆修正改善，一年多來連一張出貨單也無法印出！七十三年底委任軟體公司結束營業，三十萬投資電腦化計畫總不能停擺！根據過往經驗，與其時間花在溝通，不如就用從現有程式裡學的十二種指令自行開發，下班後八點多到五南設計到清晨上班止，如此克難式開發直到今年年中，銷售系統終於可開始作業，電腦開立的出貨單，總算出現在文化業市場上，雖來得遲但也是業界首家。

■凌雨君繪圖。

共事十年員工離職 另行創業成立書店

展書堂

【記者蘇秀林／報導】

五南北遷臺北銅山街後，自行編寫加上向外邀稿，出版量愈來愈多，編輯與發行業務大增，創辦人因此登報徵募員工。應聘員工之一黃德泉是民國六十四年六月月十七日到五南任職的第一位對外徵聘員工，現在這位員工與創辦人學習共事十年後的今天離職，自立門戶，在新竹開設「展書堂書店」，成為出版社的下游通路之一。

一九七五年五南社址從苗栗遷到臺北，隨著公司從中部北上的員工有兩位，一位是「五南書廬」時期既已協助業務的張水濱及一名年輕員工胡秋金。黃德泉是第三位員工，是公司正式登報對外徵聘的第一位，未滿二十一歲相當年輕。幾個月後陸續徵聘員工加入。新手業務員就這樣從怯生生、緊張學習，展開九年六個多月的工作學習、從毫無出版經驗到業務經理，磨練成長，校對、編輯、發行、業務、印務等出版的所有流程幾乎全部經歷過。並且在五南擔任業務經理時，邀集幾位中盤商、大出版社業務經理，每月定期聚會聯絡感情、彼此交換情報市場訊息，探討圖書行銷事宜。

黃德泉也深深感受老闆超級認真踏實，企畫出版掌握精準、編書寫書周延快速，求真求是求善求好，他表示：「在五南工作期間，跟隨創辦人近十年，承蒙五南家族的愛護、教導，受惠良多。這段期間是很幸運的歲月，也很慶幸身邊有這麼好的典範可以學習，其中的許多經驗都會是創業的參考。」

著作權法修正 改採創作保護主義

【記者王翠華／報導】

我國的「著作權法」自民國十七年五月國民政府制定公布以來，為因應時代變遷已歷經三十三年、三十八年、五十三年的修正；本次修正公布的全文五十二條，主要是將著作由「註冊保護主義」改為「創作保護主義」。民國十七年公布的著作權法第一條即規定，著作物必須「依本法註冊，專有重製之利益者，為有著作權」，第二條後段又規定「內政部對於依法令應受大學院審查之教科圖書，於未經大學院審查前，不予註冊。」五十三年修正公布的著作權法第二條第二項更進一步規定：「內政部對於依法令應受審查之著作物，在未經法定審查機關審查前，不予註冊。」也就是說，未通過審查的著作不得依法註冊享有著作權。

本次修正後第四條規定：「除本法另有規定外，其著作人於著作完成時享有著作權」，也就是說，著作人不必申請核准註冊，即取得著作權。但因公眾仍有註冊的習慣，故仍保留註冊制度；只是註冊或登記都只是存證的性質，並不是取得著作權的要件。

老闆當司機 員工開心 猴子搗蛋

午茶時間

【李郁芬／提供】

公司在十月舉辦第一次郊遊活動，地點是六福村野生動物園，當時同仁不多，出動了公司的發財車與老闆的別克轎車。老闆親自駕車已經感動了員工，沒想到，車子駛進園區，兩旁突然跳出許多猴子，爬上車頂死命地抓，可憐董事長高級轎車的皮革車頂就這樣被扯爛了！

不只是當司機，還賠上一筆修車費，不過董事長還是帶著笑容玩一天。大家都好感動。

■陳翰陞繪圖。

《國語活用辭典》出版
體例創新大受肯定

【記者蘇秀林／報導】

十月五南新出版編輯長達六年的《國語活用辭典》。由於增加解形、辨析、參考延伸詞彙之體例創新，為坊間同類書所無，「活用」的內容相當實用，發行以來很快就得到語文學界的肯定，在中文辭書市場，以一枝獨秀之姿，大受讚賞，引起教師與學生的注意青睞。

近十年來，五南的法政類的大專教材，稍有所成，之後開始介入文史領域的耕耘。起因是當時辭典是中小學生、社會人士等每人必備的工具書。楊榮川看到國語日報出版的《國語日報辭典》，風行全臺。雖然坊間繁簡不同、優劣不一的版本達數十種，有的偏重古文辭，詮釋深奧：如中華的《辭海》、商務的《辭源》，雖然權威，但非一般人所能閱讀；有的過於膚淺，不夠深入；有的東抄西抄，錯誤百出，廉價取勝。鑑於市場的龐大，決心出版一本人人可用的國語辭典。至於如何在已深植人心的國語日報版本勝出，頗費心思。

有了法規工具書的市場洗禮，知道必須在體例上有所創新。依據楊榮川的體認與觀察，他認為：「形、音都是定形化的，少有爭議；字義固然是辭典的核心，但詮釋確否，一般人不會一眼便知；好壞也無法判斷。如何在傳統國語辭書不脫形、音、義之外，再加入新元素，就是思考的焦點。」幾經審閱、推敲、評估，決心要走自己的路。醞釀之後確認了該書的編撰原則，並規畫衍伸的版本：

一、先以一般中等語文能力的讀者為對象加以編寫，出書之後再依市場反應，濃縮出版中小學生用的版本。

出版職人

社　　名：五南圖書出版有限公司
創 辦 人：楊榮川
局版臺業字第 0598 號
電話專線：3916542・3933357
劃撥帳號：0106895
地　　址：100 臺北市銅山街一號

營運狀況
年度新書：109 種
累計出書：1101 種
從業人員：45 人
年成長率：18 %

同業統計
出 版 社：2956 家
出 版 量：12046 種

大事與聞

- 七月，蔣經國宣布解除戒嚴臺。灣、澎湖地區解嚴。開放黨禁、報禁。
- 十一月，開放大陸探親。

二、辭彙的輯錄與篩選，必須憑官方或語言團體所作的辭頻統計，不能僅憑編撰者的主觀判斷。

三、字詞的詮釋，除了一般辭書的字義、辭義之外，必須擴充它的理解深度，不只了解意義，而且要了解此義的由來或典故，字、辭之後便有本義、方義、引申義之設；在廣度方面則另設衍伸詞、相似詞、相異詞、易誤詞，以擴充認知的領域。此為一般性辭書所缺。

四、更重要的，是字詞之後加入了辨析。對容易誤讀、誤寫、易混、易誤用、似是而非的字或詞，特別提出，加以辨析。這是最能讓人耳目一新的特點。

五、最特別的是每個字頭之後，加上「解形」，對字的來源、演變、六書作簡短而易懂的詮釋；字數不多，但非「專家」不易寫。

這樣的體例與構思，得到周何教授（臺灣師範大學文學院院長、考試院考試委員）的認同，答應擔任總主編，由他另請邱德修教授擔任副主編。五南則組成編輯小組，雇請當時師大中文研究所的研究生數十人，分組編撰初稿，再由邱教授逐字逐句校改審閱。

邱教授實際主持編撰工作，審稿極為嚴格，一改再改，不精也難。而且「解形」完全出自他的親筆，遇有不同見解，亦都堅持己意。如此數年寒暑，終在長達五年之後出版，取名《國語活用辭典》。完全符合「活用」的內容，得到很好的反應，五南也期待這本書在中文辭書市場占有一席之地。

一如預期的，《國語活用辭典》銷行甚佳，緊接著，將進行規畫中的各種因應各類讀者之用的簡編本、袖珍本、小學生本、普及本等，也將會因應時代的趨勢，開發各種活用版本，自成五南的辭書家族。

▲TOP 體例最創新的國語辭典

《國語活用辭典》

總主編周何，副主編邱德修

五南圖書出版有限公司

一九八七年一月出版

五南第一本辭書。約二〇〇二年修訂時，針對內文體例和注音檢索，苦思出「拆解式」和「打勾勾」校對法。當年與字海苦戰的年代，可說是「辭典」的年代，累計銷售超過二十六萬冊。**（辭書編輯室提供）**

出版職人

社　　名：五南圖書出版有限公司
創 辦 人：楊榮川
局版臺業字第 0598 號
電話專線：3916542．3933357
劃撥帳號：0106895
地　　址：100 臺北市銅山街一號
營運狀況
年度新書：113 種
累計出書：1214　種
年成長率：15 %
同業統計
出 版 社：3190 家
出 版 量：11982 種

大事與聞

■一月，蔣經國去世，李登輝繼任總統。

政府解嚴 神州行 探訪大陸重量級出版社

【記者王翠華／報導】

一九八七年七月十五日，當時以蔣經國總統宣布開放大陸探親政策，開啟兩岸人民的交流，結束長達三十八年又五十六天的戒嚴時期。同時大陸出版品也開放出版。楊榮川趁政府解嚴與開放大陸探親之便，於今年三月間獨赴大陸探訪重要出版社，先後拜訪廣州、上海、蘇州、以至北京等各大出版社之領導，初步了解大陸的出版制度與現況，建立友誼，收穫頗豐。尤其出版資源頗豐，可資合作者多，復於六、九、十月間又親赴三次，繼由劉文忠經理再赴大陸訪洽，增加大陸出版界對「五南」的認識。

取得大陸出版品 轉授權出版十幾種

【蘇秀林／提供】

因應政府開放大陸出版品來臺出版繁體字版，五南經由香港三聯書局、商務印書館、萬里出版社等之轉授權。

截至一九八七年止共得十幾本大陸圖書版權，計畫出版。

大陸出版品品質雖落後於臺灣甚多，但出版資源豐富，可資合作者多。但必須透過第三地取得授權，便捷的第三地就是香港。透過香港主要地的出版商，三聯、商務、萬里……等等分別取得十幾本大陸名著的出版權，因與香港出版界建立了良好的關係，也因為從香港大陸版圖圖書銷售市場，漸漸瞭解大陸主要出版社的出書狀況。趁著政府開放探親，創辦人楊榮川於今年三月赴大陸，按照事先從香港得來的大陸沿海主要都會的出版社名址，由廣州、上海、蘇州、以至北京，先後一一拜訪主要出版社領導。這一趟大陸之行，受到熱情的接待，也了解彼此的狀況，奠定了以後合作的基礎。

此行雖然訝異大陸出版品的製作簡單樸實，以及出版經營的落後制度，但也發現解放前一些碩儒巨著，尤其是人文方面的珍品，甚為可觀，是以引進。之後，又分別於六、九、十月數次造訪。發現唐詩鑑賞辭典、宋詞鑑賞辭典、中國歷代名篇賞析……等等，除與出版社的接觸之外，更進一步拜訪知名的學者。結果雙方不管是出版界或學界，對臺灣出版人都甚為好奇，也想了解臺灣的出版情況，因而很快的建立友誼，搭起合作的橋樑，陸續的取得十數種書的出版權，開啟直接版權合作的先機。

創辦人楊榮川大陸之行取得大陸簡字版圖書授權

【蘇秀林／提供】

三月，創辦人楊榮川一趟大陸之行取得大陸簡字版圖書近三十餘種之授權，諸如上海辭書出版社的《唐詩鑑賞辭典》、《宋詞鑑賞辭典》、《唐詩三百首鑑賞》，中國文聯出版社的《中國古代名篇賞析》；其中最大宗者為與人民教育出版社合作，取得「教育經典譯作」之出版授權十餘種。

排版作業委由大陸廠商排印開啟兩岸合作先機

【蘇秀林／提供】

今年起，排版作業運用大陸排印成本相對低廉之優勢，將取自大陸版權之唐詩、宋詞、名篇等三書，共約九百萬字，委由上海中華印刷廠排版、臺灣校對。開啟兩岸合作排版之先機，應為臺灣之首例。

報禁成歷史名詞

報紙三限解除

【記者陳念祖／報導】

民國三十八年國民政府遷臺後，陸續實施三項對報紙的限制措施，這三種限制是「限證」、「限張」和「限印」，自一月一日正式結束。雖然我國政府單位從未使用「報禁」一詞，但由於此「三限」對報業的影響甚大，所以「報禁」一詞普遍流傳。以下即就「三限」詳細說明：

一、限證：指限制新聞紙申請登記，是不開放新報紙的措施。四十年，行政院訓令「全省報紙、雜誌已達飽和點，為節約用紙起見，新申請登記的報紙、雜誌、通訊社，應從嚴限制登記」，自此開啟現制時期。至四十九年，共有七家報社獲准登記起，自此年至「報禁」解除前，就未再核准新辦報紙。

二、限張：指限制報紙的張數。此乃起自四十四年，政府頒訂「戰時新聞用紙節約辦法」規定，為節省用紙，因此平時只能發行一大張半，特定紀念日可增刊一大張。至六十三年四月，調整為平日三大張，紀念日及社慶出增刊。

三、限印：是規定報紙只能在原登記地的印刷所、發行所印刷發行，不得在他地印刷，因此造成南報北運及北報南運的鐵、公路運輸景觀。

報紙的「三限」在七十七年一月一日起正式結束，「報禁」也成為歷史名詞。

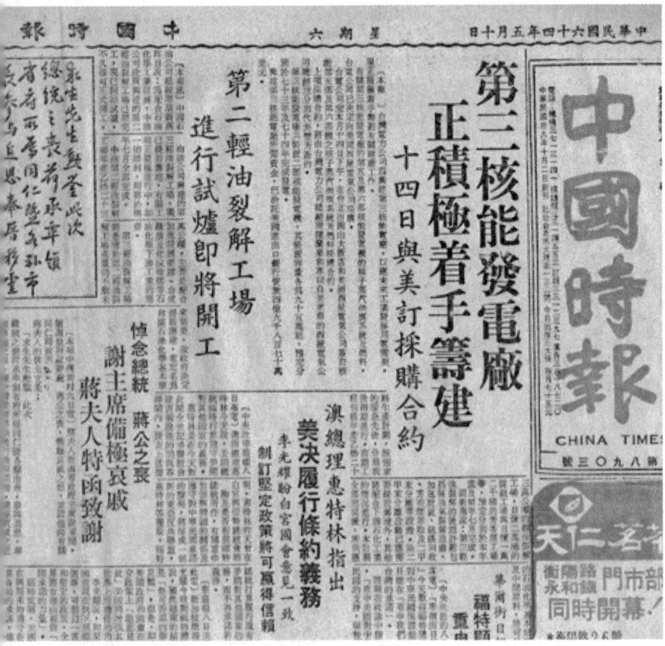
中國時報　星期六　中華民國六十四年五月十日

中國時報 CHINA TIMES

第三核能發電廠 正積極着手籌建 十四日與美訂採購合約

第二輕油裂解工場 進行試爐即將開工

悼念總統 蔣公之喪 謝主席備極哀戚 蔣夫人特函致謝

澳總理惠特林指出 美決履行條約義務 李光耀盼白宮國會意見一致 制訂堅定政策將可贏得信賴

■報紙「三限」成為歷史。

政治安定 物價穩定

「基本定價」漸漸走入歷史

【記者王翠華／報導】

「這麼厚的一本書只賣五・五元？」很多讀者對於書籍上的「基本定價」一直心存疑惑，什麼是「基本定價」？要如何換算成一般定價呢？今天就帶大家一探究竟。

民國初年戰禍連年，抗日戰爭才結束、國共內戰又開始；而戰爭需要大量的金錢支出，於是政府被迫發行大量的貨幣來應付這些開支，結果造成通貨膨脹，什麼金元券、銀元券的頻頻貶值。貨幣價值一日數變，導致物價劇烈波動，聽老一輩的說，早上一碗麵五毛錢，晚上可能就要五元錢，早晚不同價是常有的事。

書籍的定價都是印在書上的，沒辦法隨時改變，但如果不隨時調價就會賠錢，怎麼辦？為了減少損失又方便計算，於是出版業者設計了「基本定價」的制度來因應。基本上這是一種倍數換算法，也就是以書上所標識的價格，再乘以某一倍數，就可以換算成符合當時物價的價格、以反應物價漲跌；只要調整「倍數」，不用三不五時的調整定價。

國民政府來台以後，經濟情勢尚未穩定，臺灣多數的出版社仍習慣沿用「基本定價」制度。最早基價倍數為十六倍，歷經調整到一九八〇年代已達五十倍之多。像是商務印書館、國立編譯館、三民書局、中央書店、新文豐、五南等一些老牌出版社，至今仍是採用基價制。以前面的例子來看「基本定價」的換算：5.5 x 50 = 275 元，即該書的定價為新臺幣 275 元。

現在台灣已經是政局穩定經濟繁榮，為什麼還有一些出版社堅持用「基本定價」來標價呢？我想他們並不是要標「舊」立異，也許只是一種不自覺的懷舊的心態吧！

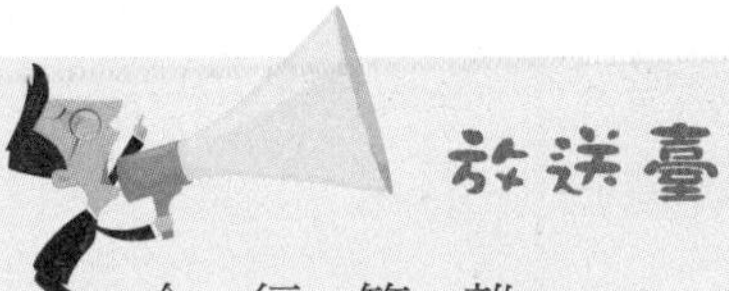

考用月刊雜誌停刊

【蘇秀林／提供】

為了推廣考試用書的行銷，在一九七七年四月創刊了「考用月刊」雜誌（行政院新聞局登記證：臺業字第〇一七二三號），廣為贈發，作為行銷的方略，於今僅維持了十年，在今年（一九八八年）十二月停刊。

創辦人回饋鄉里 捐贈五南書香亭

【記者王翠華／報導】

創辦人楊榮川為感念家鄉父老幼時提攜，於誕生地苗栗縣通宵鎮五南里的慈雲寺廣場，興建「五南書香亭」乙座。亭子的兩邊鐫刻兩行字，是張夢機教授題字、書法名家臺靜農先生書寫的對聯：「五蘊皆空觀自在．南能所得本來無」，亭子內有一塊匾額，清楚記載其感念與回饋的心：

五南古稱羊寮。背山面海，沃野數里，村民沿山而居，農漁維生，民風淳樸，崇奉觀音，建廟慈雲寺，村稱觀音亭，香火鼎盛，為村民膜拜、祈福所在。我等生於村，長於村，深受神召，成為信仰

出版職人

社　　名：五南圖書出版有限公司
創 辦 人：楊榮川
局版臺業字第 0598 號
電話專線：3916542・3933357
劃撥帳號：0106895
地　　址：100 臺北市銅山街一號
營運狀況
年度新書：105 種
累計出書：1319　種
從業人員：40 人
年成長率：20 %
同業統計
出 版 社：3409 家
出 版 量：12964 種

大事與聞

- 六月，中共六四天安門事件。
- 臺灣人口破二千萬人。
- 四月，自由時代雜誌負責人鄭南榕自焚。
- 九月，侯孝賢導演《悲情城市》獲威尼斯影展金獅獎，為臺灣史上第一人。

支柱，迷津指點方向，籤示無不靈驗，一九六六年秋，寫作之餘心生梓欲，徬徨猶豫之際，觀音卜示，普通教學法一書遂出，風行一時，五南書廬就此初創。由一而二而三至今千餘種，由書廬而出版社，而圖書出版公司，始終不改五南原名，蓋飲水思源不敢或忘也，今捐建書香亭，五南為名。一則感懷鄉土，聊謝神恩，二則與我鄉親共勉，五南——羊寮，稻香之外尚有書香。

書香亭具有教育、休憩及社會教育多重功能，也為地方憑添了些許文化氣息。

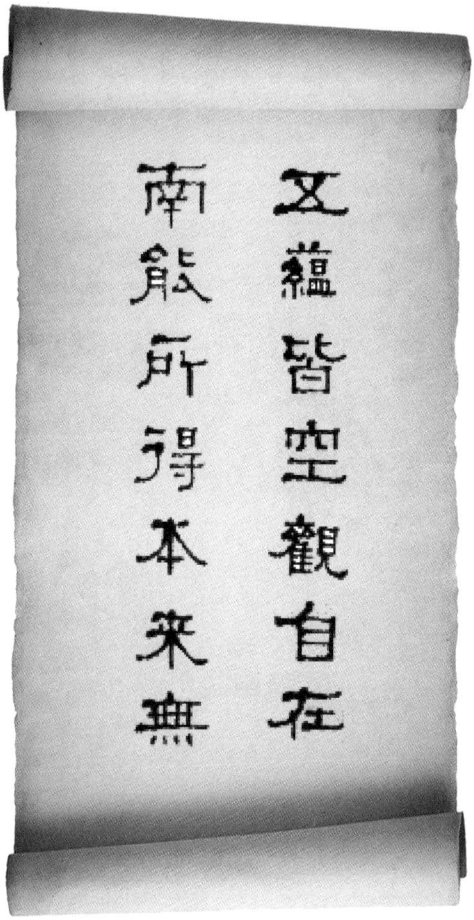

■書香亭楹柱是張夢機教授題字，書法家臺靜農先生書寫的對聯。

離職員工與老闆合資成立小天出版

【陳綺華／提供】

九月，五南編輯部經理有意轉換跑道，另立童書出版社，邀楊老闆各投資一百五十萬，楊老闆慨允全力支援，共同合資成立「小天出版有限公司」。「小天」獨立於五南之外，另行經營專門出版童書。

■小天的出版品將以精美插圖為特色。

午茶時間

編輯徒手製作修訂《新編六法全書》

【蘇秀林、林裕山／提供】

六月，公司新近增加在校生打工，其中一名升大三的學生林裕山，法律服務隊結束後，才匆忙應徵到五南打工。編輯部給與的任務主要是蒐集六法全書的改版更新資料。改版須要法條資料，只能去國家圖書館影印各期刊載總統令頒條文的總統府公報，到位於公館的內政部購買地政法規彙編，然後用刀片、剪刀、口紅膠等工具剪貼彙整在紙上。

「但是我不以蒐集法律條文為滿足，進而提出修改六法全書體例的建議。」參與修訂的林裕山表示，「所以我將六法全書整個改版，從目錄排列與內文體例都做了修正，這在目前也算是創舉。」學以致用的法律系學生，在打工期間適時提出想法與建議，促成《新編六法參照法令判解全書》的改版編輯更加完備。

■林裕山（右一）與編輯室同仁。

書籍的身分證 ISBN

【記者王翠華／報導】

ＩＳＢＮ即國際標準書號（International Standard Book Number）的簡稱，此為一本書的識別號碼，共由十個數字所組成。透過這十個數字，可以辨識此書是哪一個國家、哪一個出版社所出版的。例如：ISBN 957-648-054-X，其中「957」為群體識別號，代表臺灣地區；「648」為出版者識別號，代表書泉出版社；「054」為書名識別號，代表申請書號的第五十四本書；「X」為檢查號（由〇至九和X來表示），用以核對書號是否無誤。

臺灣地區於民國七十年即自國際書號總部取得「957」的地區代碼；但直到七十七年國家圖書館正式成立「中華民國國際標準書號中心」，負責ＩＳＢＮ的辦理與推展工作，七十八年七月才開始核發書號。

ISBN條碼化

【記者王翠華／報導】

歐洲國家於一九七七年共同制定了歐洲商品條碼（European Article Numbering; EAN），供各會員國之間商品流通使用。為了擴大出版品的行銷管道，國際ＩＳＢＮ總部乃於一九八〇年和國際ＥＡＮ總會簽約協定，將ＥＡＮ的「圖書」代碼「978」加在原ＩＳＢＮ之前，並改變ＩＳＢＮ的檢查號。

七月起，ＩＳＢＮ條碼化之後，就和商品條碼一樣可以經由光學儀器來解讀。這對於書店的銷售管理、庫存管理有莫大的助益，同時透過電腦化的管理，更直接減輕了人工成本和時間成本的負擔。

目前國內書商除採用ＩＳＢＮ和ＥＡＮ的條碼之外，更有將國家圖書館的分類和價錢碼同時列示者。這就是我們常見的書籍條碼。

ISBN 957-648-054-X

00000

9 576480 540004

一九九〇年代

堅守學術出版 從事兩岸交流

燕子飛來是躍躍欲試的心情，烈日汗水有踏實努力的味道，欒樹當紅訴說著達成的喜悅，寒風冷冽叮嚀著清醒與冷靜。四季在無聲中更迭，只有用心生活的人才能看見那美麗的風景；企業經營亦復如是，只有全力以赴的人才能體會其中的酸甜苦辣。二十世紀的九〇年代堪稱是五南的「黃金十年」，許多未知的、探索的、冒險的、挑戰的「第一次」，都在此時發生。

第一次設立總編輯職位。學術出版不比大眾出版，除了個人興趣喜好外，更仰賴專業背景；第一任胡總編是政大政治系碩士、第二任陶總編是美國威斯康辛大學公行所碩士、第三任陳總編是文化大學新聞所碩士、第四任張總編是輔仁大學宗教所碩士（兼具理工專長）。歷任「總編輯」都是開發各領域的先遣尖兵，依其專業所學被付予了重點發展任務。

第一次營收破億。以平裝書平均定價約兩百五十元來看，每年有四十萬冊的圖書被銷售，堆疊起來的高度超過十座一〇一大樓！當時網路電腦尚未普及、連鎖通路還沒誕生、捷運高鐵只是藍圖；書籍的進退、款項的催收、資訊的傳達，都得親力親為。突破「一億元」的難度，就像沒有電梯、連續十次徒步登上一〇一大樓！「不可能」？但五南做到了。

第一次實質的兩岸交流。中國，這個神祕又陌生的鄰居，終於開門了；懷著期待又忐忑的心情，迫不及待想一窺究竟。賈馥茗教授帶領的「教育訪問團」備受禮遇，錢文忠博士主持的「北京辦事處」、李凡主任主持的「上海亞信公司」先後啟動，香港中文書展、廣州全國書市、天津臺版書展、北京兩岸教科書研討會，幕後那忙碌的身影，你可看到？

還有、還有！第一次得到美國出版雜誌的專訪報導─Publisher Weekly，第一次布建學術書的專業通路─五南文化廣場，第一次將紙本書進行數位化─六法全書光碟版，第一次受到金鼎獎的青睞─舞獅技藝……，每個「第一次」都像是一個階梯，讓五南有了跳躍式的成長，從家庭經營變成企業經營；至於功過成敗？就留與後人說吧！

王翠華◎主筆

五南大事

1990

八月，增聘總編輯一職，第一任總編輯為政治大學政治所碩士胡祖慶，側重政治、國際關係新領域之出版。

位於五股工業區之五南「發行大樓」，正式動工興建，樓高十層，共約一千坪。

1991

一月，為擴展大陸稿源，成立北京辦事處，聘請北京大學東方語言文學系博士生錢文忠（現為上海復旦大學歷史系教授）負責。

「書泉」獨立經營，由王翠華擔任經理。

三月，順應臺灣學者急切希望造訪大陸名校卻不得其門而入之情況，組織「大陸教育訪問團」，包括研究所所長、系主任、教師共六十人，敦請教育學界賈馥茗博士擔任團長，香港時任大陸政協委員石景宜先生為顧問，於三月下旬赴大陸訪問北大、北師大、華東師大、復旦大學、暨南師範大學、深圳大學等十一校參觀。並與北京師範大學舉辦兩岸教育學術研討會，甚受兩岸學界歡迎。

四月，小天出版公司結束。

七月，行政院新聞局正式委託本公司承辦「第十三屆香港中文書展」，於二十二日至二十八日在香港隆重開幕成果豐碩。時任行政院新聞局局長胡志強先生正式頒授「感謝狀」鼓勵本公司。

八月，大陸每年一次之「全國書市」，第四屆於八月下旬在廣州舉行，正式成立港台館。本公司受大陸主辦單位委託，承辦「台灣館」

出版要聞

1990

一月，實施CIP。

四月，新聞局宣布開放蘇聯書籍進口。

五月，新聞局行文財政部，希望民眾購書可以抵扣所得稅。

1991

五月，聯經出版與中圖廣州分公司，在廣州舉辦「九一年臺灣地區圖書展售會」。此為臺灣出版界首次在大陸辦書展。

七月，書香月刊創刊。

十一月，出版流通雜誌創刊。

十二月，誠品閱讀雙月刊創刊。

（香港館由香港三聯書店負責），展出圖書萬餘種，並組織臺灣出版界三十餘人，參加書市開幕，必須憑券入館參觀，空前轟動。此為首次臺版圖書赴大陸參展。

Prince Hall 出版社主編三人來訪，並洽談出版合作事宜。

十二月，總編輯胡祖慶因出國留學離職。另聘美國威斯康辛大學公共行政研究所碩士陶文祥接任第二任總編輯，展開公共行政新領域之出版。

營收破億，時任業務副總為劉文忠先生。

一月，二十一日美國出版者周刊（Publisher Weekly），派人來訪並專文報導。

三月，舉辦第一次員工海外旅遊（蘭卡威），並全額補助。

四月，受中國教育圖書進出口公司之委託，於四月二十一日到五月八日在天津舉辦臺灣圖書天津書展，臺灣兩百四十家出版社提供圖書參展，並組團訪問。

五月，辦公室遷入自購之和平東路二段三三九號泰陽大樓四樓，共一五一坪。

六月，錢文忠主持的北京辦事處成效不佳，正式結束。

七月，公司正式成立「員工獎懲評議會」及「員工福利委員會」，開始運作。

成立「考用出版社」，承續五南出版社早期出版之「國家考試用書」，以與五南出版公司專出版大專教材者，做品牌之區隔。

十月，五股五南發行大樓完工，於十五日正式遷入啟用。

1992

六月，新著作權法實施。

七月，開辦ＩＳＳＮ代轉申請業務。

1993

一月，在大陸投資成立「亞信資訊發展（上海）有限公司」。與遼寧出版社原辦公室主任李凡，共同出資、李凡負責經營，主要業務為組譯稿件及排版，為進軍大陸圖書產業之首次實體投資。

四月，新聘第三任總編輯陳念祖，開展新聞大傳新領域之出版。為陳鼓應教授返臺舉辦記者會。

六月，創辦人楊榮川帶團參加安徽省於合肥市舉辦之兩岸版權會議。

九月，研發《小學生活用辭典》電子版，定名為「小贏家」應市，為五南數位化出版之首次。

十一月，合資成立野聲文化事業有限公司，專門承辦靜宜大學推廣教育中心城區部，資本額一千萬。五南占百分之三十五。

十二月，增購和平東路二段三五七巷二之二號三樓、四樓，做為會議室及文件資料存儲之用。

本年度大陸出版業來訪者日多，主要者如：中國圖書進出口公司、國際圖書進出口公司、世界版權貿易公司、福建出版集團等等，另個別教授、學者亦多，已漸受大陸出版學界重視。

三月，英國圖書出版事業協會一行十七人來華訪問。

五月，中華民國圖書發行協進會成立。

十二月，電子出版誕生。

1994

一月，正式成立電腦中心，負責公司電腦化之開發、運作與維護。

六月，臺灣正式加入世界版權貿易組織，所有過往未經正式授權之境外版權圖書，從十二日起全面禁止銷售。公司未取授權之庫存書，全部銷毀。

七月，捐贈彰化縣溪州鄉立圖書館，圖書三百七十四冊，供眾閱讀。

八月，受陸委會所屬中華文化發展基金會委託，執行「補助大陸學者出版學術著作計畫」，邀請大陸學者出版學術專著。

六月，六一二大限。

十月，新生假日書市遷徙。

小學生活用辭典電子版「小贏家」上市。

十二月，本年來訪之大陸出版業主要者有：大陸來臺書展訪問團、中國專利發行協會參訪團、安徽美術出版社、北京師範大學出版社、中山大學出版社等等。

三月，《現代用語百科》出版，國內第一部全方位解讀媒體資訊的工具書。

四月，成立五楠電腦排版公司，專門負責本公司書籍之排版。

五月，五楠電腦排版公司更名為亞帛電腦排版公司。

上海「亞信公司」雙方經營政策產生歧見，同意結束。

創辦人與業界共九人代表臺灣出版界參加「第一屆華文出版聯誼會議」，探討兩岸三地出版交流問題。

與國家圖書館臺灣分館合作，整編館存之「臺灣日日新報」成套出書，共二百七十一冊，行銷海內外，為五南重刊舊籍之始。

七月，捐贈教育學術著作五百餘冊給北京師範大學。

公司與建宏書局合資成立首家書局：「五南文化廣場—臺中店」，於本月一日開幕，為本版書及學術書布建全省性的銷售據點。

受陸委會、中華民國圖書出版事業協會委託，在北京師範大學舉辦「臺灣地區各級各類教科書展覽」，並組團參加、舉辦兩岸教科書研討會。

八月，將六法全書數據化發行光碟版。

十月，新聘第四任總編輯張超雄，開展理工新領域之出版。

1995

五月，「第一屆兩岸三地華文出版聯誼會議」在香港召開。

八月，圖書分級制度規約。

十月，臺灣省政府及中華民國圖書出版事業協會主辦「慶祝臺灣光復五十周年全國圖書展覽」。

1995

十月，受臺灣省政府及中華民國圖書出版事業協會委託在臺中五南文化廣場舉辦「慶祝臺灣光復五十周年全國圖書展覽」。

十二月，本年來訪之大陸出版業主要者有：中國社會科學出版社、大陸刑事法學者十六人訪問團。

1996

七月，國內第一本網路理財專業書籍《INTERNET 理財寶庫》上市。

八月，參加北京國際書展並分領臺灣出版團中之社會科學組人員參訪人民教育出版社，並舉辦座談會。

十一月，受陸委會所屬中華文化發展基金會委託辦理「補助大陸學者出版學術專著計畫」中之大陸作者十一名，來臺參加新書發表會暨學術研討會，參與熱烈。

一月，推動圖書EDI。

三月，報人王惕吾病逝。

七月，首屆「小太陽獎」頒獎。

1997

三月，創辦人楊榮川榮任「中華民國圖書出版事業協會」常務理事。

六月，聘請饒恢中先生任總經理。

七月，捐贈新竹少年監獄約二十五萬冊圖書，法務部特頒贈獎狀。

八月，創辦人與業界共十三人代表臺灣出版界參加「第二屆華文出版聯誼會議」，探討兩岸三地出版交流問題。在臺北召開。

野聲文教公司因靜宜大學新任校長認為推廣教育不宜由外人經營為由，正式終止委辦合約。

十月，書泉出版之藝術現場叢書，走出出版框架跨業整合行銷。

十二月，五南出版公司今年正式跨入理工、醫護之出版領域，算是突破。

五月，中華發展基金會通過「獎助在大陸地區出版之臺灣地區著作作業要點」。

八月，南華管理學院創立出版學研究所。

1998

一月，書泉《舞獅技藝》榮獲金鼎獎優良出版品獎，是本企業與金鼎獎的第一次相遇。

三月，本年二次新書發表會：一、邵宗海教授著《兩岸關係》，包括李煥、邱創煥、馬英九教授等政要名人與會，二、朱榮智教授著《土氣與洋味》。

七月，購併「台灣古籍出版公司」，成為五南文化事業之一員。

十二月，五南文化廣場另與他人共同投資成立「五南法政補習班」。

兩岸出版交流熱絡，本年先後來公司參訪，主要者計有：中國圖書進出口公司、福建出版界訪問團、吉林出版省作者協會、中國社會科學文獻出版社、中國編輯學會、北京大學出版社、語文出版社、北京師範大學出版社等，以及其他學者個人。

一月，為執行WTO入會案，著作權法修正。

「著作權法」廢止著作權登記制度。

1999

一月，與輔仁大學應用心理系合作，創刊《應用心理研究》雜誌，共同出版，開啟五南學術期刊之出版。

五月，五南文化廣場加盟店沙鹿店正式開幕。

設置「法學出版中心」及「辭書出版中心」兩部門，專事法學著作及各種語文工具書之出版。

九月，五南文化廣場逢甲店正式開幕。

十月，五南文化廣場高雄店正式開幕。

十二月，本年先後來訪之大陸出版業主要者有：北京外文出版集團、東北大學出版社、中國人民大學出版社、機械工業出版社、內蒙古出版界訪問團。

一月，出版法廢止，總統令公布。

「全國新書資訊月刊」創刊。

七月，第一個電子書商店成立——PC home 的 Dec Book。

十一月，出版業抗議爭收進口紙張傾銷稅。

倉庫落腳五股工業區

自地自建發行大樓 八月破土開工

【記者蘇秀林／報導】

臺北市銅山街既是辦公室也是倉庫，都在同一位址，這幾年來考試用書、書泉出版品，再加上自大陸取得授權的出版品，愈來愈多的新書，目前的倉儲空間已明顯不足，因此另購買適合的土地自建發行大樓。

發行大樓位在五股工業區內，已規畫完成，將興建一棟地下一層地上七層，每層二百坪左右的發行物流中心。破土開工典禮在八月舉行，預計兩年內完工。

■破土開工典禮，楊榮川（前排右一）及夫人（前排右二），率全體同仁焚香祝禱工程順利。

出版職人

社　　名：五南圖書出版有限公司
創 辦 人：楊榮川
局版臺業字第 0598 號
電話專線：3916542．3933357
劃撥帳號：0106895
地　　址：100 臺北市銅山街一號
營運狀況
年度新書：120 種
年成長率：18 %
同業統計
出 版 社：3238 家
出 版 量：16159 種

大事與聞

■三月，野百合三月學運。
■六月，國立編譯館決議將二二八事件編教材。
■中華職棒成立。

新聘出版顧問 能編能寫 全力擘畫政治叢書

【記者蘇秀林／報導】

五南繼六法全書出版獲得好評之後，董事長為開展政治學與國際關係領域書籍，聘請政治大學政治研究所博士生胡祖慶先生做為五南的出版顧問，進行編纂、策畫政治學與國際關係叢書。胡先生得到這個機會，原因是他才二十三歲的年紀就替五南翻譯 Lucian Pye《中國政治的變與常》一書，得到讀者肯定。

稍後，他替國立編譯館翻譯 Kenneth Waltz 的《國際政治體系理論解析》，並且交由五南印行。在教科書方面，他為五南翻譯 Frederick Pearson 和 Martin Rochester 的《國際關係》。這本書一發行就相當暢銷，並成為大學老師喜歡的教科書之一。

年輕的胡先生能編能寫，通曉英法文，既擔任出版顧問，也是總編輯和作者。他在政黨政治、政治思想及兩岸關係的研究領域上策畫相關書種，邀請學者撰述與進行翻譯。

在編輯工作方面，翻譯授權是工作重點之一，國內對於外文圖書智慧財產權的保護還處在起步階段，這些企畫不僅在公司，在業界都將相當有開創性。

一館編目多館共用 CIP正式上路

【記者王翠華／報導】

出版品在即將出版之前，由出版者將樣書、毛本或相關資料交由專責單位，依據該書內容性質予以分類編目；出版者再將編目資料印在書內的固定位置，此即「出版品預行編目」作業，簡稱「ＣＩＰ」（Cataloging In Publication）。

透過ＣＩＰ，讀者可以很快的了解此書的主要內容，而一館編目多館共用的方式，更使各級圖書館省卻許多分類編目的人力。其他如：方便選書作業、快速上架服務、保持圖書新穎等，可謂好處多多。

ＣＩＰ在國外早已行之有年，臺灣地區到民國七十九年才正式實施，由國家圖書館國際標準書號中心負責辦理。目前作業方式為：由出版者填具相關資料，並將書名頁、版權頁、目次、序言等送交書號中心辦理申請，書號中心將在編目後的資料送由出版者印在版權頁上方。

名家策畫執筆「兒童未來幻想故事」

小天出版創業之作 受矚目

【記者蘇秀林／報導】

一九八九年轉換跑道的編輯部經理陳綺華與創辦人楊榮川合資成立的「小天出版有限公司」，專營童書出版，力邀名作家策畫，推出取自日本授權的兒童小說，執筆譯者均為名家，製作上傾力做到最好，四月初版上市，發行至全臺通路書店。

近年來臺灣童書出版方興未艾，尤以漢聲出版社自行編印之「漢聲小百科」獨領風騷，其高品質包裝及內容加上高價位直效行銷，一時間蔚為風潮。小天在此潮流下，取得日本岩崎書店授權，出版成套書「兒童未來幻想故事」。這套書係由張系國、向陽擔任主編及策畫，邀請劉慕沙等名家翻譯《機器人媽媽》、《達達的時光隧道》等日本兒童名家的作品。

該叢書主編張系國提及一位小說家兼科學家的諾布可夫說過「科學離不開幻想，藝術離不開真實」，策畫者向陽也表示科幻故事「對於拓展臺灣的兒童文學視野與提昇兒童讀物的水準，都具有相當大的助力與作用」，希望孩子藉由閱讀培養更自由的幻想空間與豐富的好奇心。

這套書由智威湯遜總經理黃文博等人設計包裝，第一刷二千套藉由小規模報紙廣告行銷，其內容與精美裝幀在童書市場上，令人矚目。

■兒童未來幻想故事套書。

特稿

借得雄風成億兆　何懼萬里一征程

李永強
（中國）中國人民大學出版社社長

日月不居，春秋代序。在這萬象更新的時節，欣聞五南文化事業機構喜迎五十華誕，我謹代表中國人民大學出版社向五南文化事業機構致以最衷心的祝賀！

厚德載物，日就月將。五南文化事業機構經歷半世紀風華，在臺灣文化出版領域實屬難得；五十年堅持一以貫之的服務科研與大眾的出版路線，更為可貴；五十年成就眾多好書，與合作夥伴同心協力相得益彰，尤堪稱讚。五十年，五南文化事業機構深耕書田，卓然而立。

人大出版社成立於一九五五年，是新中國成立後第一家大學出版社。六十年來，以「出教材學術精品，育人文社科英才」為宗旨，出版了大量具有文化傳播和積累價值的優秀教材與學術著作。人大出版社「學術沃土，思想搖籃」的價值追求，與五南出版公司「傳承知識，弘揚學術」的奮鬥遠景不謀而合，雙方在上一九九〇年代即開啟了良好的合作。在二十多年的跨世紀攜手之路上，雙方領導多有往來，親如一家；雙方成果內容豐碩、形式多樣；既有版權合作，也有合資出版；既有對內引進，也有對外輸出。目前雙方合作的圖書已近百種。其中，《毛澤東》、《馬克思》、《聲光電影裡的社會與人生》、《當代法國思想五十年》、《福柯的生存美學》等一大批引進輸出的圖書都具有很好的社會影響，雙方的合作如次第花開、細水長流。

求索之路，載馳載驅。五南出版公司幾經風雨，從考試用書到學術專著，從圖書到期刊，現已成為含括圖書出版與網絡完整體系的文化出版機構。更值得欽佩的是，五南出版公司仍堅持在創新的路上，在電子出版和多媒體出版領域與日俱新。一書一頁，可辨當年；一字一句，更嘆今朝。在當前文化改革發展的新航程中，兩岸出版將帶來更多新機遇，人大出版社願與五南出版公司一起共迎未來，共創明天。

「借得雄風成億兆，何懼萬里一征程。」藉此五十華誕之際，祝願五南文化事業機構在未來征程上乘風破浪，繼千載文明，拓筆墨乾坤，創崢嶸偉業，熠華夏文光！

環島旅遊跑業務 終於營收破一億

【記者蘇秀林／報導】

「五南業務部經理」是劉文忠職業生涯的第二站。一九八二年，中國文化大學行政管理系畢業後，先在補習班任職兩年後進入了五南。當時的五南位於臺北市銅山街一號，也只有十多個人在專做教材、教輔類圖書，旗下還有考用雜誌社、書泉出版社兩個實體。

因有在補習班任職的經歷，文忠經理一入職便踏上了「環島旅遊」的征程。為了賣書，不得不去嘗試敲開臺灣每一所大專院校各個教師的辦公室，閉門羹是自然的。後來，他以交朋友的方式和老師們結識，如此沒有目的交談反而輕鬆相知，因友誼要買賬，使得書本銷售數量隨著友誼深入，漸漸增長。三年下來，竟然平均每年環島旅遊達六次之多，也許正是有了這些量的累積，最終才換來了在銷售上質的突變。

八○年代，臺灣各類大專院校約七十多家，每所院校都有自己的供書利益鏈條，局外人很難進入，特別是一家年輕的公司和一張新的面孔。很多時候，文忠經理為了啃下某塊骨頭，不得不在諸多的「鴻門宴」上耍幾齣「項莊舞劍」的伎倆。既然在任的無法公關，就與未來的系、科主任們建立聯繫，有時候還要免費贈書來培養市場。

這些投入或多或少的換來了業績的提升，但如此建立起的關係並非牢不可破，情感的黏合度還需要某味催化劑。於是，文忠經理與他們不時探討交流教育理念，討教他們對於教輔用書的意見和建議，讓圖書使用者訴說他們的訴求，久而久之，他的朋友開始遍布臺灣，也使得五南的市場占有率逐年上升。一九八七年各地師專改制為師範院

出版職人

社　名：五南圖書出版有限公司
創辦人：楊榮川
局版臺業字第 0598 號
電話專線：3916542・3933357
劃撥帳號：0106895
地　址：100 臺北市銅山街一號

營運狀況
年度新書：191 種
累計出書：1439 種
從業人員：45 人
年成長率：29%

同業統計
出版社：3491 家
出版量：12418 種

大事與聞

- 二月，立法院第一屆資深立委全部完成退職。
- 五月，宣布結束「動員戡亂時期」。
- 實施促進產業升級條例。

校，改制甫畢，五南的新教材圖書已然到位。

隨後的五南開始多方向經營，不再局限於教輔類圖書。當時有一本關於甲骨文方面的學術專著，全公司無人看好，文忠經理卻執意做了宣傳手冊，通過向海外圖書館贈寄中英對照介紹單頁，僅海外圖書館訂購銷售達三十萬美金；在臺灣軍警監獄司法單位銷售《六法全書》一年十萬本；將《國語活用辭典》等書做成五南圖書暢銷圖書……。

後來更是冒天下之大不違，向臺灣圖書零售業每月退書的行規開刀，制定了每年五月和十一月兩次退書的規定，遭到了全臺灣近百分之八十的圖書零售業的抵制，更有甚者直接將五南圖書清場。五南向死而生，在不多的幾家書店設置五南圖書專櫃，反倒集中了更多的學生群體前來購買，引得更多出版方紛紛效仿。如今，每年退書兩次的規定也已成為了全臺灣書業的行業規則。這一年五南銷售額已破億。

縱觀文忠經理與五南的這些年，除了脾氣秉性相仿外，還有一點就是都有著把小事情做大的能力。也正是這個能力，讓他們有辦法去做市場的分配者從而掌控市場。

放送臺

營業額破億！

【謝昀諭／提供】

十二月，營業額破億慶功會，創辦人楊榮川開心致詞。並宣布招待全體員工出國旅遊，做為鼓勵。

「五南教育訪問團」赴陸受兩岸學界歡迎

【記者蘇秀林／報導】

順應臺灣學者急切希望造訪大陸名校卻不得其門而入的情況，五南組織「教育訪問團」，包括研究所所長、系主任、教師共五十七人於三月下旬赴大陸訪問參觀。

一九八七年解嚴之後，大陸政策逐漸開放，先由探親再漸次到觀光旅遊，學術界人士亦想藉此難得機會參訪大陸名校，甚至與之座談。尤其臺灣師範教育系統學者，雖對各國師範教育多所研究，唯獨對大陸地區之師範教育，因兩岸隔閡甚久反感陌生。

五南了解學界此種需求，因而組織「教育訪問團」，並得香港漢榮書局石景宜先生協助，順利成行。原訂三十人，後因反應熱烈增加至五十七人；主要以教育學系所及語言系所教授為主，聘請臺灣師範大學教育研究所賈馥茗教授擔任團長，五南楊榮川擔任副團長，石景宜先生為顧問。

訪問團自三月二十八日出發，經北

■大陸教育訪問團訪問北京師範大學，楊榮川（右一）與團長賈馥茗教授（右三）、北師大教授合影。

京、上海、廣州、深圳，共造訪北大、北師大、上海華東師大、復旦大學、深圳大學、暨南大學、廣州中等師範學校等校，並在北京師範大學、上海華東師範大學舉辦兩岸教育座談會，探討兩岸師範教育問題，成果豐碩，於四月七日回臺。

此行十一天，應是兩岸開放交流以來，臺灣學術界赴大陸作教育參訪的第一團，成員都是所長、教授、博碩士，水準之高、人員之多前所未見，頗獲陸方重視，人民日報、文匯報亦多報導。尤其是克服萬難，突破北大在六四之後暫停接待境外人士參訪之藩籬，更屬難能可貴。

■教育訪問團訪問華南師大。

■教育訪問團訪問北京大學。

放送臺

小天出版結束營業

【蘇秀林／提供】

創辦人楊榮川與員工合資經營的小天出版有限公司，截至今年四月，營運期間經理人雖用心投入經營，但年初以來遇財務危機無法解套，最終宣告結束營業。

日本授權出版的套書「兒童未來幻想故事」，係由名家策畫與翻譯執筆，再加上精美設計及採精裝精印，成本偏高，儘管第一刷很快賣完再行二刷，但仍無法回收成本。

第二刷三千套原洽定牛頓出版社經銷，未料簽約前夕，牛頓卻因週轉不靈遭逢財務危機，雙方合作宣告中止。小天頓時陷入困境，經多方尋求合作未果，公司營運無以為繼終至結束營業。

陳綺華經理表示：「肇因於毫無童書市場經驗，且未審慎規畫財務。短短不到兩年的慘痛經營結果，不但是個人的莫大教訓，也是昂貴的一堂課。」

成立「駐京辦事處」

【蘇秀林／提供】

由於五南與大陸出版界往來日漸頻繁，蒐集出版資訊、了解圖書市場、約洽著者譯者、尋找稿源、洽談授權等等，兩岸奔波，諸所不便。因此決定在北京設置「駐京辦事處」。

聘請北京大學東方語言文學系博士生錢文忠先生為負責人，專事負責五南在大陸之業務，並為兩岸聯絡之窗口，此為五南在大陸設置據點之始。（編按：錢先生師從東方學大師季羨林，後因留學德國漢堡大學而離職。）

致贈金筆　獎勵員工

【李純聆、王翠華／提供】

只要任職滿八年的員工，老闆都贈送德國 elyess 愛禮鋼筆（鍍金EF筆尖）一支。以獎勵久任。

第四屆「全國書市暨版權貿易洽談會」
首次展出正體字圖書

【記者蘇秀林／報導】

兩岸開放之後，大陸為了促進兩岸的版權合作，第四屆「全國書市暨版權貿易洽談會」，除大陸出版社參加之外，並邀請臺北出版人與會。本展會前三屆都只展出大陸出版之簡體書，第四屆在廣州舉行，正式成立港台館，展出臺港正體字圖書，其中香港部分由中資香港聯合出版集團負責，臺灣館則委託五南籌辦，這是有史以來的第一次，備受輿論重視。

五南募集約二千種圖書，經大陸新聞出版署許可進口參展。楊榮川帶領出版界三十七人與會，自下飛機開始即有人迎接，出機場沿路有警車、樂隊前導，備極禮遇與隆重。第二天開幕式，現場人山人海，臺灣代表團有公安開導，才得以擠進會場貴賓席。「台灣館」入口都有公安，必須憑大陸主辦方發放的貴賓卡，才能入內參觀。由於大陸人民對臺灣出版品的好奇，現場雖擠得水洩不通，但都無卡不得進入敗興而回。盛況空前。大陸近年來，爭睹臺灣圖書的精美，享受內容的豐實，是當地市民的企盼。

這一次的成功，預期將會開展日後兩岸圖書每年連續性的聯展。五南因成功籌辦本次參展，也受到大陸方面的肯定，對日後開展兩岸出版交流，必有助益。

■第四屆全國書市在廣州舉辦，五南受託負責台灣館之圖書募集及展出工作並組團參展。

特稿

五南情誼——爲五南出版公司五十周年慶作

熊智銳
臺灣省政府教育廳專門委員室召集人兼總校稿退休

民國五十幾年時，在某個場合中認識了當時還在小學任教的楊榮川老師，那時我在臺灣省教育廳工作，與教育界朋友交往頻繁。真正與五南公司結緣是，民國八十年我退休前寫了一本《中小學校教育情境研究》，三十幾萬字的稿子送請楊榮川董事長核閱後，二話沒說，一口答應不刪不改，原文出版。還不錯，七十九年九月初版一刷，八十一年四月初版二刷；並於七十九年全國教育學術團體聯合年會核頒教育學術著作「木鐸獎」，算是肯定了它的學術價值，也讓五南公司楊董覺得滿有面子的。

民國八十三年，我以內子王廷蘭老師在小學任教多年，經營班級的經驗為張本，撰成《開放型的班級經營》一書，又承楊董捧場，於八十三年十一月初版一刷，至九十年七月初版四刷；大陸「中國人民大學出版社」透過五南公司，於九十九年十月發行簡體字版。楊董對我愈來愈垂青，他審視市場動靜，要求我寫《國民小學總務行政》的教科書，於八十六年三月初版一刷。九十七年，我整理內子王廷蘭老師的日記、教學雜記，以《三年乙班教室裡的笑聲》為書名，用王廷蘭著、熊智銳文字整理的方式由楊董「書泉出版社」於九十七年五月初版一刷。後由大陸「化學工業出版社」透過書泉公司，於一〇一年七月以《好媽媽與好老師》為書名發行簡體字版。

以上是公務交往。私底下我除結識楊董外，公司上下同仁也都有交情。我常想，楊董乃一介書生，值此傳播媒體多元競爭下，他所經營的五南公司，五十年間竟斐然有成，何故？其實無非偶然：書生即行家的「士」，其志節以仁義為己任，任重而道遠。楊董本是教師，五南經營教育出版，不失本色；楊董及公司同仁樂在其中而有今日成就，自有其主觀因素在。但客觀上，市場逐什一之利，暢銷書利多，冷門書利少甚至作賠；站在讀者及文化傳承立場，自是寄望五南今後仍一本初衷，堅持當仁不讓的士之精神，義之所在，冷熱不計。又，當今社會企業風氣漸開，如何使五南漸晉升社企陣營，藉以提升弱勢族群閱讀志趣，似尚有若干思索與行動空間。欣逢五南公司五十周年慶，哀翁獻曝，聊以為賀。

五南出版著作

- 《三年乙班教室裡的笑聲》
- 《國民小學總務行政》
- 《開放型的班級經營》
- 《中小學校教育情境研究》

《出版者周刊》來臺專文採訪報導

PW PUBLISHERS WEEKLY

【記者蘇秀林／報導】

《出版者周刊》（Publishers Weekly）是一份在美國出版發行的出版專業雜誌，一年發行五十期已經營超過一百年；主要服務對象為全球的出版工作者、圖書館員、書籍銷售商以及版權代理商。

一九九一年在當時總編輯胡祖慶的邀約下，主編曾來五南拜訪，並留下良好印象。

今年一月又率領編輯團對前來，對「五南」進一步的採訪並做專文報導。

■美國出版者周刊主編來訪，與董事長楊榮川（右二）、總編輯陶文祥（右一）合影。

出版職人

社　　名：五南圖書出版有限公司
創 辦 人：楊榮川
局版臺業字第 0598 號
電　　話：02-27055066
傳　　真：02-27066100
劃撥帳號：01068953
地　　址：106 臺北市和平東路 2 段 339 號 4 樓

營運狀況
年度新書：192 種
累計出書：1505 種
從業人員：64 人
年成長率：9 %

同業統計
出 版 社：3491 家
出 版 量：12418 種

大事與聞

■七月，制定公布「臺灣與大陸地區人民關係條例」。
■十二月，金門、馬祖終止戰地任務。
■五月，修正刑法第一〇〇條，排除言論陰謀叛亂罪。

歡喜喬遷新辦公室

和平東路新址

【記者王翠華／報導】

飄著濛濛細雨的冬日午後，最適合在文字堆中尋找樂趣；偏偏文忠副總一通電話約了幾位主管，說是老闆交代要去看看新的辦公室所在，並討論未來如何規畫使用。等待用餐的同時，副總便以湯匙刀叉，在桌上排列出和平東路、敦化南路、復興南路等主要道路，再沿路指出市北師、臺師大、臺大、國北師的相關位置，最後加上一句：「以後會有捷運經過喔！」

對於空蕩蕩充滿回音的辦公室，大夥兒也是缺乏想像的。副總直接拿起桌上的紙巾就畫了起來：以後要用ＯＡ來隔間—董事長在這裡、編輯部在這裡、業務部在那裡，還有行政部、電腦中心、印務部，還要一個多功能的空間……說著說著大家的眼睛都亮了！沒想到新辦公室的第一張設計圖，竟然是在一張餐巾紙上完成的。

新的辦公室選址，不但考慮到公司未來發展的需要，也照顧到同仁上下班交通的方便；整齊美觀人性化的規畫，在這裡上班應該是一件很開心的事吧！於是，一九九二年春天，五南歡喜喬遷，開始了「和平東路時期」。

■新的辦公室整齊美觀！

「考用出版社」正式成立

【記者洪季楨／報導】

五南的考試用書今起與五南脫鉤，以專業分流的角度做區隔，正式成立「考用出版社」，專門出版國家考試的用書。

考用第一本專門準備考試用的書是楊董事長於民國五十七年出版的《普通教學法》，當時在考試前出版，一刷二千本，十五天內就賣完！隨後陸續出版幾本書後，正式以「五南書廬」登記做出版，時至今日，歷經轉型已少耕耘，又一時考試用書的死忠讀者斷不了，陸續有訂單，其中收益丟棄可惜。今雖從五南總公司獨立出來由專業經理人接棒，但早已伴隨並輔導各類考試的考生走過幾十個年頭。累積至今已有好幾百種出版品，出版的每一本書都是結合各學科的優秀作者及歷經百戰的考場戰將，針對各類考試所精心編製而成，是有志國家考試的考生，進入國家考場最好的選擇。

鑑於以往有心以考試來躍登龍門的青年學子，甫出校門，即勤學勵志，爭相搶端公家機關的鐵飯碗，但卻對各項公務人員考試繁多的考試科目丈二金剛摸不著頭緒，大部分考生又都不是本科系出身的背景，導致無從也無暇應對，往往於考試公告一出，匆匆報名後，才臨陣磨槍，抱著僥倖的心理應試，所以，應考成績當然不盡如人意。因此考用出版社在國家考試用書市場幾近飽和及市場惡性競爭之下，蒐集各種資料，規畫編著各種好書，改變出版策略與模式，希望可以為瞬息萬變的應考形勢，帶來一線曙光。目前考用藉著長久以來不錯的讀者支持度，策畫高普考各類書籍：社工師、專技考試如食品技師等，尤其是領隊導遊書籍朝向執牛耳一方的權威趨勢努力。

考用出版社挾著五南總公司深厚學識素養的養分及內部豐富實務經驗之編輯群，未來考用總編輯將繼續從事高普考試及其他各種國家考試叢書系列的市場調查、出版企畫及發掘各學科權威作者為書籍製作方向，且將持續提供各種最新考情動態及各種讀書方法供考生活用參考，並繼續堅持陪伴考生走過荊棘路迎向茂盛的山林。

業務與書種俱增 倉儲空間不足

倉庫遷至五股「五南發行大樓」

【記者李明聰／報導】

五南因擴大業務，書種劇增，原先的倉儲空間已明顯不足，大約在兩年前業已找到適合用做倉庫的用地，就位於五股工業區，已在一九九〇年八月動工興建，至今已近兩年，今十月完工，十五日正式遷入。

倉庫主任劉茂士先生表示：「五南圖書從苑裡遷移至臺北市銅山街，當時辦公室與倉庫都在同一位址，後來因應業務量的擴張及倉庫空間的不足，大約一九九〇年左右在新北市五股工業區內購地興建了一棟地下一層地上六層，每層二百坪左右的新倉庫做為物流中心。」發行大樓共有十樓計一千坪，耗資六千萬。目前六樓出租給電子公司。

書量迅速增多也是公司業績大幅成長的佐證。新建的發行大樓，外觀新穎設備齊全，相信倉儲業務的運作會更順暢便利。

■發行部同仁作業情形。

受中國教圖委託 與天津市出版局合辦臺版書展

【記者蘇秀林／報導】

五南圖書出版有限公司受大陸教育部教育委員會所屬中國教育圖書進口公司委託，與天津市出版局合辦臺版圖書展覽，公司並組織臺灣出版界人員三十餘人、提供近兩萬種圖書參展，滿足當地民眾對臺版書的好奇心，受到當地民眾熱烈的歡迎。

藉由此次展覽，本公司又承接了中國教育圖書進出口公司的臺版圖書採購案，商品總價合計高達五十萬美元，並且教圖在未收訖圖書即應本公司之要求先行預付三十萬美元，足見其對五南的信賴。這是兩岸開放以來，對臺最大宗的圖書採購案。本公司如期交書，不負所託。

事後才知道，該批書是聯合國文教組織專款補助大陸高等院校，充實圖書館藏書之用的專案採購。五南有幸參與其中，殊有榮焉！

蘭卡威之旅 High翻天！

【李麗華／提供】

一九九一年底營收破億，創辦人實現承諾招待員工海外旅遊，並於一九九二年三月成行。

這是五南的第一次海外旅遊，也是很多同仁的第一次出國，幾乎全員參加，留下了美好難忘的一頁。

■同仁舒服地享受休閒時光。

▲TOP 第一次兩岸三地合作的歷史書

《中國歷史寶庫》

柴劍虹　主編
五南圖書出版有限公司
一九九二年十二月出版

這是大陸、香港、臺灣三地合作印行的第一套書。九〇年代兩岸三地的出版交流剛開始，創辦人便積極尋求合作機會；合作伙伴：香港中華書局、上海三聯書店皆一時之選。**（王翠華提供）**

午茶時間

■營業額破億，第一次招待員工海外旅遊。

ISBN中心開辦 ISSN的代轉申請業務

【記者王翠華／報導】

ＩＳＳＮ（International Standard Serial Number）即一本期刊（指定期或不定期連續出版的刊物，如雜誌）的識別號，共由八個數字所組成。和ＩＳＢＮ不同的是，ＩＳＳＮ只能用以識別某依特定「刊名」的刊物。ＩＳＳＮ的條碼化，則是在八位數前加上ＥＡＮ的「期刊」代碼「977」。例如《天下》雜誌的ＩＳＳＮ是977•1015•2784，而且每期都一樣。

目前編碼工作設於巴黎的「國際期刊資料系統（ＩＳＤＳ）中心」統籌辦理。該中心每次將一批號碼分配給申請國家的單位，再由其分配給各申請編碼的期刊使用。

臺灣地區因尚無ISSN的辦理機構，政府為協助業者推廣產品的國際化、自動化，自民國八十一年七月起由ISBN中心開辦代轉申請的業務；此外，業者亦可直接向巴黎ＩＳＤＳ中心申請。

ISSN 2222-2782
9 772222 278000

▲TOP 鑑賞古玉 最權威的著作

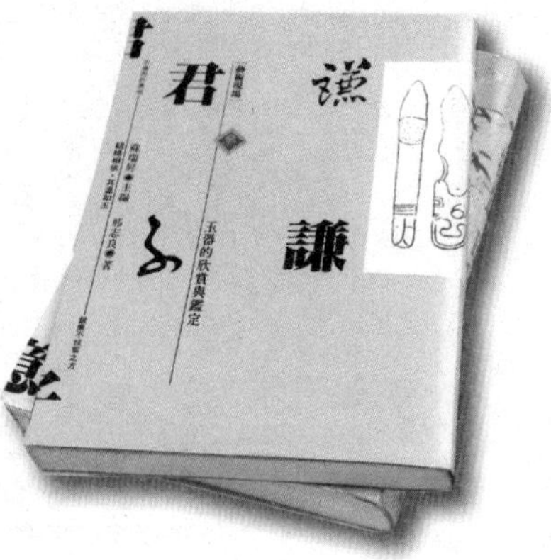

《謙謙君子》
那志良 著
書泉出版社
一九九二年二月出版

作者那志良為故宮古玉權威，本書為研究古玉的權威著作。現任主編最早在重慶南路買到這本書，好愛裡面的古玉圖片，彷佛前世佩戴過。

也許玉緣牽引著情誼，後來進入五南，十餘年後負責再現《謙謙君子》。**（黃文瓊提供）**

午茶時間

廣送名片 累積充沛人脈

【劉文忠／提供】

臺灣教科書市場畢竟有限，一九八八年我以五南副總的身分前往大陸考察，並聯繫一批大陸著名學者在臺出版專著。那一時期，我廣泛接觸兩岸學者、作者與出版社，以至於我的名片都要在印刷廠批量印刷，印量動輒上萬，同事及老闆娘開玩笑說：「劉文忠，你都可以去參選立法委員了！」雖然是玩笑，但我像喬吉拉德一樣的廣送名片，使我的人脈基礎愈發廣泛。

在長期與學校的對接過程中，使我對教育產生了濃厚的興趣。一九九四年我離開五南開始步入教育行業，在當時的花蓮臺灣觀光學院任董事助理。隨後一直在臺灣、大陸及國外各個學校求學、講學。二〇〇三年北大碩士畢業後進入中國科學院心理研究所管理心理學就讀在職博士生；二〇〇七年又以訪問學者身分就讀美國Preston大學哲學（新聞）博士；結業後任職於臺灣致遠管理學院董事會執行祕書。目前在廈門小孔明教育集團任執行董事。

W檔案

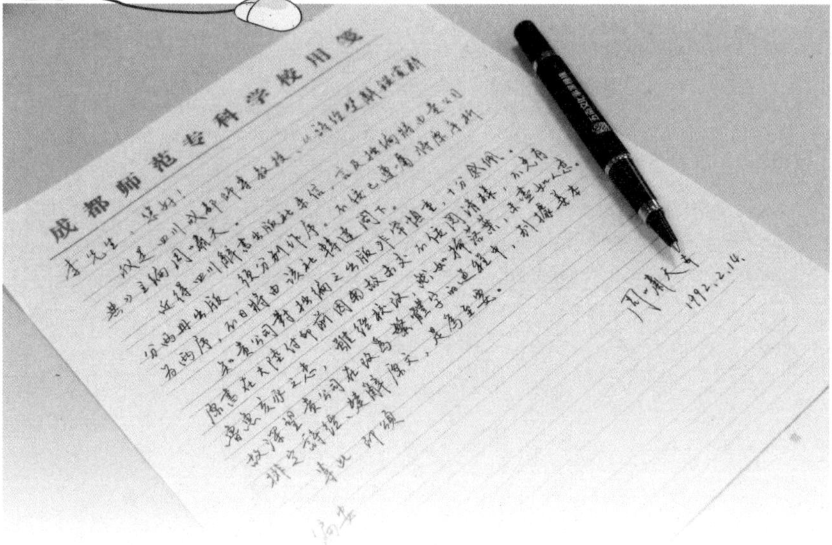

【李郁芬／提供】

《詩經楚辭鑑賞辭典》作者周嘯天教授來函，要求編輯在編校過程中應以善本為據，核對原典。

特稿

推動兩岸合作　敢爲天下先

李行健
（中國）國家語委諮詢委員

欣逢五南出版公司五十周年社慶，不由往事不斷湧上心頭！人到五十這個年齡，正是年富力強，成果豐碩的時候。如把五南看作一個人，它也正處於事業蒸蒸日上的發展繁榮中。

我和五南的交往始於一九九〇年代初，那時我和五南楊榮川董事長是同行，任語文出版社社長兼總編輯。當時兩岸交往開始不久，榮川先生到我社參訪，開始雙方比較拘束，由於話語投緣，漸漸就放開了。

當時我正主持《現代漢語規範詞典》的編纂工作，榮川先生聽了我的介紹後，馬上提出繁體字版由他來出版，雙方爽快地就定下了這個項目。我們當時出版了《現代漢語規範字典》，送了一本請他指教。不久，他從臺灣打來電話，希望出版該字典的繁體字本，同時希望出版我送他的《新詞新語詞典》，隔年《新詞新語詞典》五南版在臺灣面世，後來《現代漢語規範字典》在臺灣也出版了考究的精裝本、一本學生用的《規範字典》。短短幾年內合作出版了大、中、小三本工具書。《現代漢語規範詞典》二〇〇四年出版時，我即告訴榮川先生，由於外來因素的干擾，未能實現該書在臺灣出版。

隨著兩岸交流的常態化，榮川先生希望與大陸深度合作，甚至敢於為天下先，率先同大陸的一個單位成立了一家合資的出版公司，突破了當時限制。但終因大陸單位領導換人，使合資出版公司無疾而終。但這件事充分說明榮川先生的膽識和他對大陸有很大的親和力！按照兩岸一家親的發展方向，可以預計兩岸在出版方面的合作必將深化和繁榮。榮川先生在這件事情上算是第一個敢於吃螃蟹的人！

楊先生每次來京必來看我，即使我退休後也是這樣。這主要是出於我們交往中結成的友誼。很遺憾的是，他希望我幫他做的兩件事都沒有成功。我們雙方都感到有些遺憾，但榮川先生表示了對我們的理解。楊先生要作的事，都是為促進兩岸深入交流，使我們漢民族共同語在兩岸共同走向規範、健康發展的道路的良苦用心。

我曾問過榮川先生，為何不搞點利潤更高的產業或為五南搞些副業，他均予以否定的回答。其次是五南很講誠信，我見到與五南打過交道的人中，對五南的誠信也是有口皆碑。這些內在特質是十分可貴的，恐怕也是五南發展壯大的巨大推動力。

翠華總編也是老朋友，前面說的兩岸的合資公司，她作為五南的代表一直在北京工作，我們常來常往。我與五南友誼難忘、盛情難卻，說了上面一些平平淡淡的話，但感情卻是真誠的。

五南出版著作

主編

《小學生常用字典》

《九年一貫審訂音字典》

合著

《大陸新詞新語8000則》

傳統出版面臨挑戰

電子出版初登場

【記者王翠華／報導】

在以電腦為基礎傳遞資訊的時代裡，出版業也面臨了電腦化的挑戰，「電子出版」於焉誕生。在整個出版流程中，由於電腦化的程度不同，於是便有不同型態的電子出版，像我們常聽到的電腦排版便是其中一環。簡言之，將文字、圖形、聲音等訊息，轉換成數位化的訊號，然後將這些訊號加工處理，以不同的媒介儲存（如：雷射影碟、數位錄音帶、音樂碟片等），最後再經由電腦的解讀轉換成人們可辨識的訊息，這整個過程可泛稱為電子出版。而磁碟、影碟、光碟等則概稱為電子出版品。

由於電腦的普遍使用，未來的電子出版型態則是：出版者將處理過的資訊透過數位網路，直接傳送到消費者的終端機上，連磁片、碟片等媒介都省了。一九九三年美國設計師協會在聖荷西大學舉行的一個交叉設計營中，便建議未來的雜誌出版可透過網路傳送給讀者，以減少紙張的使用。

出版從傳統的「紙張印刷物」演變到目前的「活動資料庫」（碟片），到未來可能是「在網路中傳送的資料檔」，出版者的定義也將重新界定；因為任何資訊（只要是有價值的）的提供者，都有可能成為出版者。例如：出版遊戲軟體的任天堂、提供股市行情的證券商，你能說他不是出版商嗎？

出版職人

社　　名：五南圖書出版有限公司
創 辦 人：楊榮川
局版臺業字第 0598 號
電　　話：02-27055066
傳　　真：02-27066100
劃撥帳號：01068953
地　　址：106 臺北市和平東路 2 段 339 號 4 樓
營運狀況
累計出書：1740 種
從業人員：64 人
年成長率：20 %
同業統計
出 版 社：4112 家
出 版 量：14743 種

大事與聞

- 四月，首次「辜汪會談」於新加坡召開。
- 開放間接投資大陸。
- 八月，「有線電視法」三讀通過，TVBS 開播。

上海成立「亞信資訊」延續業務

【蘇秀林／提供】

一九九一年在北京成立的「駐京辦事處」，因負責人錢文忠遊學德國而結束。為使大陸業務得以延續，便在上海成立「亞信資訊發展（上海）有限公司」，購房做為辦公處所，並邀請時任遼寧出版社辦公室主任的李凡先生參與投資，負責經營。

主要負責處理五南在大陸的業務，尤其是外版圖書的翻譯工作，以及排版業務，也兼出版少量的簡字圖書應市，這是進軍大陸圖書產業的首次實體投資。

■四月，五南作者陳鼓應教授（中）返臺舉辦記者會，由本公司負責籌辦。

■五月，中國出版工作者協會許立以主任委員（左坐者一）率團來訪。

午茶時間

尾牙表演 最佳女主角是……

【李麗華提供／陳翰陞繪圖】

今年公司第一次舉辦尾牙活動，福委會要每一部門都準備一個節目表演，每一部門員工早在一個月前不僅積極、開心，更是用心的找尋合適的表演及角色，每個人都全力以赴及大顯身手。每天下班後大家留下排演及演練著劇本裡的角色，就在每天努力中演練中，時間就這樣來到尾牙的晚上！上場時刻也到來了！

臨上場的員工可說是心跳加速手腳直逼冷汗該如何是好？「免緊張、沒什麼好怕的！」一直跟自己說著。每位表演者都相當融入其中的角色努力演出，終於在短短二十分鐘後聽到了掌聲如雷貫耳，才知道表演結束了也跟自己說交卷了。現場每一部門用心、精彩的表演真是如同欣賞許多舞臺劇的演出！原來五南裡真是臥虎藏龍！每人表演類型有喜劇、有真性情的、傳統藝術等等，每個人都似乎都已經化身為名人演出，敬業精神令人佩服！也讓觀眾一飽眼福。

節目尾聲請楊老闆為晚上的演出致詞與頒獎，一一唱名列席領獎，大家都雀悅不已！整晚進入最緊張的高潮時刻一個名字被呼喚起：「＊＊＊是今晚最佳的表演者——第一女主角！」。被唱名者就是我，我一臉不可思議、更是不敢相信的表情！如同領金鐘獎，快速奔上臺領取今晚最大獎「頂級戶外烤肉爐」，超級大喔！「謝謝楊老闆，謝謝大家承讓了。」

隔天，我仍然努力的在和針筆、美工刀奮鬥，此刻

楊老闆走到我身邊說：「我覺得妳不適合擔任美編工作耶！」當下我如晴天霹靂般整個人呆滯，心想：「老闆要我離職嗎？怎麼辦？怎麼會這樣？昨晚才領到尾牙最大獎ㄟ！」這時我抬頭目視楊老闆的表情，他面帶笑容如慈父般的溫柔表情說：「我是覺得妳很適合當演員啦！」在旁的同事都笑翻了！

我是五南 永遠的女兒……

【陳綺華／提供】

我是五南的第一位編輯，一九七六年懵懵懂懂的踏入位於銅山街巷子裡的小辦公室，開始了第一份工讀工作：校對。由身兼編輯與業務的黃德泉簡單的教授了一些錯別字標示方法，就逐字、逐行、逐頁的找出每本書的錯別字。一段時間後，嘗試性的修飾文句，調整標題、規畫體例，並與作者密切聯繫，由校對成長為編輯。

隨著五南的快速成長，編輯人員略有增加，我順理成章的身兼人員培訓、工作分配、書稿發排與付印；直至一九八二年編輯部成立，擔任編輯部經理，開始分擔楊老闆的部分工作，並著手規畫出版流程、人力配置。

藉由一本本教科書的多次校對以及各類考試用書的增修，不愛念書的我被迫對社會科學各領域多所涉獵，而漸感興趣，知識財富因此累積，終生受用。

楊老闆給員工的印象是博覽群書，不僅洞悉圖書市場脈動，大膽擴充出版路線；且創新內部組織管理，他的徹底授權、充分信任與完全包容，實屬罕見。而楊老闆一貫視員工如家人的管理風格，更逐漸形塑五南的組織氛圍與企業文化。

在職十多年深得楊老闆及老闆娘的寵愛；常驕縱忘形而犯上、犯錯，楊老闆總是不動聲色的輕輕帶過。感念五南的培育與愛顧，我是五南永遠的女兒！

中華發展基金會促進兩岸學術交流

委辦「協助大陸地區人民出版學術著作」

【記者蘇秀林／報導】

學術圖書閱讀限於專家學者、研究人員，人口有限市場不大，一般出版社基於商業考量，一般都不願出版。造成研究成果無法公諸於世的窘況，臺灣如此，大陸亦然。

基於兩岸文化交流，學術知識共享的考量，一九九四年起中華發展基金管理會委託五南等四家出版社，承辦「協助大陸地區人民出版學術著作」計畫，由基金會負責審稿、精選圖書給與專案補助。本項計畫只重內容原創性，不重市場性，就連全世界只有數十人能懂的薩滿文也有專書入選。

「中華發展基金管理委員會」是行政院陸委會為了推動兩岸民間交流，而設置的非營利特種基金，以結合民間力量、促進兩岸關係良性發展為宗旨。因此本案由民營出版社直接與大陸作者簽約、製作出版兼及行銷；一方面讓具有學術水準的著作不至於被埋沒，另一方面因為在臺銷售也為基金帶來部分收益。

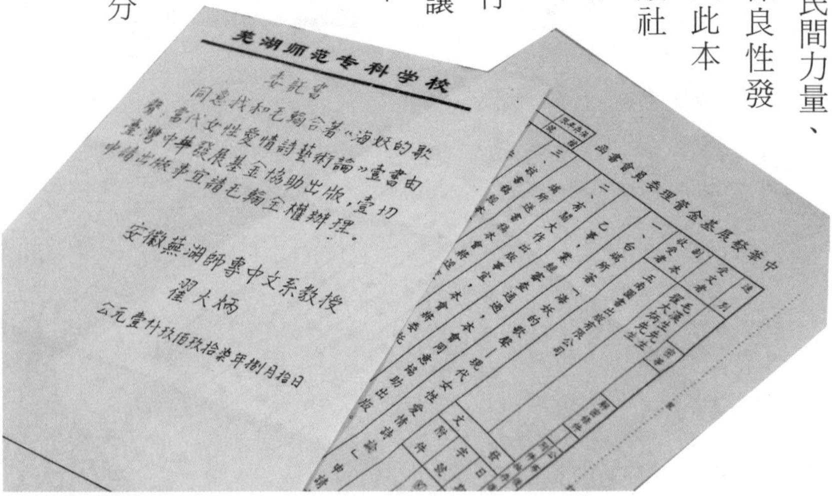

出版職人

社　　名：五南圖書出版有限公司
創 辦 人：楊榮川
局版臺業字第 0598 號
電　　話：02-27055066
傳　　真：02-27066100
劃撥帳號：01068953
地　　址：106 臺北市和平東路 2 段 339 號 4 樓
營運狀況
累計出書：1746 種
從業人員：70 人
年成長率：1 %
同業統計
出 版 社：4439 家
出 版 量：24483 種

大事與聞

■十二月，舉行首屆民選省長、北高院轄市長選舉。

小學生活用辭典電子版「小贏家」上市

【記者王翠華／報導】

一九八七年五南《國語活用辭典》推出後，很快就成為市售相關產品的第一品牌；因此積極開發各種衍生產品，包括適合小學生使用的辭典。

一九九三年在《小學生活用辭典》的紙本書即將完成的同時，數位化的計畫也開始進行。電子版的《小學生活用辭典》命名為《小贏家》，由五南授權給享譽全球的電子學習產品製造商Vtech和掌中寶實業公司共同開發。

一九九四年《小學生活用辭典》紙本書與電子版同步上市，EP同步開啟了五南數位化出版的新紀元，也為業界之先。

■小贏家新書發表現場，邀請主編邱德修教授（右二）、名作家小野（左一）出席代言。

▲TOP 最潮！全球第一部國語電子辭典

《小贏家電子辭典》
邱德修 審訂
五南圖書出版有限公司
一九九四年八月出版

是全臺也是全世界第一本國語電子辭典，長十四．五公分，寬七．五公分，高一．八公分，在當年是很「潮」的電子產品，可惜沒有持續銷售，成了資深員工回憶的一頁。

現任主編因為來不及參與，僅能盯著彩色廣告頁，試著感受當年上市時的驚喜。**（辭書編輯室提供）**

洗刷「海盜王國」惡名

【記者王翠華／報導】

受到美國三〇一條款的壓力，立法院於民國八十一年快速通過修正後的著作權法，並於八十三年六月十二日正式生效。其中令出版業者備感震撼的為：

一、合於第四條規定之外國人著作皆享有作權並受到保護。

二、而依第二十八條之規定著作人享有「改作」之權利。

三、再看看第三條，原來「翻譯」為改作權之一。

六一二大限

於是，任何受本土保護之外國人著作皆享有翻譯權，翻譯其著作必須經其同意，否則不得出版印行；而且此項保護追溯至五十四年六月十二日之後出版的任何著作物。

翻譯外文著作對於學術、科技、新知的引進功不可沒，出版界、學術界對此一向依賴甚重。而尊重智慧財產權以洗刷「海盜王國」的惡名，業者也願全力配合；只是追溯保護的規定既不合情又不合理，對於在舊法時期即出版印行而未取得授權的譯作，勢必造成莫大的損失。為免新法造成太大的衝擊，於是第一百一二條規定了兩年的緩衝期。依此推算，到八十三年六月十二日以後，任何未經合法授權的翻譯作品皆不能在市面流通，包括：銷售、出租、租借。期限將至，業者只得無奈的戲稱此為「六•一二大限」。

除了補取授權，業者也開始拍賣出清存書；尤以「中華民國圖書出版事業協會」成立的「六一二大限圖書清倉會」規模最大，時間自八十三年六月十二日止。據新聞局指出，目前登記有案的出版社已超過四千家，以此估計參加拍賣的圖書將超過百萬冊。由於這些未授權的圖書中不乏珍貴史料、科技新知，於是造成了愛書人的搶購。

檔案 哪些是合法翻譯書單？

受到「六一二大限」圖書清倉影響，許多業者在不確知自己的出版品是否合法情況下，拋售翻譯書籍。內政部著作權委員會於民國八十三年三月十九日提出呼籲：並非所有翻譯書都受新著作權法的限制；並提出不受限名單供業主參考。

一、美國方面的書籍：（一）在七十四年七月十一日以前註冊，其著作權期間在七十四年七月十一日以前已屆滿的美國人書籍；（二）五十三年十二月卅一日以前發行的美國人書籍；（三）五十三年十二月卅一日以前完成但未註冊，到七十四年七月十一日發行已滿廿年的美國人書籍；（四）五十一年六月十一日以前美國機關、學校、公司或其他法人或團體著作完成的書籍；（五）五十一年六月十一日以前美國人出資聘請他人著作完成的書籍；（六）五十一年六月十一日以前讓與或繼承著作權的美國人書籍；（七）著作權人死亡無人繼承著作權或法人解散其著作權歸地方自治團體的美國人書籍；（八）經著作權人授權翻譯的書籍；（九）八十一年六月十一日以前翻譯，該翻譯行為合於現行著作權法第六十三條合理利用的規定；（十）八十一年六月十一日以前翻譯現行著作權法第九條第二款或第四款的美國人翻譯物、編輯物或語文著作。

二、英國方面的書籍：（一）七十四年十二月卅日以後註冊，其著作權期間在八十一年六月十一日以前已屆滿的英國人書籍；（二）八十一年六月十一日以前完成但未註冊的英國人書籍；（三）經著作權人授權翻譯的書籍；（四）八十一年六月十一日以前翻譯，該翻譯為合理利用的規定；（五）八十一年六月十一日以前翻譯現行著作權法第九條第二款或第四款的英國人翻譯物、編輯物或語文著作。

假日書市喬遷 與花市玉市為鄰

【記者王翠華／報導】

為提倡國人讀書風氣、建立書香社會，行政院新聞局和臺北市政府結合民間業者的力量成立了「臺北市新生假日書市業者自治會」，舉辦「假日書市」做為六年國建之文化建設的一部分，日後更希望能將此模式推展到其他縣市。

假日書市於民國八十二年六月二十七日正式揭幕。每逢周末、假日舉辦，地點設在辛亥路和新生南路交叉的辛亥高架橋下，占地五百四十坪，除了一般展售區五十四個（由業者承租）之外，另規畫有主題區（依季節規畫專題展出）、表演區（可舉辦新書發表會等活動）。希望藉由多元化的經營方式吸引讀者前往。由於銷售成績不如預期理想，許多業者便開始低價促銷回頭書、滯銷書，但仍不見起色，常常是一天的收入還不足人事費用等開銷，於是陸續有人打退堂鼓，書市更形冷清。經業者反應與檢討後，發現書市經營成效不彰的原因不外：

一、場地不佳：漏水、灌風、吵雜、灰塵大等，實在不是一個靜心看書的好環境；二、交通不便：離市中心尚有一段距離；三、書種不齊：由於場地限制，各出版社無法將所有的書都展示出來，讀者為了買書方便，寧選擇至大型書店購買；四、沒有人潮：周邊無特殊景觀或活動吸引民眾於假日前往。

於是在「自治會」的多方奔走下，臺北市政府終於同意將建國高架橋下與「假日玉市」、「假日花市」接連的空地挪出給「假日書市」使用。八十三年十月起書市喬遷，重新開張，企盼新的地點能為書市帶來新的氣象。加上玉市、花市帶動人潮，相信也能為業者帶來創新的業績。

▲TOP 最多人共同編著的書

《現代用語百科》

丁連財 等著

書泉出版社

一九九五年三月出版

本書將現代用語分為十大領域、每一領域再細分不同專業，依專業聘請專家撰寫；累計撰稿作者超過一百位，是最多人共同編著的一本書。

（王翠華提供）

五南文化廣場開幕

展售學術專業書籍及政府出版品

【記者陳閔禎／報導】

七月一日五南事業機構第一家門市——五南文化廣場在臺中開幕了，是五南與建弘二大出版集團規畫共同設立，為「五南」的本版書及學術書布建全臺性的銷售據點。

楊董事長有感於消費者在專業書籍不易取得，因此在中部設立第一家大型的文化廣場。舉凡國中小、高中職、大專院校教科書、學術著作、專業圖書、文學書、參考書一應俱全。除了一般書籍外更計畫爭取為行政院研考會指定為政府出版品展售門市，並為金融研訓院、證券基金會等單位指定特約門市，提供消費者最新最快的資訊。

五南文化廣場——臺中店是規畫中的銷售據點之一，將來計畫從臺灣最北到最南，有都會型的、社區型的、也有校園型的，建構臺灣學術專業圖書全臺性的銷售網絡。預見在總經理吳滄棋先生的經營管理之下，將會業績年年成長，獲利逐年增加，加上爭取獲政府信賴，承擔各級政府出版品的海內外總代理業務，對品牌提升、業績成長，必能如虎添翼。

■行政院人事行政局局長陳庚金（右一），臺中市長林柏容（右二）親訪剪彩。

出版職人

社　　名：五南圖書出版有限公司
創 辦 人：楊榮川
局版臺業字第 0598 號
電　　話：02-27055066
傳　　真：02-27066100
劃撥帳號：01068953
地　　址：106 臺北市和平東路 2 段 339 號 4 樓
營運狀況
年成長率：-3%
同業統計
出 版 社：4777 家
出 版 量：26084 種

大事與聞

■一月，「姓名條例」公布，原住民可恢復傳統姓名。
■四月，總統令制定公布「二二八事件處理與補償條例」。
■十月，金門國家公園成立。

日本時代發行量最大的官方報紙
「臺灣日日新報」重製上市

【記者陳綺華／報導】

「臺灣日日新報」為日治時期臺灣第一大報，不但發行量最大，發行期也最長，是研究臺灣歷史最具價值的史料之一，內容記錄當時臺灣的真實面貌，不論法令規章、時事新聞、社會現象，以至生活型態，皆有翔實刊載，是研究日治時期最重要的文獻。五南圖書與國家圖書館臺灣分館合作，整編館存之「臺灣日日新報」重製歷時近三年，終於在六月發行。

臺灣日日新報是由一八九六年六月創辦的臺灣新報和一八九七年五月創辦的臺灣日報，二家日系報紙合併成立，於一八九八年五月六日創刊發行。一九〇五年七月漢文版擴充，並有獨立發行的「漢文臺灣日日新報」，直至一九一一年十一月才又整合。一九四四年四月一日，臺灣總督府又將臺灣日日新報在內的六家報紙合併為「臺灣新報」。可以說臺灣日日新報是日治時期發行量最大，時間最長的報紙，為了解日治時期的政治、經濟、社會、文化最好的資訊。

臺灣的國家圖書館臺灣分館收藏「臺灣日日新報」最完整。臺灣分館於一九九三年授權本公司負責整理重製。五南專案小組對堆積數庫房之該報逐一清查整理，發現多殘缺不全，有整月報紙殘缺、有缺數日者，甚至缺某一版面者，且甚多殘腐不清，館方僅同意我們在館內複製，不可出借；整理工作備極繁瑣，經多位學者專家多方奔走協助，向臺灣大學圖書館，甚至遠赴日本國會圖書館，東京大學圖書館廣為蒐羅，終於補齊。交由臺商大陸投資之印刷廠承印，品質極差甚至不明者，只好部分重印。終在一九九五年六月成套應市，為五南重製古籍的第一次。

「臺灣日日新報」前後耗時近三年，全套共二百二十一冊，另附冊五十冊，共二百七十一冊。每冊約七百至一千頁，八開，漆布直背精裝，共印一百五十套，工程浩大且投資不少，實屬創舉，定價新臺幣七十萬元，美金二萬七千元。

▲TOP 最大、最貴的一套書

《臺灣日日新報》影印本

國立中央圖書館臺灣分 館授權印製
五南圖書出版有限公司 印行
一九九五年六月出版

這是五南最大、最貴的一套書。全套二百二十一冊、另附冊五十冊。每冊七百至一千頁，八開（三十七．五×二十六公分）、漆布直背精裝，定價新臺幣七十萬元，限量一百五十套，由國立中央圖書館臺灣分館授權印製。**（王翠華提供）**

圖書分級制度 促使業者善盡社會責任

【記者王翠華／報導】

新聞局出版處及法規會於民國八十二年即開始檢討書籍雜誌圖片的分級，並於八十四年三月提出籌畫多時的「書籍雜誌圖片分級處理要點草案」。草案經「出版品諮詢委員會」討論修正後，又於同年五月及七月舉辦兩場公聽會，廣徵各界意見。由於大部分人士不贊成由官方主導分級制，並對日後如何管理分級品也表懷疑，新聞局經審慎評估後，覺得還是由民間團體來執行較適合。

至八十四年八月，業者自行協調討論做出「中華民國圖書出版業推動出版品分級實施規約」。規約共九點，概述如下：（一）不出版違反出版法規定之圖書。（二）圖書分為普通級、限制級。（三）描繪自殺、吸毒、暴行或其他不良行為有導致青少年模仿之虞者，裸露人體性器官或描繪性行為者，皆列為限制級。（四）具性教育常識之圖書，列為普通級。（五）限制級圖書應於封面右上角標明「未滿十八歲不得觀覽」，字體不得小於三號字，必須密封包裝。（六）限制及圖書勿售予未滿十八歲者。（七）圖書是否列為限制級由發行人自行認定，如有疑義可送圖書評議委員會協助認定。（八）本規約由中華民國圖書出版事業協會、臺北市出版商業同業公會、中華民國圖書發行協進會，共同協助業者執行。（九）實施一年後視情況修訂。

希望此規約能促使業者善盡社會責任，兼顧成年人之閱讀權利與青少年身心正常發展。

■陳翰陞繪圖。

放送臺

上海亞信資訊業務 結束

【蘇秀林／提供】

一九九三年在上海成立由李凡負責經營的「亞信資訊發展（上海）有限公司」，初期藉由大陸譯者翻譯的快速及費用相對低廉，為公司提供了一些協助。後因李凡先生另有開展其他非出版相關業務的想法，與公司本旨不符，因而在今年結束。

W檔案

■五月，香港舉行第一屆華文出版聯誼會議，左起：楊榮川董事長、陳恩泉祕書長、武奎煜理事長、蕭雄淋律師、陳信元老師。

《INTERNET 理財寶庫》上市

國內第一本網路理財專業書籍

【記者姜裕芳／報導】

理財專家王臺貝撰寫的「INTERNET 理財寶庫」，是國內第一本網路上理財的專業書籍。

內容除了提供世界各地重要的理財大站，詳述其特殊功能及入門途徑，並附上「基金經理人」（FUND MANAGER）磁片一張，可完整的用於股票、債券及共同基金的投資分析。對投資人而言，本書是開啟全球投資理財大門的鎖匙。

行銷部以五大方向強力曝光此書內容，除了於書店通路張貼海報及書籍平臺鋪置外，並廣發新聞稿給媒體刊登、製作DM寄發相關單位，以及利用網路之方便廣為宣傳。

最重要的是以面對面的講座讓聽眾對 Internet 上的理財網站有所認識，進而運用操作。

本書於七至八月間，分別在臺北（光統書局臺大店）、臺中（臺中五南書局）及高雄（光統書局高雄店）舉辦「INTERNET 理財寶庫」新書發表暨座談會活動。由理財專家王臺貝親自講解與操作，使有興趣的投資理財者，能清楚且熟悉的操作 Internet，達到暢遊各種理財網站，活用 INTERENT 的賺錢方式。

出版職人

社　　名：五南圖書出版有限公司
創 辦 人：楊榮川
局版臺業字第 0598 號
電　　話：02-27055066
傳　　真：02-27066100
劃撥帳號：01068953
地　　址：106 臺北市和平東路 2 段 339 號 4 樓
營運狀況
從業人員：68 人
年成長率：15%
同業統計
出 版 社：5253 家
出 版 量：24876 種

大事與聞

- 三月，首次總統直選，李登輝、連戰分別當選正、副總統。
- 三月，臺北捷運木柵線通車。
- 十二月，行政院原住民委員會成立。

中華發展基金管理委員會委辦
專款邀請大陸學者來臺參與學術研討

【記者王翠華／報導】

中華發展基金管理會委託民間出版業者承辦的「協助大陸地區人民出版學術著作」計畫，全案執行至今，共資助大陸學者出版著作三十三種，其中《唐代馬政》、《紅衛兵詩歌研究》、《兩周禮器制度研究》、《中國孝文化研究》、《海妖的歌聲》等共十一種由五南出版。

為擴大影響力，基金會另專案撥款，由五南延請各書作者來臺與學術界舉辦學術研討會，與會學者眾反應熱烈，收到兩岸學術交流的預期成果。

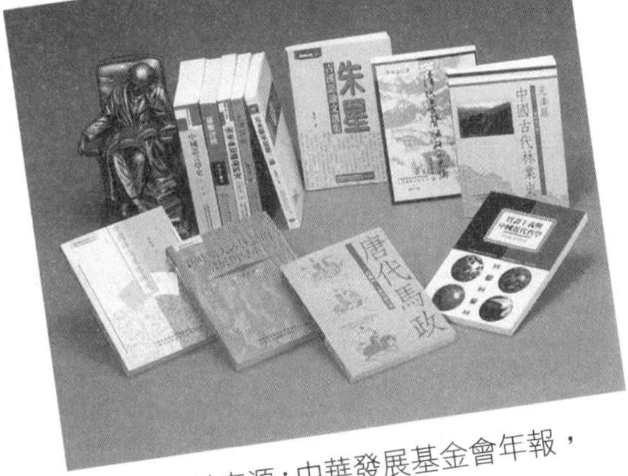

■資料來源：中華發展基金會年報，1994~1998。

■本公司受中華發展基金委託承辦協助大陸學者出版學術論著，新書發表會與會作者合影。

《英漢活用辭典》銷售不如預期

【記者蘇秀林／報導】

幾乎與《國語活用辭典》同時編撰的《英漢活用辭典》在年初三月出版，至今近一年，遲遲得不到讀者的認同，銷售不佳，完全出乎意料之外。

《國語活用辭典》編撰小組成立的同時（一九八二年），「英漢活用辭典」也開始了出書計畫，目的是要與國與活用辭典成系推出。這本書原想仿照《國語活用辭典》的方式，成立編撰小組進行，一經執行，發覺不易，經過與聘定的總主編、臺大文學院院長侯建教授商定改為編譯的方式，採擇日本的版本，參酌其內容編譯。之所以選擇日文版，是基於日本人與臺灣人同屬非英語母系的人，編撰側重應與英語母系的人學習角度不同。

該書編審編譯陣容相當權威，總主編同時邀聘臺大外語系教授陸震來、政大英語系教授金陵、黃宣範等人，共同就編譯的初稿作審閱，經過五、六次的訂正，終在今年三月出版應市。耗時十四年，投入超過千萬元的資金，此中周折與艱難，實非參與者所能體會。發行半年以來，欣然上市卻銷量有限，楊榮川由此更加堅信：「不是自己專擅的書，最好不要碰。」如今，針對本書預計再做促銷加強推廣動作，才不至於好書被書海淹沒。

▲TOP

耗時十四年
最難編撰的書

《英漢活用辭典》

金陵、黃自來、黃宣範、陸震來、陸穀孫 總編審

五南圖書出版有限公司

一九九六年一月出版

推動圖書EDI 資訊流通無障礙

【記者王翠華／報導】

「電子資料交換」（Electronic Data Interchange）簡稱EDI。根據聯合國EDI標準協會的定義為：「公司與公司間，將彼此經常往來的文件，以標準的電子文件格式處理，並經由電子通訊的方式傳遞，簡稱EDI。」由於EDI得實施可以節省紙張、人力、時間、避免人為錯誤……，好處多多，故各大企業無不競相應用。

為了使圖書業者也能享受資訊的便利、提高競爭力，自民國八十五年一月起，行政院新聞局與財團法人資訊工業策進會，便展開一系列提倡與輔導來推動「全國圖書出版事業電子文件交換計畫」簡稱圖書EDI。

目前參加圖書EDI工作小組的共有三十家圖書業者。據資策會表示，八十五年度的工作重點：（一）標準表單環境的建立；（二）表單的維護；（三）推廣應用。其中的採購清單、出貨單、收貨驗收單、退貨單、商品通告皆已陸續建立，希望EDI的推行能夠解決上、中、下游業者間資訊傳遞的一些問題。

W檔案 管歐教授來函

【李郁芬／提供】

管歐教授十一月來函，叮囑《法學緒論》第七十二版應切實改進事項。

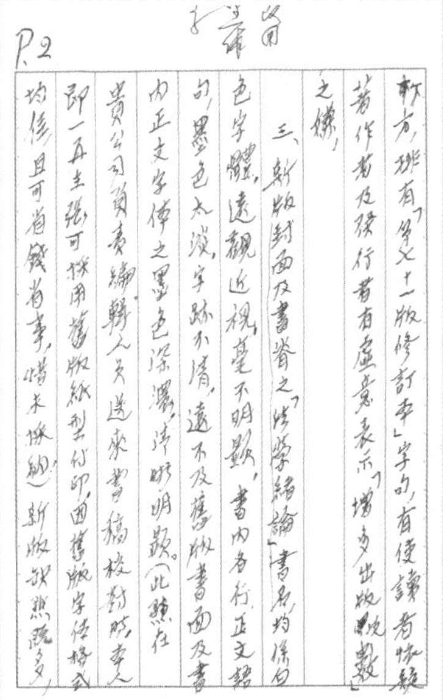

P.2

新方，雖有「第七十二版修訂本」字句，有使讀者懷疑著作者及發行者有虛意表示「增多出版數」之嫌，

三、新版封面及書脊之「法學緒論」書名均係白色字體，遠觀近視均不明顯，書內各行正文鉛印墨色太淺，字跡不清，遠不及舊版書面及書內正文字體之墨色深濃，清晰明顯。（此類在貴公司負責編輯人員送來書稿校對時，本人即一再主張可採用舊版紙型付印，因舊版字體格式均佳，且可省錢省事，惜未採納）新版缺點既多，

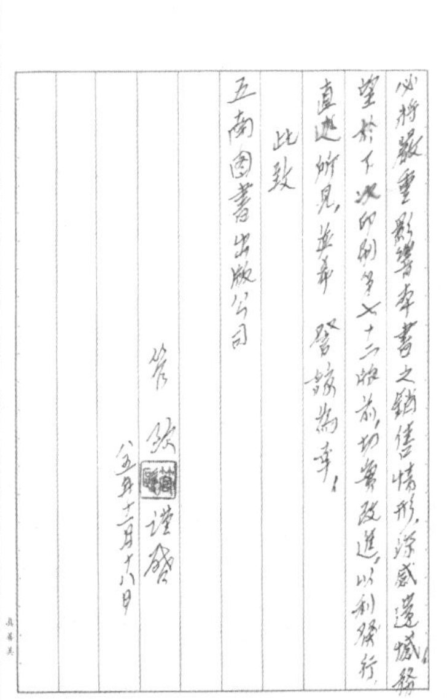

必將嚴重影響本書之銷售情形，深感遺憾，務望於下次印刷第七十三版前切實改進，以利發行，直述所見，並希 啓諒為幸！

此致

五南圖書出版公司

管歐 謹啟

八五年十一月十八日

《雄獅美術》停刊

【記者湯以純／報導】

創刊二十五年，曾多次獲金鼎獎與優良雜誌獎的《雄獅美術》，於民國八十五年十月正式停刊。《雄獅美術》曾為國內提供多項美術資訊，並對美術史及美術評論有諸多貢獻，如今決定停刊，令許多人扼腕。

《雄獅美術》月刊發行人李賢文在決定停刊時對媒體表示，《雄獅美術》已發生了「質變」，這些質變包括：針對美術文化政策提出建言卻得不到效應，反而淪為宣傳工具；製作新生代美術專輯，卻引起不必要的派系困擾；介紹本土畫家與大陸畫家時，又陷入被泛政治化的統獨之爭。

一代報人 王惕吾病逝

【記者陳念祖／報導】

全球最大的民營中文報系創辦人王惕吾於民國八十五年三月三十一日於臺北病逝，也結束了他精采豐富的正派辦報生涯。

王氏於三十九年創《民族報》，四十年與《全民日報》及《經濟日報》合併，自此王惕吾逐步開創了全球最大的中文報系集團。目前報系擁有的報紙在臺灣的有《聯合報》、《經濟日報》、《民生報》、《聯合晚報》；海外的有法國《歐洲日報》、美國、加拿大《世界日報》及泰國的《世界日報》；在圖書與雜誌的出版上則有聯經出版公司、《聯合文學》、《歷史月刊》等。

王氏的辦報生涯並非全無波折，尤其他敢於和當道「唱反調」的勇氣，使《聯合報》面臨民主世界少見的來自政治力的打擊。四十九年時因雷震案致軍中退訂《聯合報》，八十年代初期的「退報運動」，更是鮮活的以政治力打擊民營傳播媒介的例證。

▲TOP 歷史最悠久的醫療保健指南

《MAYO家庭健康百科》

MAYO CLINC 著，卞志強等 譯
書泉出版社
一九九五年四月出版

美國梅約醫學中心（Mayo clinic）是有百多年歷史的醫院，本書是全體醫護人員的經驗累積和實務總結。據說，美國家庭除了聖經之外，必備這本健康百科。**（醫護編輯室提供）**

銷售最好的國文教材

《新大學國文精選》

彰化師範大學國文系編輯委員會 編著
五南圖書出版有限公司
一九九七年九月出版

累計銷售超過八萬冊。這是五南的第一本大專國文教材、也是賣得最好的國文教材，曾經創下一年銷售萬本的紀錄。**（文學編輯室提供）**

放送臺

員工任職滿十五年頒贈金牌

■李純聆獲贈「任勞任怨」金牌，純金999。**（李純聆提供）**

特稿

出版界 前瞻務實與創新的典範

黃政傑
靜宜大學教育研究所終身講座教授

大學各領域的專書，可讓大學教師將其研究成果發表出來，藉由出版社宣傳行銷，把學術推廣出去。以教育領域而言，雖然論文發表很流行，但專書更能架構完整的知識體系，深入探討教育現象和問題原委，引導讀者對教育做系統化的探究。只是，出版機構經營不易，若是很專門的書，不容易賣出去，還要擔心倉儲負荷，因而慎選所要出版的書籍乃勢所必然；結果，學術界較專門的圖書無法面世，學者常感困擾。民間出版社長於經營和銷售，若能秉持支持學術心態，以出版好書為優先，不計較出版賺大錢的書，這樣，學術發展才有希望。五南是樂意全力支持學術著作出版的機構。個人與五南的邂逅，有幾點值得寫出來。

一是個人編著的專書出版。一開始是合作學習專書，該書篇幅不大，由我和林佩璇教授合寫，源自合作學習專題研究，我寫理論部分，林教授寫中小學實際推動的實務，一九九六年交由五南出版。另一本合作學習的專書，書名是《合作學習：發展與實踐》，二〇〇六年由我和吳俊憲教授共同主編出版，其焦點為一九九六年之後合作學習在各學科領域的應用和經驗，也交給五南出版。二〇〇二年起我與教育部李宜堅督學、圓照寺敬定上人合作推動生命教育，由我具名主編的《新品格教育：人性是什麼》（二〇〇八），亦由五南出版。

二是中華民國課程與教學學會專書的出版。該學會成立於一九九六年，時值國內教育邁向自由化、民主化及多元化，課程與教學領域是社會變遷及教育改革成敗之所繫，希望在大環境改變下，從學術角度促進課程教學理論與實務的發展。該學會成立迄今每年出版專書，並於一九九八年一月創立課程與教學季刊，做為學者專家耕耘的園地。專書部分，自二〇〇七年以來都交由五南出版，包含教科書制度與影響、課程評鑑、課程實驗與教學改革、教學藝術、課程美學、十二年國教課程與教學改革、課程實驗與教學改革、大學課程與教學的改革與創新等。

三是臺灣教育評論學會的專書出版。該學會創於二〇一〇年底，隔年十一月開辦臺灣教育評論月刊，此外每年出版專書，包含《十二年國教：改革問題與期許》（二〇一二）、《教師評鑑》（二〇一三）、《少子化的教育因應策略》（二〇一四）、《學校退場問題與因應策略》等，也是交由五南出版。

值此五南五十周年生日來到，回想五南對教育學術的支持，不免要再度表達由衷的感謝。看到五南由專書出版踏入實體書店及網路書店行銷，讓讀者更加方便，不由得敬佩楊榮川董事長對出版事業的前瞻眼光、務實實踐和創新領導，堪稱出版界的典範。最後，祝賀五南生日快樂，並祝前程似錦。

五南出版著作

合著

《合作學習》

《十二年國教：改革、問題與期許》

《少子化的教育因應策略》

《教師評鑑》

《教學藝術》

《大學課程與教學的改革與創新》

主編

《教學專業 Update》

《新品格教育：人性是什麼？》

《課程評鑑：理念、研究與應用》

《十二年國教課程教學改革：理念與方向的期許》

《知識與權力：當代教育中的貧窮世襲》

《教師專業發展：評鑑、社群與議題》

《精進教師課堂教學的藝術與想像：教學與學習的寧靜革命》

《教育行政與教育發展：黃昆輝教授祝壽論文集》

書泉出版之藝術現場叢書
走出出版框架 跨業整合行銷

【記者姜裕芳／報導】

書籍，若僅由出版社自行宣傳就會落得單打獨鬥的推廣無力感，訊息也無法傳遞至各角落的讀者。近年出版界，只能用DM、傳真、講座等方法進行宣傳推廣，為突破此單向宣

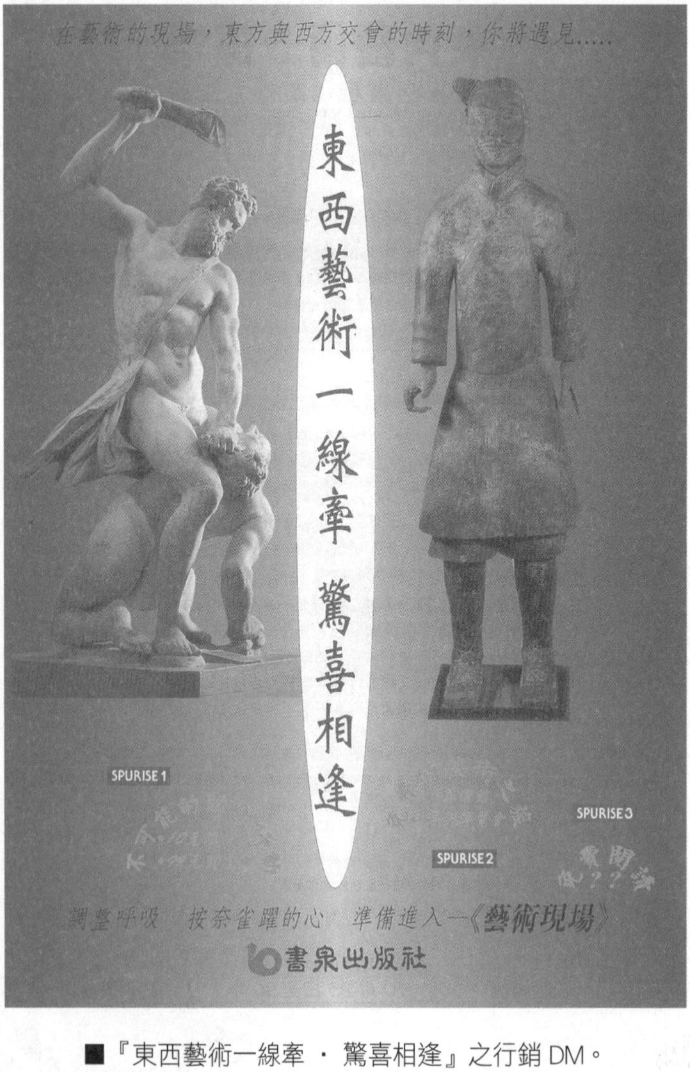
在藝術的現場，東方與西方交會的時刻，你將遇見.....
東西藝術一線牽 驚喜相逢
SPURISE 1
SPURISE 2
SPURISE 3
調整呼吸 按奈雀躍的心 準備進入—《藝術現場》
書泉出版社

■『東西藝術一線牽 · 驚喜相逢』之行銷 DM。

出版職人

社　　名：五南圖書出版有限公司
創 辦 人：楊榮川
局版臺業字第 0598 號
電　　話：02-27055066
傳　　真：02-27066100
劃撥帳號：01068953
地　　址：106 臺北市和平東路 2 段 339 號 4 樓
營運狀況
從業人員：70 人
年成長率：14%
同業統計
出 版 社：5826 家
出 版 量：23801 種

大事與聞

傳的硬方法，行銷部於今年策畫「東西藝術一線牽．驚喜相逢」的聯合行銷活動，將書泉出版的「藝術現場叢書」，結合美術館、博覽會及多家藝術專業出版社及藝術書店，進行跨業整合行銷。期望透過藝術專業領域之管道，傳送「藝術現場叢書」的訊息給更多藝術喜好者。

「東西藝術一線牽．驚喜相逢」之十六頁行銷DM，內容除了推廣書泉出版之「藝術現場」優惠採購方案外，也邀請鴻禧美術館「湖北省博物館藏品精華展」、中華民國畫廊協會「臺北國際藝術博覽會（TAF97）」、東業國際圖書出版股份有限公司、國立歷史博物館「歷史文物月刊」、汗牛文物藝術書店、東西圖書有限公司及「Art of China中國文物世界」雜誌等廠商刊登廣告，並贊助相關書籍及活動入場券以回饋讀者，活動期間：一九九七年十月二十五日至十一月三十日。

這是書泉出版社第一次以藝術為主題，結合藝術相關之出版、美術館、雜誌及博覽會的聯合行銷活動。不僅將書泉出版的書籍訊息傳遞給更多的藝術喜好者，也拉近藝術產業的企業與廠商。走出出版界的框架，聯合產業行銷，為將來發展出更多異業整合行銷的概念。

「藝術現場叢書」全書目

【姜裕芳／提供】

「藝術現場叢書」包含：

《現世前塵：敦煌藝術》

《捲軸心事：中國書籍裝幀藝術》

《謙謙君子：玉器的欣賞與鑑定》

《雕欄玉砌：中國建築藝術》

《捕光捉影：攝影的欣賞》

《鬼斧神工：中外雕塑藝術鑑賞》

《立體詩畫：中國園林藝術鑑賞》

《粉墨登場：國劇臉譜藝術論述》

《粉墨登場：國劇臉譜藝術賞析》

《玉石乾坤：篆刻藝術賞析》

《詩情畫意：中國繪畫藝術欣賞》

《中國紫砂藝術》

《馬藝春秋：中國畫馬藝術》

《舞獅技藝》

《宋元明清瓷器鑑別方法》。

W檔案

■六月，本公司承辦兩岸新聞教育與新聞事業座談會，創辦人楊榮川（站者）致詞。

■八月，書泉出版社舉辦《不戰男女》座談會，王浩威（左一）、平路（中）等，與會座談。

特稿

祝福五南

高安邦
政治大學經濟系教授

五南圖書出版公司在臺灣圖書出版事業頗具盛名，迄今也屹立五十年載，創辦人楊榮川董事長也是教育界出身，因此對於圖書的出版有一定的認識和要求。五南的出版品都有很好的信譽，也受到許多學生及考生的喜愛；究其原因不外乎是所邀請的學者在各領域上都學有專精，而編輯部的同仁，可以把編輯工作的成果以最完美的方式呈現給廣大的讀者。

個人在一九八六年自美國學成歸國任教於政大經濟系，很早就想寫一些教科書提供上課學生參考，然而在當年教授升等的條件是不計撰寫教科書，很多大學老師在升等時都在努力撰寫學術論文或學術性專書；因此，教科書的撰寫通常會放在升等教授之後，我也不例外。我第一本書是學術性的專書，由別的出版社出版。當我開始要為上課撰寫教科書時，很多家公司來跟我接洽，有不少家還是進口教科書的書商。

五南的楊董事長聯繫最頻繁，就這樣，一九九七年我和五南結緣了。第一本教科書寫的是大學用的《個體經濟學》，這和我當年教授的課有關，後來也經過了多次的增訂版。有了愉快的合作經驗後，第二本教科書《政治經濟學》也由五南出版。比較過意不去的是楊董事長一直邀約我主持給技職院校參考用的經濟學教科書之編寫，由於我十餘年來都在從事教育行政工作，較為繁忙，也只有向五南說別人應該比我更適當了。

欣逢五南已經邁向一個新時代的里程碑，在新的時代，科技進步神速，圖書出版愈趨電子化。在楊創辦人的領導下，定能再邁向一個高峰，祝福五南。

五南出版著作

《政治經濟學》、《個體經濟學》

特稿

臺中師範傑出校友　五南楊榮川先生

賴清標
臺中師範學院校長

如果問一個問題：黃昆輝、蔡其瑞（寶成集團總裁）、羅崑泉（喬山健康器材公司董事長）、楊榮川等四個人，有什麼共通的地方？答案可能是：都是事業有成的人，雖然領域不同；更具體的答案是：都是臺中師範學校畢業。臺中師範學校現在已經發展成為臺中教育大學，原來的目標是在培育小學教師；但是畢業生除了多數在教育界服務外，在教育以外領域發展，卓有成就的人也不在少數，前述四人就是其中的佼佼者。

楊榮川先生是五南圖書公司董事長，民國四十六年畢業於臺中師範學校；畢業後，派任苗栗縣鄉下的五福國小教師。四十七年參加普考、四十八年參加高考、四十九年參加初中教師檢定，都是一試通過；顯然他頭腦聰明、勤奮認真、努力上進，令人欽佩。

民國五十一年，楊先生轉任初中教師。民國五十五年，即在苗栗家鄉成立「五南書盧」，展開出版事業。之所以命名「五南」，乃因其老家在通霄鎮五南里。此一命名，隱含著「不忘本」的初衷。

民國六十一年，楊先生辭去教職，專心投入出版事業。發展至今，已成為國內數一數二的文化事業機構。其經營理念是「學術性重於市場性」，不追隨通俗的市場喜好，而以學術性著作為出版主體。目前教育類教科書約七十%為五南出版，法律類則約三十%為五南出版。以教育和法律為主，與其出身臺中師範的背景不無關係；臺中師範是培育小學師資的機構，與教育直接相關；而早期臺中師範學生具有考司法官的傳統，與法律間接相關。

我於民國五十九年畢業於臺中師專，是楊先生的學弟。民國六十八年，回到母校任教，任教期間，使用的教科書，有不少是五南出版的。由於一直兼任行政職務，並在民國八十九年至九十五年擔任校長，過於投入行政工作，在學術上成就有限，只有召集同仁主編過兩本教科書，也都交由五南出版，所幸銷路不錯。

我擔任臺中師範學院校長期間，於民國九十三年成立臺中師範學院校友總會，第一任理事長是蔡其瑞先生，三位副理事長分別是蔡瑞榮、羅崑泉、楊榮川。校友總會成立迄今，楊先生一直擔任副理事長，關心學校、出錢出力，對學校的發展頗多貢獻。曾捐獻全部五南出版品一套給學校圖書館，價值超過二百萬元；校友會開會時也不時贈送五南出版品，令大家歡喜不已。

五南自民國五十五年創業迄今已歷半個世紀，對於教育文化事業的貢獻有口皆碑。個人做為大學教授，感謝五南出版了許多優良的教科書有助教學；做為作者，感謝五南幫忙出版成功行銷；最後，做為中師校友，感謝楊榮川學長對學校的貢獻，並以學長的成就為榮。

五南出版著作

《教育實習》（主編）
《教育實習新論》（主編）

結緣十八載

特稿

吳定
政治大學公共行政系教授

基本上，高等教育工作者最主要的使命有三：教學、研究、服務。其中「研究」的具體展現就是著書立說，出版著作，嘉惠學術及實務界。所以本人在政治大學承乏教席近二十年後，亟思編印一本公共政策方面的辭典，以副學術園丁本職。適一九九六年八月休假研究一年，乃積極在國內外蒐集、分析、編譯相關資料，並由本人一字一字鍵入電腦。如此這般，好不容易於一九九七年十月完成《公共政策辭典》初稿，凡三十萬餘字，共收錄七百多條詞目。

話說一九九七年十月初的某一天下午，我抱著心血結晶的辭典初稿，前往某規模宏大、歷史悠久的大書局，毛遂自薦的說明來意，求見董事長或總經理，尋求協助出版的可能性。沒想到櫃臺人員並不通報，且直截了當的回絕我說：「對不起！我們書局不出版工具書！」我只好失望的離開。心想：此處不留爺，自有留爺處！於是，我隨即轉往五南圖書出版公司。

同樣是素昧平生、同樣是毛遂自薦，卻受到不同的待遇。我抵達五南表明來意後，楊榮川董事長與主編立即出來與我晤談。楊董事長為人豪爽親切，很快的將書稿翻一下，便「阿莎力」的說：「本公司出版著作不完全以市場為考量，本書內容看起來不錯，請將書稿留下來交由總編輯評估後，再與你聯絡。」沒過幾天，五南主編來電表示，他們樂意協助出版本書，可進一步辦理簽約事宜，從此我與五南公司結下不解之緣，迄今已十八載。本人對五南楊董事長敬重讀書人的精神及抱持「學術性的衡酌重於市場上的考量」之經營理念，十分感佩！

不過，本辭典於一九九八年一月初版後，在二〇〇三年增訂二版、二〇〇五年修訂三版及二〇一三年修訂四版，一共刷印了十多次，銷路尚屬不錯，對青年學子及實務界人士頗有助益，證明本書不但具有某些學術價值，應當也具有若干市場價值吧！

既已與五南結緣，我後來有兩本著作，毫不猶豫的交由五南出版，也就是順理成章的事了：一本是二〇〇八年二月出版的《公共政策》；另一本是由我與另外十九位教授共同撰寫的《行政學析論》，於二〇〇九年九月出版。令人欣慰的是，這些年來，前述三本書幾乎一直是青年學子參加國家考試或研究所入學考試必看的參考書。

在我與五南互動的十幾年中，五南法政編輯室的同仁敬業精神及專業素養，令筆者非常敬佩，因此偶有請求協助之事，無不欣然應命。例如，二〇〇九年夏天，主編要我檢視美國學者 Kevin B. Smith 及 CrisTOPPPPher W. Larimer 所寫的公共政策新書 "The Public Policy Theory Primer" 是否值得翻譯出版，並要我推薦適當翻譯人選。我檢視後，向她推薦可請政大公共行政學系蘇偉業教授翻譯。沒想到不到一年後，當蘇教授譯稿完成時，主編還要我作「售後服務」，為這本書寫一篇導讀及推薦的文章。我在「恭敬不如從命」的情況下，以「公共政策知多少」為題，義務寫了一篇四千多字的推薦序後，蘇教授這本《公共政策入門》的翻譯書，於二〇一〇年八月正式問世。

正是五南公司所有同仁這種對學術、專業與學者的尊重與堅持，因而贏得學術工作者極大的認同與支持，乃使公司更能與時俱進、經營有成、鴻圖大展、已執國內學術出版界之牛耳！事實上，五南對作者的敬重與關懷，也可從過年過節時常寄送賀卡及紀念品問候而推知一般。際此五南公司創立五十周年慶之時，本人特表衷心祝賀之忱！祝願五南的願景：「傳播文化、弘揚學術」，未來能夠更加發揚光大！能夠開出更燦爛的花、結出更豐碩的果！

五南出版著作

《公共政策辭典》
《行政學析論》
《公共政策》

《兩岸關係——兩岸共識與兩岸歧見》新書發表

媒體爭相採訪

【記者姜裕芳／報導】

三月九日五南圖書出版公司在來來香格里拉大飯店美洲廳，舉行邵宗海教授撰寫的《兩岸關係：兩岸共識與兩岸歧見》新書發表會，現場邀請到政壇與學術界等重要人士與會。由於書的內容提及兩岸關係，引起多家媒體湧進，爭相採訪。

現今兩岸關係形勢仍處於曖昧不明之階段，邵宗海教授針對兩岸之關係，撰著《兩岸關係：兩岸共識與兩岸歧見》，並於三月九日舉行新書發表會。現場冠蓋雲集，共有八十九位政壇與學術界之來賓與會，也湧進三十二家媒體進行採訪，將僅能容納六十人的美洲廳，擠的水洩不通。邵宗海教授熟曉兩岸關係且在政壇及學術界皆具備相當之影響力，因此與會來賓包含行政院大陸委員會主任委員張京育、前政務委員馬英九、焦仁和、邱創煥、曾繁潛、張五岳、周煦、吳中立、郎裕憲、趙春山、曾廣順、紀政、洪冬桂及包宗和等等。

時下政壇氣氛詭譎的是，臺北市長陳水扁施政滿意度接近八十％，對陳水扁連任而言勢在必得，一九九八年的臺北市長選舉，國民黨都沒有信心，而馬英九也好幾次表明絕對不會參選，但勸進之聲不絕於耳。因此媒體簇擁馬英九，期望能獲得馬英九更明確之答案。雖然媒體對五南出版公司及邵宗海教授未加以著墨，但以兩岸關係及馬英九是否宣布競選為焦點，也間接造成五南出版社發表新書場面轟動。

出版職人

社　　名：五南圖書出版有限公司
創 辦 人：楊榮川
局版臺業字第 0598 號
電　　話：02-27055066
傳　　真：02-27066100
劃撥帳號：01068953
地　　址：106 臺北市和平東路 2 段 339 號 4 樓
營運狀況
從業人員：68 人
年成長率：4%
同業統計
出 版 社：6380 家
出 版 量：30868 種

大事與聞

- 一月，政府正式實施隔周休二日制。
- 五月，教育部通過「教育改革行動方案」。

檔案

《兩岸關係》新書發表與會來賓

【姜裕芳／提供】

《兩岸關係》新書發表與會來賓共八十九位：詹海雲、曹長齡、馬英九、張瑞岑、王化榛、焦仁和、邱創煥、張良任、曹庚蘇、孫同文、和光麗、王壽源、張京育、梁丹娜、吳煙村、吳典城、曾繁潛、王雲平、吳季方、鄭致毅、李品昂、石之瑜、雲飛、馬起榮、王鼎聖、周玉山、陳淇章、高永光、張五岳、周煦、唐永瑞、袁智清、陳建民、陳俊瑜（黎明）、劉垣垣、李惠君、吳中立、郎裕憲、黃栓室、何景X、黃玉全、李保端、趙春山、王孟平、曾廣順、王義男、唐玉禮、張麟徵、紀政、謝延庚、王洪鈞、李煥、張景X、張子榮、王津平、邱裕榮、吳XX、鄺哲、陳義揚、王子文、王怡君、陳念慈、徐桂秀、李美齡、夏兼生、洪冬桂、戴萬X、沈竹雄、吳典娥、紀光陽、洪瑞鴻、麥玉芳、張洪鈞、郝俠遂、劉淑玲、蘇明暘、張家榮、曾瓊慧、鄧俐俐、包宗和、洪莎嫚、趙連X、李酉潭、黃聖堯、吳淑禎、黃參龍、李光儀、李孔智、張世澤。

採訪媒體共三十二家：（東視）蔡婷玉、（中央日報）劉信德、（中視）張麗芬、（中視）郭耀華、（中視）李秀姬、（中視）于人瑞、（華視）崔慈芬、（光華）卜華志、（自立晚報）陳威德、（中時晚報）黃逸華、（中時晚報）黃朝昌、（廣電基金）盛建南、（復興電臺）高景宜、（臺灣新聞報）張虹梅、（中央日報）徐珮君、（環球電臺）張怡沁、（中國時報）董適郎、（中國時報）洪聖飛、（自立早報）王興中、（英國BBC電臺中文部）楊孟瑜、（安和新聞社）莊坤原、（經濟學人）陳叔靜、（青年日報）黃國華、（聯合晚報）黃國樑、（飛碟電臺）陳亞理、（投資中國）李書良、（中華日報）陳威任、（民眾日報）劉芳婷、（黎明）陳俊瑜、（中央電臺）陳子華、（China News）陳宜清、（正聲 book 夜遊）林玫吟及助理。

■馬英九（左一）出席新書發表會，成為媒體採訪焦點。

號外

第一次和金鼎獎沾上邊的書

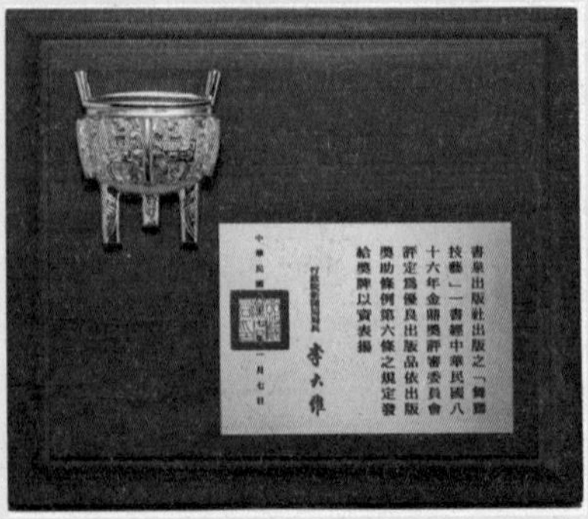

《舞獅技藝》

曾慶國 著 書泉出版社 1997 年 4 月出版

1998 年榮獲行政院新聞局第 21 金鼎獎優良出版品獎

記得那一天剛從陽明大學訪校回來，很熱、很喘！一進辦公室就看到大夥圍著老闆團團轉、氣氛歡愉。原來是四月出的一本書——舞獅技藝——得到了金鼎獎優良圖書推薦獎！這是我們的出版品第一次和金鼎獎沾上邊，老闆非常高興當場頒發獎金六千元給小編，小編也當場捐出給福委會，以造福全體同仁。

回想本書的製作過程雖是辛苦，但絕對終身難忘。因為「舞獅」是一門師徒相傳的傳統技藝，舞獅的師傅可說個個藝高人膽大，但那些既驚險又有趣的步伐動作，要如何具體的以書面紀錄下來？還有那些配樂的鼓師舉手投足總是牽動人心，但這些精彩漂亮的打擊技巧，又要如何用言詞表達出來？

作者曾慶國先生花了兩年的時間進行田野調查，實地採訪了薪傳獎得主張湧祥先生，以及多位舞獅界的前輩精英，尤其是獅鼓音樂的採譜更請到許常惠教授指導。當然為了讓這本書做的盡善盡美（其實是怕出錯、鬧笑話），小編也追隨著獅隊的腳步去到一些鄉鎮，實地聽老師解說一些獅頭製作、腳法手法、鼓樂口訣，並將這些知識簡化為圖像，一一呈現在本書的腳步圖、手勢圖、鼓樂譜中。最後看到成書，連自己都不禁要佩服自己呀！（王翠華提供）

購併「台灣古籍出版公司」

【記者蘇秀林／報導】

「台灣古籍出版公司」原由地球出版社魏成光先生所設立，主要基於大陸已有十一家古籍出版社，公司成立可與大陸作出版聯盟。後轉由眾文出版社接手，二年後又由五南出資購併，並聘請郭哲銘先生擔任主編負責規畫出版。

接手前都是中國古代文史哲圖書，如四書、唐詩、宋詞、孔孟老莊等，或中國經典文學類書，如三國演義、水滸傳、儒林外史等。

五南接手後，加入資治通鑑、名宿經典、出土文物與文獻叢書、台灣古籍大觀等書系，包括臺灣語典考證、臺灣三字經校釋、誦清堂詩集校釋等注釋以及臺灣文化相關類書等。並與大陸各省的古籍出版社展開密切合作。

■購併「台灣古籍」，貴陽貴州人民出版社題贈字「台灣古籍出版有限公司」。

魔鬼 總是藏在細節裡

制定校對品質管理要點 抓錯漏

【記者王翠華／報導】

隨著出版數量的逐年遞增，五南文化事業機構的編輯校對工作不得不部分委請外包人員幫忙。近日來偶有讀者或作者反應：某本書第幾頁有個錯字，或某一頁落了一個字等等；雖說「無錯不成書」，但對一個編輯來說真不知是要感到安慰還是諷刺？

為了提升出版品的品質，五南文化事業機構於民國八十七年起即開始制定「校對品質管理要點」，要求所有內部及外部編校人員校稿時必須：（一）逐字校對，（二）一般錯別字改正，（三）原著作、手稿明顯的筆誤錯別字之改正，（四）相關用語統一，（五）標點符號規範及統一。

對於品質要求也設定了明確的檢查標準，如下：

（一）三校次書稿，其錯誤率不得超過萬分之一點五。

（二）二校次書稿，其錯誤率不得超過萬分之三。

（三）一校次書稿，其錯誤率不得超過萬分之五。

（四）外文字母錯誤以一字計，同一單字之字母二字以上錯誤以一字計。

（五）不可分離之公式、方程式、符號等之計算，同（四）。

（六）若有超過以上標準，每超過（未達）萬分之一，扣減該書稿全書校對費百分之五。

（七）非全書校對者，扣減其校對部份校對費百分之五。

（八）錯誤率之計算，依任意抽查連續五十頁為基準。

（九）連續五十頁之錯誤字數÷（每頁滿版字數×50頁）。

本品管要點將於明年開始正式施行，相信一定能夠把「藏在細節裡的魔鬼」通通抓出來！

（編按：本辦法歷經修訂，至二○一五年時錯誤率已降低到萬分之○點五。）

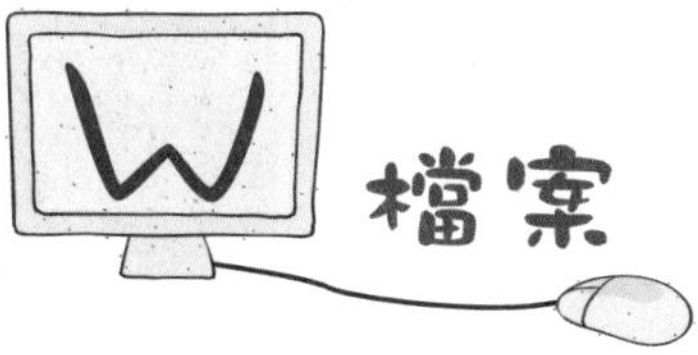

W檔案 編輯教材引用詩人北島作品

【王翠華／提供】

北島，原名趙振開，中國當代詩人，為朦朧詩代表人物之一。

先後獲瑞典筆會文學獎、美國西部筆會中心自由寫作獎、古根海姆獎學金、金花環獎等，並被選為美國藝術文學院終身榮譽院士。

一九九八年因為編輯教材引用詩人的作品，才輾轉取得聯繫。

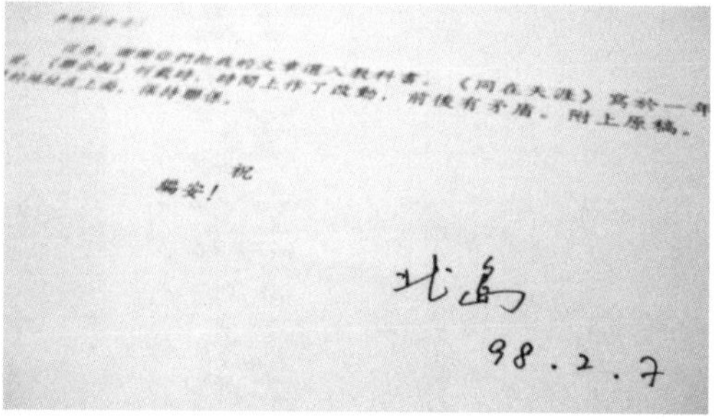

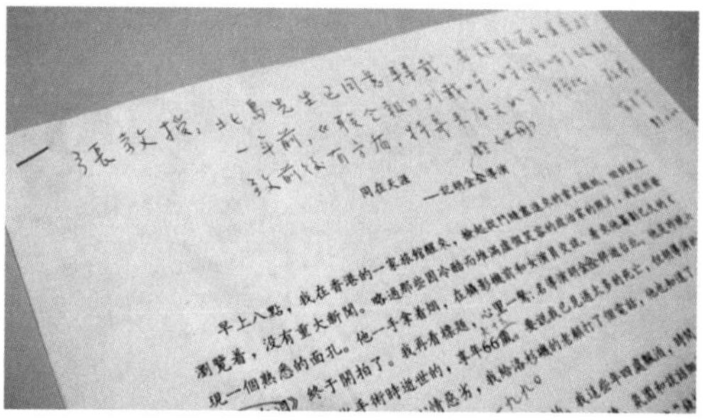

林立樹教授來函

【李郁芬／提供】

《美國史》作者林立樹老師來信寫到：「出書乃千秋大業不得不慎重小心，成名固喜，誤人不可，財貨身外之物，得失不過瞬間……」。治學態度嚴謹令後生晚輩敬佩。

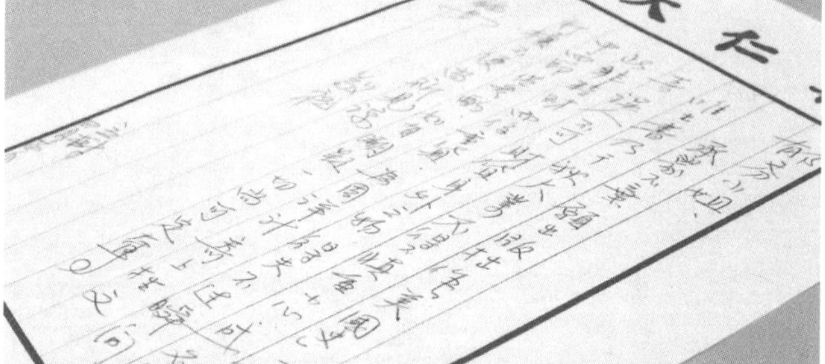

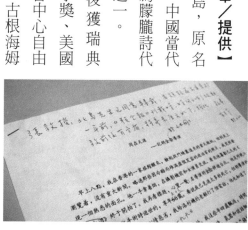

特稿

創造另一個發光發熱的五十年

包宗和
臺灣大學政治學系教授

五南圖書出版公司在國內學術界夙負盛名，學者著作若能由五南出版，是一件相當光榮的事情。換言之，五南予人的感覺，就是一種肯定與品質的保證。

猶記二十多年前，我在學術界仍只是一位初入職場的年輕教授，所寫的一些學術文章，散見於不同的出版機構，那是一個成長與探索的階段。直到民國八十七年，我的臺大政治系同仁吳教授玉山兄向我提及，有意將彼此共同規畫舉辦的兩岸關係理論研討會中所發表的論文付梓，並已獲五南出版社同意發行。我聞之可謂喜出望外，也很佩服玉山兄的眼光與睿智。在那場研討會中，我以戰略三角角色轉變與類型變化為題發表論文，並得以列入由五南出版，玉山兄和我共同主編的《爭辯中的兩岸關係理論》一書的專章之中，且引發學界後續的廣泛討論與迴響，我也從此和五南結下了不解之緣。

也許是基於一種信賴吧，五南後來主動邀我主編《國際關係理論》一書。由於在臺大接連的行政工作，很慚愧一直到民國一百年才實踐承諾，也很感謝五南的諒解與寬容。這期間五南還陸續出版了由我主編的《國際關係辭典》和撰寫的《美國對華政策之轉折——尼克森時期之決策過程與背景》專著，以及由玉山兄和我共同主編的《重新檢視爭辯中的兩岸關係理論》專書。我也為五南校訂了倪世雄教授所著的《當代國際關係理論》。透過彼此間良好的互動，五南和我建立起多年的合作關係。

學者好比園丁，出版界則好比園地，園地需要園丁辛勤地耕作，園丁則需要足以揮灑的園地，兩者是一種互賴互補的關係。對學界而言，五南非常稱職地扮演了提供筆耕園地的角色。一般出版事業在決定是否出版書籍時，通常都會先行評估其市場獲利的潛力；五南基於對專業與知識的尊重，以及服務莘莘學子的熱忱，往往能做到不計成本地發行學術叢書。

事實上，學術著作不若一般和生活結合的書籍，市占率本來就有其局限性；從事學術專著的發行，若非基於一種與學界結緣以及闡揚知識的理想，是很不容易持續下去的。五南不僅做到了這份堅持，並透過園地的提供，彙集了學術社群的集體智慧，造就了無數優秀的學術精英，並且使得知識能量能相互激盪，綻放出絢爛的花朵，這是我對五南至感欽佩的地方。

如今五南將創立五十周年，邀我為文，乃將心中所感訴諸文字，聊表賀忱，並期許五南能一本成立初衷，繼續為學術文化奉獻心力，創造另一個發光發熱的五十年。

五南出版著作

《國際關係辭典》（主編）
《國際關係理論》（主編）
《當代國際關係理論》（校訂）
《爭辯中的兩岸關係理論》（合編）
《重新檢視爭辯中的兩岸關係理論》（合編）

特稿

五南　推廣與普及學術的典範

吳玉山
中央研究院政治學研究所特聘研究員

民國七十八年我在臺大政治系服務，和系主任包宗和教授共同籌畫一個「兩岸關係理論研討會」。會議的緣起是我們看到兩岸關係對於臺灣的重要性，是影響到國家存亡的議題，但也就因為這個原因，學術界對於兩岸議題的研究偏重於重大事件的分析和政策的建議，理論性的探討反而少見，這實在是一個很大的損失。如果能夠讓研究兩岸關係理論的學者齊聚一堂，提出各家途徑，並且相互討論，將會對兩岸關係的學術研究有很大的意義，並可為國家進行長期政策規畫提供堅實的知識基礎。

這個想法獲得了陸委會的支持，使得會議能夠在八十七年的十一月舉行，但是更重要的，是會議的論文如何能夠成為專書，並且廣為流傳，而不只是被束諸高閣的一堆會議論文。尋找出版社就成了我們最重要的任務。

五南圖書出版公司是我們馬上想要聯繫的對象。因為楊榮川董事長多年來在獎掖學術、普及社會科學研究成果的方面享有盛名，使得五南在國內出版界中能夠最成功地結合學術與市場，出版了許多暢銷的學術著作。而我們想要出版兩岸關係理論的專書，是有很大的企圖心，希望能夠為國內的兩岸關係研究奠立基礎，因此一定要能出版一本高質量、又能廣泛流傳的學術專書。這個目標，只有五南能夠辦得到。

心懷忐忑地把書稿送到五南，希望能夠獲得編輯青睞。我當時並沒有在五南出書的經驗，除了出版的名聲之外，對於這家公司的了解也非常有限。但是在出版《爭辯中的兩岸關係理論》的過程當中，我對於五南法政編輯團隊的專業和敬業，留下了非常深刻的印象。

《爭辯中的兩岸關係理論》後來成為一個經典，不但經歷了兩個版本、十次印刷，到今天（一〇四年）都持續刊行，更鼓勵我們在九十八年再次聚集學術菁英，舉辦了「重新檢視爭辯中的兩岸關係理論」研討會，並出版了同名專書，至今也已經再版。《爭辯中的兩岸關係理論》在華人世界中產生了很大的影響，也為建立兩岸關係研究的學術領域奠立了基礎。這個成果，沒有學術界和五南的合作，是不可能達成的。

我在九十一年轉到中央研究院政治學研究所專任，我們所的「中研政治系列」也與五南合作，連續出版了《憲政改革：背景、運作與影響》、《黨國蛻變：中共政權的菁英與政策》、《重新檢視爭辯中的兩岸關係理論》、《政治學的回顧與前瞻》等四本書以及我所撰寫的《俄羅斯轉型一九九二～一九九九：一個政治經濟學的分析》與合編的《權力在哪裡？從多個角度看半總統制》。

五南是我出版中文專書最主要的合作夥伴。在這十七年當中，五南的技術精進、設計提升、銷路更為廣被，影響不斷擴大，而不變的是楊董事長開拓學術文化事業的恢弘視野，以及編輯團隊的專業精神。值此五南五十之慶，謹此致上恭賀之忱。預祝在下一個五十年，五南可在中文市場全面開拓版圖，將臺灣多年淬礪累積的人文精神介紹發揚到全球。

五南出版著作

著作

《俄羅斯轉型 1992-1999：一個政治經濟學的分析》

《國際關係理論》（合著）

《權力在哪裡？從多個角度看半總統制》（合著）

合編

《政治學的回顧與前瞻》

《重新檢視爭辯中的兩岸關係理論》

《黨國蛻變：中共政權的菁英與政策》

《憲政改革：背景、運作與影響》

《爭辯中的兩岸關係理論》

特稿

五南與我

楊碧雲
前五南文化事業機構執行長

五南的創辦人楊榮川先生是我的大哥，我倆的年齡相差了十五歲，小時候，他的年紀永遠是我的好幾倍，那時我是「小」孩，他是「大」人，我始終怕他。記得媽媽以前對我和弟弟最常說：「不要吵你大哥念書！」記憶中，大哥總是把房門關上，房門高處有一個小小的玻璃窗，我和弟弟總不停地跳，伸長著脖子想看看大哥在裡面究竟做什麼？每次看到的都是哥哥坐在他那面山的桌前看著書的背影。哥哥愛讀書、會讀書、更會考試，初期寫考試用書大為暢銷，因而成立出版社，永遠與文字結下了不解之緣，講起來這也是順理成章、水到渠成的事。

我在五南工作了整整十二年，但五南與我的關係不僅於此，而是影響我一輩子的事。這怎麼說呢？我誕生於六十多年前臺灣普遍窮困的一個農村貧戶裡，當時一家大小只要能吃得飽就算是一件奢侈的事了遑論受教育，尤其是農村重男輕女觀念下的女孩子。大哥剛當老師時，我才四歲，弟弟才一歲，上有父母，下有一群弟妹，食指浩繁，以當時教師的微薄待遇來說，壓力之大可想而知。

所幸在我小學畢業後，五南成立了，草創的艱辛，當然大哥最清楚，我僅在透過放學後幫忙清潔水泥袋（包書用）或是搓草繩（捆書用）的過程，略知在那物力維艱的時代，創業的不易。因著五南的成立，改善了家裡的經濟，我的學費不再是家中沉重的負擔；我是否立即幫忙家中生計，也變得微不足道。於是如順水推舟一般，國小畢業後，我不但唸了初中，更因為五南的繼續茁壯，又唸了臺北女師專，最後還唸起了大學，成為村中最高學歷的女子。這一切在都市人看來可能是不足為奇，但在難以溫飽的貧困農村裡卻是個奇蹟。五南與我，關係千絲萬縷，我的人生，拜五南之賜，因而為之翻轉；大哥當年屢屢獨排眾議的提攜之恩，讓我能夠心無旁騖的念書亦是主因，令我感念至深。

值此歡慶五南五十周年的前夕，光陰荏苒，倏忽之間，我已過了耳順之年，五南與我，生命交融了五十年，誠心祝福與盼望五南歡度一〇〇周年、二〇〇周年，長長久久，永續成長。

儘管世事詭譎，環境多變，強者永遠無畏風雨，舉步堅定，冷傲向前，永不止歇，謹此祝福五南！祝福大哥！

▲TOP 第一本獨創「挑戰與回應」與讀者對話的學術刊物

《應用心理研究》
應用心理研究編輯委員會 主編
台灣應用心理學會、
應用心理研究雜誌社 出版
五南圖書出版有限公司
一九九九年三月發行

本公司第一本得到金鼎獎的雜誌。本書是臺灣第一本不遵守學術刊物規範的學術刊物。獨創的單元「挑戰與回應」，開啟了作者與讀者的對話空間，創新的體例讓本刊獲得金鼎獎優良雜誌出版品推薦，是學術刊物的特例。

（教育編輯室提供）

出版職人

社　　名：五南圖書出版有限公司
創 辦 人：楊榮川
局版臺業字第 0598 號
電　　話：02-27055066
傳　　真：02-27066100
劃撥帳號：01068953
地　　址：106 臺北市和平東路 2 段 339 號 4 樓
營運狀況
從業人員：75 人
年成長率：10%
同業統計
出 版 社：6808 家
出 版 量：30871 種

大事與聞

■九月，發生「九二一大地震」。

特稿

迎接五十周年慶 敬致感謝及祝福

王如哲
臺中教育大學校長

楊董事長榮川創設五南圖書出版公司以來，迄今已歷經五十寒暑，對臺灣文教發展有非常重大的貢獻。在慶祝成立五十周年之際，個人非常榮幸藉此機會向楊董事長表達祝賀之意。

首先要特別感謝五南在我大學生時代，因為出版了教育領域相當多非常具有影響力的經典之作，對個人有非常大的啟蒙作用，透過研讀這些著作，奠定了個人日後學術發展的根基。其次是在我考取公費留考並獲得國家栽培機會，後來自英國取得博士學位返國在中正大學服務之後，個人的第一本教育學術著作及接續的幾本主要學術著作，包括教授升等代表作，也是由五南出版的，真的要特別感謝楊董事長對於一些學術新人的支持，提供了非常好的學術發表平臺，對教育學術發展也產生了非常大的正向作用。特別值得一提的是，去年個人因緣際會榮任國立臺中教育大學校長，發現楊董事長正是本校的傑出校友，他對於母校發展及其人才培育，可謂出錢出力非常值得敬佩，也顯示出個人與五南及楊董事長有特別的緣分與情誼。

楊董事長是一個成功的出版文化人，更是有社會責任的企業家，以過去五十年在文化出版事業上的卓越成就與貢獻，相信在下一個五十年一定可以做出更大的貢獻，個人更以國立臺中教育大學有這樣一位傑出校友為榮，也是本校的學生非常好的楷模及典範。再一次祝福五南五十周年生日快樂，出版事業永續卓越發展。

五南出版著作

- 《知識管理的理論與應用：以教育領域及其革新為例》
- 《比較教育》
- 《教育行政學：理論與案例》（合著）

特稿

結緣與感恩

劉兆明
輔仁大學心理學系教授

一九九七年的某一天，五南年輕的心理學主編陳念祖先生來找我，邀請我編一套心理學叢書，當時心中已有要辦一份理念型期刊的想法，我就跟他說：「臺灣的心理學書籍已經很多了，但真正對社會有影響力的學術期刊還不多，五南出教科書也賺了不少錢，是否願意支持一份期刊來回饋學術界呢？」念祖想了一下說：「我回去問問老闆看看。」也就告辭了。

幾天以後，念祖打電話來說老闆楊榮川先生想跟我談談，我跟五南素無淵源，跟楊先生也不認識，但我想見面談談也沒壞處，就欣然赴約了。當天到了老闆的辦公室，也沒什麼客套，我就直接講了我的一些想法。楊先生只問了我一個問題：「你是自己要辦？還是系上要辦？」我說：「是我自己要辦。」他說：「好！這樣比較簡單，我支持你！」會談就結束了。前後只有二十分鐘。

就這一句話，《應用心理研究》於焉誕生，沒有杯觥交錯，也沒有繁文縟節，連合約都沒簽，期刊就出版了。從那天到現在，我和楊先生沒見過第二次面，但期刊從一九九九年正式創刊，至今已按時出刊十七年，不論外界環境如何變化，出版事業的經營如何困難，五南始終堅持當年的承諾：資助一名編輯助理，並承擔所有的出版印刷及營業發行費用，但對編輯內容全不過問，一切尊重編委會的運作。

《應用心理研究》是一份重視社會實踐的主題式學術期刊，以「創新、對話、融合」為核心編輯理念，希望透過不斷地創新，刺激新的思考方向；提供開闊的園地，促進不同研究領域與典範間的對話；在內容取向上，則藉著科學與人文的融合，體現心理學的本質，經由理論與實務的融合，彰顯應用心理學的特色。這樣的理念獲得學界普遍的認同，創刊發起人達兩百零五人，初期印量首刷一千五百冊，甚至有單期創下四刷的紀錄。出刊兩年後即獲得金鼎獎的肯定，所獲評語為：「主題明確，和社會生活脈動有明顯關聯性，編印優良，有學術理論基礎，淺顯易讀，強調讀者與撰寫者間的對話，為新的學術型雜誌範例」評審真是我們的知音啊！

近年來學術期刊市場及生態丕變，紙本印量直線下滑，《應用心理研究》雖然在期刊資料庫中仍維持每年三萬筆以上的付費下載量，已是華人世界最具影響力的應用心理學術期刊，但就財務而言，基本上已無太多實質收入，除了編委、作者、審稿人基於學術理念的義務付出外，來自於五南及聚陽等業界無條件的贊助與支持更令我們點滴在心，欣逢五南創業五十周年，謹以本文為誌。

我們珍惜與五南的緣分，更感恩一路走來所有參與及支持的朋友。我也誠心盼望學術期刊的經營還是要來自於理念的堅持，學術研究則是基於研究者的志趣與回應社會的需要。《應用心理研究》已走過披荊斬棘的草創歲月，未來還是得在功利狂潮中逆流而上啊！

五南出版著作

《顧問關係與諮詢動力》（應用心理：第36期）

《人力資源管理心理學的理論與實踐》（應用心理：第35期）

《組織臨床研究》（應用心理：第33期）

特稿

高明士
臺灣大學歷史系名譽教授

五南與我

我與五南圖書出版公司結緣，是我們「唐律研讀會」首次將研讀成果在該公司出版發行，由我擔任主編，書名是：《唐律與國家社會研究》（一九九九）。其後我又主編《中國史叢書》、《中國法制史叢書》、《臺灣史》等。其中《臺灣史》一書，在九十六（二〇〇七）年入圍為第三十一屆金鼎獎圖書類最佳主編獎，不辜負楊榮川董事長的期待。就這些成果看來，可看出楊董對歷史研究及歷史教育的重視，在臺灣的出版界確實是少見。

楊董是四十六（一九五七）年從臺中師範畢業，高我一屆，所以我們都教過小學。中師因為全體同學都住校，所以彼此情如手足，畢業後也都能互相關照。楊董是通霄人，我是清水人，都是海線同鄉。或許是這種關係，我和五南便具有深厚的情緣。楊董的出版公司為何稱為「五南」？這是由於他從苗栗縣通霄鎮五南里創辦「五南書廬」起家，此後一直壯大擴展，將「五南」由點到面，由島內到國際，成為臺灣出版業的象徵品牌，而楊董也因此成為中師傑出校友。

楊董具有傳統文化的美德，取鄉里的「五南」作為公司的命名，是有力的表徵；又將公司出版物贈送母校中師（現在為臺中教育大學），同時在母校設置獎學金，獎勵後進具有薪傳意義；對校友會活動的支持更是不遺餘力，堪稱校友模範。

楊董最令人激賞的地方，是他的經營理念，將學術性的考量重於市場性的需求，不因市場的逐利而犧牲知識的本質。出版人文學術類專書通常是虧本，但如前所述，由我個人主編乃至個人專書也有多本，足見楊董對經營理念及其願景的堅持，令人敬佩。我不敢說每一本都是最佳書籍，但追求學術真理的永恒價值，是我們努力的目標。就這個目標而言，我們執筆同仁與楊董的理念是一致的。

欣逢「五南」五十周年喜慶，特撰此文，以資慶賀，相信「五南」可繼續為文化開創一片天，為學術締造永恒塔。

五南出版著作

著作

《律令法與天下法》

《中國中古政治的探索》

主編

《地獄．法律．人間秩序》

《當法律遇上經濟》

《中國文化史》

《中國通史》

《臺灣史》

《中國近現代史》

《傳統個人、家庭、婚姻與國家》

《從人間世到幽冥界》

《明鏡高懸》

《中國經濟重心南移》

《唐代身分法制研究》

《唐律與國家社會研究》

《巨龍的蛻變》

《唐律中的夫妻關係》

二〇〇〇年代

深化學術專業品牌
兼及知識讀本
延伸高職教材出版

二十一世紀之始，全球唯恐「千禧蟲」打亂已全面普及的電腦世界；3C科技跳躍式的創新、個人電腦全面普及甚至與電腦同步的智慧型手機軟體開發、政黨輪替、臺灣人口出生率全球倒數第一……環境快速推進，人們的價值觀改變、閱讀內容與模式快速變化；同業出版社加倍成長、書店平臺週週翻新。環境丕變如此，出版環境相較以往明顯複雜，面對的衝擊和挑戰也愈形多元。學術書、教科書的多元化、數位化以及學術走出象牙塔的知識書，就成為五南的因應策略；五南官網成立、借重五南文化原有的學術品牌，出版領域延伸至高職用書設置高職出版部，並開發電子書、數位教材……閱讀與學習連結科技，也同時開展。

學術專書方面，在原有的法政、教育、新聞傳播領域之外，積極投入文史哲學科的開發；另一方面又將專業型的學知轉化為更深入淺出的「知識讀本」、成立「博雅文庫」；開發適合一般社會大眾閱讀的各領域社會人文書，屢獲「好書大家讀」、「金鼎獎」等獎項，肯定了五南提供給讀者多元視野與深入思考的出版方向。

兩岸解嚴，政府開放大陸簡體書在臺銷售、大陸開放外資進入圖書零售業，五南與臺灣同業共同在福州與閩方出版界簽署「閩台書城」合資經營協議，並出任副董事長，開啟第一家兩岸共同經營的實體書店。兩岸出版聯誼、版權交流，大陸出版業及學者來訪更頻繁，這方面我們作出了努力。

五南一步一腳印，從上一世紀走來，過了四十多個年頭、從行政院新聞局接過「老字號金招牌」特別貢獻獎，加重文化傳播的大責重任：傳統的編輯流程、行銷宣傳、業務推廣……面對閱讀跳脫紙本，伸入電腦、網路、手機、影視、語音；無地不讀、零時差等的變化趨勢，催促著公司運作必須思考調整，如何在立穩的根基上挑戰嚴峻的新環境？五南嚴謹以待。

蘇美嬌◎主筆

五南大事

2000

六月，主辦「第一屆兩岸大學出版經營研討會」，邀請大陸大學出版社聯誼會成員二十一人及本地各大學出版社人員及教授，參與研討。

七月，五南官網正式上線。

八月，成立電子商務部門。

九月，創辦人楊榮川，連任中華民國圖書出版事業協會常務理事，並任「兩岸事務委員會」主任委員。

成立「文字復興出版公司」專門出版並經銷高職學習書。

十月，設置「高職出版部」專門出版高職教科書。

十二月，丁原植教授策畫主編之「出土思想文物與文獻研究叢書」第一本《儒家佚籍四種解析》出版。

2001

一月，委託 Delta design Co 公司規畫本公司 CIS/VIS，全面更新本公司商標、圖文、文件等基本設計，並作具體規範，作為日後依循，永續經營。

三月，「五南圖書出版有限公司」改為「五南圖書出版股份有限公司」。

五南文化廣場高雄二店開幕。

五南文化廣場師大店開幕，為進軍北市第一家。

將總編輯室、編輯室、法學出版中心、辭書出版中心歸併為出版部。與行政部、業務部、電腦中心，共成公司四大部門。

出版要聞

2000

一月，全國第一家分級租書店成立——「藝豐漫畫書店」。

十二月，「第五屆華文出版聯誼會議」，在臺北召開。

2001

一月，總統令公布「圖書館法」。

八月，「第六屆華文出版聯誼會議」，在西安召開。

三月，聘任王翠華為五南第五任總編輯，並於七、八月間外派美國史丹佛大學出版研究所研習出版。

五月，五南文化廣場加盟店「沙鹿店」，併入五南文化廣場直營店。

八月，創辦人楊榮川與業界共八人，代表臺灣出版界參加在西安舉辦之「第六屆兩岸三地出版聯誼會」。

《應用心理研究》雜誌榮獲金鼎獎優良出版品獎。

九月，第一家進軍校園之五南文化廣場嶺東店開幕。

十月，代表「中華民國圖書出版事業協會」組團六人，在福州與福建省出版局及出版業界洽談合資經營「閩台書城」事宜。

十一月，五南文化廣場屏東店，正式開幕。

十二月，與臺灣出版界共八人在福州簽署「閩台書城合資經營協議書」，為兩岸實體書店合資經營之首家。

二月，五南文化廣場高雄復興店結束。

五南文化廣場桃園店，正式開幕。

二十六日福州「閩台書城」開幕，創辦人連同臺方股東一齊參加剪綵。閩台書城為臺方出版界十三家與福建外文書店共同出資。閩方與臺方出資比例為六五：三五。創辦人被臺方股東推舉擔任副董事長。

四月，總編王翠華親赴揚州一個月，培訓合作編校排版廠之員工，熟悉本公司之要求。

五月，創辦人組團共二十人參加大陸在北京舉辦之「兩岸傑出青年出版專業人才研討會」。

2002

一月，港商TOM.COM收購城邦集團、商周集團。

二月，閩台書城試營。

五月，「十八限金獎」頒獎。

六月，文訊雜誌進行數位化。

七月，「第七屆華文出版聯誼會議」，在香港召開。

十二月，何凡病逝，享年九十三歲。

2002

八月，五南文化廣場沙鹿店，結束營業。

十月，與北京大學博士生蔣和平先生（現為北大教授）達成協議，由其成立排版中心，專門排版本公司之圖書。建立本公司在大陸排版之基地，以節省成本。

十一月，創辦人出任中華民國圖書出版事業學會第九屆理事長。

十二月，業績破兩億，時任業務副總：毛基正。

一月，與《哲學與文化》月刊雜誌社合作，代理《哲學與文化》，發行學術界。

獲行政院補助之「五南行政自動化系統」開發，正式啟用。

第一任CEO——楊碧雲到任，統籌整體之營運，並負責高職教材之出版與推廣。

三月，北京機械工業出版社，由社長率同副社長，總編輯等主要領導幹部共七人來臺，在本公司舉行「兩岸大學院校教育書出版與行銷研討會」，為期四天。

九月，與中華民國環境教育學會合作，共同出版《環境教育研究》發行學術界。

十二月，與淡江大學合作，舉辦「二〇〇三海峽兩岸大學出版社暨學術出版研討會——大學出版社與學術出版」，大陸大學出版業組團三十餘人參加（主辦：淡江大學資訊與圖書館學系，五南圖書出版公司，中國大學出版社協會）。

本年來訪之大陸出版界，主要者有：江西出版集團、湖北出版參訪團。

2003

一月，開放大陸簡體書在臺銷售。

金石堂與出版業者簽訂寄賣制。

三月，東方出版社門市結束。

正中書局由美商投顧接手民營。

五月，大陸開放外資進入圖書零售業。

七月，新聞局開放大陸大專學術用書進口展售的相關規定，邀集大陸書進口商和公協會等組織代表進行協商。

八月，宏碁公司與PC Home出版集團和博客來數位科技合作，推出華文電子雜誌「eMagazine」，讓讀者可以直接在網路上付費訂閱或零買。

九月，臺灣繁體書可以在大陸一般書店銷售。

十二月，民國三十五年（一九四六）創立的「臺灣書店」結束營業。

二月，五南文化廣場桃園店，結束營業。

四月，與中國稅務出版社共同出資，於北京成立大陸「中稅五南文化發展公司」，出版學術專著，派總編輯王翠華出任總經理，長駐大陸負責公司營運。

新聘第六任總編輯——王秀珍，側重開發文史哲之出版領域。

本公司捐贈圖書一一九〇六冊圖書給苗栗苑裡鎮老人文康中心，回饋鄉里。

五南文化廣場海大店，正式開幕。

六月，捐助二十萬元，贊助「賈馥茗基金會」，舉辦「學術研討會」。

十月，購併學林出版社及臺灣本土法學雜誌。二者改制歸併為新學林出版公司。並請副總毛基正及特約法律主編田金益參與投資。毛基正擔任總經理，田金益為總編輯，共同負責經營。

創辦人在臺共同主持「第九屆兩岸四地華人出版聯誼會」。與會者包含臺灣、大陸、香港、澳門等學界代表十餘人。

行政院新聞局第二十三次中小學生優良課外讀物推介獲獎一本。

十二月，大陸來訪之出版業界主要者計：中國出版工作協會、廈門圖書公司、中國稅務出版社、兩岸四地華人出版聯誼會成員。

2004

二月，臺北書展基金會成立。

三月，新聞局規畫建置「臺灣出版資訊網」。

六月，著作權保護團體及多家從事影音與出版發行業者，宣布成立「臺灣著作權保護協會」。

七月，發行協進會主辦，第一屆大陸圖書展售會。

七一〇大限，著作回溯保護緩衝期七月十日到期。

十二月，google 宣布，消費者可瀏覽頂尖大學圖書館千萬冊藏書。

三月，書泉出版社原獨立運作之編輯部，按圖書屬性分歸五南各編輯部，各編輯部主編就專業領域策畫適合「書泉」屬性之圖書。

行政院新聞局第二十四次中小學生優良課外讀物推介獲工具書類獎一本。

四月，捐贈國立苑裡高級中學圖書館圖書約三百萬元，供新建圖書館落成收藏，回饋鄉里。

五月，考用出版社改制為「考用出版股份有限公司」，由五南副總李純聆負責經營。

七月，五南文化廣場接受行政院研討會委託，取得全國各級政府出版品海內外總代理權。

八月，兩岸四地華文出版聯誼會頒授創辦人楊榮川「出版交流成績卓著」獎。

十月，行政院新聞局第二十五次中小學生優良課外讀物推介獲工具書類獎三本。

十一月，「北京中稅五南文化發展公司」，因中稅出版社社長更換而結束。

十二月，來訪之大陸出版業界，主要者計：中國國際出版集團、香港三聯書店、電子工業出版社、海峽兩岸出版交流中心、大連出版社。

一月，創辦人公子楊士清自美返國，參與出版，準備傳承家業。

於臺中教育大學舉辦創辦人楊榮川恩師王靜珠教授著作《樂在春風化雨中》乙書新書發表會。

2005

五月，台閩書城開幕。

六月，臺灣最老的書店「瑞成書店」重新營業。

七月，新聞局實施：出版品分為限制級、普遍級。

第一屆「海峽兩岸圖書交易會」，在廈門舉行。

十二月，廈門外圖與臺灣金典集團簽下兩岸交流史上最大訂單——六百三十萬人民幣。

聯合線上以「數位閱讀生活」概念，正式進軍數位出版產業。

呂鍾寬著《臺灣傳統音樂概論．歌樂篇》，入圍金鼎獎最佳藝術生活類圖書出版獎。

三月，臺中五南文化廣場舉辦國史館新書發表會。

五南文化廣場師大店因房東易人，結束營業。

邵宗海教授新著《兩岸關係》，舉辦新書發表會。

於誠品信義旗鑑店六樓演講廳，舉辦「青少年台灣文庫」新書發表會於誠品信義旗艦店六樓演講廳，文庫委員李敏勇等人，總統、教育部長等官員蒞臨出席。貴賓人數約五十八人。

五月，舉辦國立編譯館策畫、本公司出版之「青少年台灣文庫」研討會，於福華文教會館舉行。

承受五南文化廣場共同投資人建宏書局四十五％股權，「五南」成為全資經營。

六月，五南文化廣場景文店，正式開幕。

七月，五南文化廣場臺大店開幕，位於臺大法學院旁，銅山街一號。

九月，行政院新聞局第二十七次中小學生優良課外讀物推介獎三本，工具書類獎一本。

十一月，邀約中國大學出版社協會與文化大學共同舉辦第四屆兩岸大學出版經營論壇。主題為「學術數位出版資訊服務觀與展望」。

十二月，「中華民國圖書出版事業協會」聘任創辦人楊榮川為榮譽理事長，是協會聘任榮譽理事長之第一人。

本年大陸來訪之出版業主要者計：北京師範大學出版社、大陸新聞出版署副署長率團之兩岸圖書交易會之參訪團、高等教育出版社、中國紡織出版社、兩岸圖書交易會參訪團。

2006

一月，商訊文化首創，可以在臺灣大車隊車上銷售書籍。

三月，新聞局公布「補助發行數位出版品作業要點」。

六月，Google與出版商、網上書店合作，書籍內容掃瞄到網頁上，供網友搜尋。十二月與博客來網路書店合作推出中文版。

九月，天下遠見文化事業群取得《哈佛商業評論》全球中文版代理權。

一月，行政院新聞局頒授本公司：金鼎三十「老字號 金招牌」特別貢獻獎，代表對公司之肯定。

二月，原合資成立之亞帛電腦排版公司結束，改由本公司印務部負責排印業務。

三月，第七任總編輯龐君豪上任成立「博雅書屋」，專門出版知識性讀本。

五南文化廣場環球店，正式開幕。

四月，與國立政治大學社會科學學院合作，共同出版《社會科學論叢》期刊，發行學術界。

聘任臺北教育大學陳俊榮教授擔任出版總監，提供出版諮詢。

與中華民國課程與教學學會合作，出版《課程與教學》期刊。

行政院新聞局第二十八次中小學生優良課外讀物推介獲工具書類獎一本。

七月，「台灣古籍出版公司」，更名為「台灣書房出版公司」由副總編蘇美嬌負責出版臺灣文化研究之圖書。

八月，與高雄市政府共同舉辦《公部門與知識界合作的新典範：價值領導與管理》新書發表會，由市長陳菊與創辦人共同主持。

創辦人楊榮川受聘擔任「國立臺中教育大學教育學院課程委員會」委員。

《臺灣史》入圍第三十一屆金鼎獎一般圖書類個人類最佳主編獎。

十月，行政院新聞局第二十九次中小學生優良課外讀物推介獲獎三本。

十二月，今年來訪之大陸出版業界，主要者計：人民教育出版社、中國人民大學出版社。

2007

三月，新聞局訂定「數位出版金鼎獎獎勵要點」。

七月，林鬱傳出與金石堂書店財務糾紛，暫停營運，牽連數十家出版業。

八月，臺北市圖提供悠遊卡借書服務。

九月，樹德科大、遠東科大與五南、東華、前程等七家出版社簽署「協助弱勢學生取得教科書協議」。

十月，福建省最大綜合書城「外圖廈門書城——台灣書店」正式開幕。

一月，去年十一月受行政院大陸事務委員會委託，邀請大陸大學出版社共二十七人來臺，並邀同臺灣大學出版中心合作，舉辦「兩岸大學出版社與學術傳播研討會」（屬本公司舉辦之第四屆大學出版研討會），與臺灣大學出版中心共同舉辦。

「日本近代研究譯叢」陸續出版。

四月，公司同仁集體創作編印《鶴壽》乙書，為創辦人楊榮川七十歲祝壽。

行政院新聞局第三十次中小學生優良課外讀物推介工具書類獲獎兩本。

六月，公司承辦「兩岸教育與新聞事業座談會」，與鄭貞銘、歐陽醇教授共同主持。

創辦人楊榮川被推選出任「臺北市出版公會」監事會召集人。

開闢「五南文庫」書系，以出版各思想領域、各學派之世界經典著作為主。

八月，《飛天紙馬：金銀紙的民俗故事與信仰》獲第三十二屆金鼎獎兒童及少年圖書類獎。

創辦人續受聘擔任「國立臺中教育大學教育學院課程委員會」委員。

十月，國立編譯館獎勵人權教育出版品獲佳作獎、翻譯獎各一本。

十二月，本年開始建立滯銷庫存書處理制度，按年分批清理，以反應實際經營成效。

考用出版社改組，脫離五南出版公司。由五南出版公司原業務副總何鼎立及五南文化廣場股東集資共同投資，獨立經營。

2008

一月，博客來網路書店實施「今天下單、明天取貨」的服務。

二月，臺北國際書展首創出版大獎。

五月，柯旗化所編的《新英文法》暢銷四十八年、再版一百三十多次、銷售逾兩百萬冊，為臺灣出版奇蹟。

七月，臺灣五十二家出版業者與電信業者、通訊服務業者與圖書館共同籌組「臺灣數位出版聯盟」。

九月，國家書店開幕。

十二月，聯經出版公司和農學社結盟，為臺灣圖書發行業首次大規模整合，擁有客戶近兩千家。

一月，制定「第一期三年（九十八至一〇〇年）出版規畫」，釐訂未來三年策略與方針，明確規範未來出版方略之第一次。

三月，中時開卷年度十大好書入圍二本。

四月，行政院新聞局第三十一次中小學生優良課外讀物推介獲工具書類獎二本。

五月，與江蘇教育出版社簽訂共同投資合作出版協議書，由本公司提供本版書目，由江蘇教育出版社出版並行銷，名為「大眾心理學館」，首批書目暫定二十二種。本公司出資二分之一。創辦人楊榮川受邀參加大陸中央在廈門舉辦之「第一屆海峽論壇」。

六月，出版總監陳俊榮教授離職。

七月，第三十三屆金鼎獎：（一）《地下好樂》入圍最佳藝術生活類獎，（二）《耶穌祕卷》入圍最佳翻譯人獎，（三）《科學與宗教》入圍最佳著作人獎，（四）《臺灣人的發財美夢》入圍最佳社會科學類獎，（五）《科學與宗教：400年來的衝突、挑戰和展望》入圍最佳著作人獎。

八月，楊士清擔任董事長特別助理。創辦人續受聘擔任「國立臺中教育大學教育學院課程委員會」委員。

2009

四月，著作權法九十之四「三振條款」。

五月，「金門書櫃」開幕。

七月，第一屆國家出版獎。

七月，遠傳、誠品書店與三立電視臺宣布策略合作，進軍電子書市場。

八月，博客來網路書店與．UDN聯合線上策略聯盟。

九月，與中國人民大學出版社簽訂共同投資以教育類書系圖書為主的合作出版協議書，由本公司提供本版書目，中國人民出版社出版並行銷，雙方出資各半。

十月，舉辦施寄青著作《神之所在》乙書新書發表會。

十一月，五南文化廣場臺大店，正式開幕。

五南文化廣場受中華民國圖書出版事業協會、中國圖書進出口公司之託，在臺承辦「第十屆大陸書展」，大陸出版界人士來臺參加者約一百五十人，盛況空前，分別在臺北、臺中、高雄展出三場。

十二月，五南文化廣場景文店，結束營業。

遼寧省北方傳媒集團董事長率團九人（含會計師、律師）來臺了解「五南文化廣場」營運情況，簽署北方傳媒集團投資入股五南文化廣場意向書。

參訪本公司之大陸出版業界來訪主要有：廈門市中華職業教育社、上海古籍出版社、北京人民教育出版社、合肥工業大學出版社、香港聯合出版集團、遼寧省北方傳媒集團。

2009

出版職人

社　　名：五南圖書出版有限公司
創 辦 人：楊榮川
局版臺業字第 0598 號
電　　話：02-27055066
傳　　真：02-27066100
劃撥帳號：01068953
地　　址：106 臺北市和平東路 2 段 339 號 4 樓
營運狀況
從業人員：85 人
年成長率：7%
同業統計
出 版 社：7093 家
出 版 量：34533 種

大事與聞

- 大學聯考取消三民主義考試。
- 三月，陳水扁、呂秀蓮當選第十任總統、副總統，臺灣首次政黨輪替。

會計記帳電腦化 簡省作業時間

【記者楊謹瑄／報導】

會計記帳，在今年一月起導入會計系統，匯整帳務、應收支票等審核一併交由電腦系統作業，預期將減省許多繁瑣的作業時間，與往來戶及內部的帳務處理更便捷。

會計人員表示：會計作業還沒電腦制度化之前，主要負責的工作就是匯整帳務再交由主管審核並將現金及支票交給主管。會計人員都是親手將每張支票抄錄在銀行的託收本上，再親自拿去銀行託收，直到無須人工抄錄作業。不過，電腦作業雖省去許多繁瑣的行政作業時間，但在剛開始導入電腦化時，曾經懷疑電腦比人腦強，會計只要一有空就會翻閱每筆發書單查核其結帳資料是否確實已結帳，仔細翻閱查核的結果確實曾經查到有未結帳款電腦卻誤列已結，由此不得不佩服會計的謹慎細心，也警戒入帳作業要更小心確實。

負責銷售的業務員更進一步說明，在國際學舍舉行的全國最大書展期間，工作人員將桌子排一排，一本本的書鋪在桌子上。從早上九點開始到晚上九點結束，每賣一本書就抄寫登記書名及價錢在筆記本上，發票一張張以人工謄寫開給讀者，馬虎不得。現在有了電腦化，省去手工抄寫的動作，將會提高記帳、查核作業效率，對於往來戶及讀者也可以提供更便利快速的服務。

迎接便捷網路服務
五南官網正式上線

【記者蘇秀林／報導】

五南網站正式誕生囉！自七月起五南啟用自己的WEB主機及新網頁。各部門也已設備 E-mail 帳號，未來處理信件、訂單、會計等業務將更即時與快速。

在一九九七年左右期間電腦還是在DOS環境下作業，已是最夯的編排工具，但還有 Internet，寄發書訊或DM都是利用傳真軟體透過 Modem 專線，直到逢千禧年電腦汰舊換新再增購，電腦作業系統即在 WIN31~95 及 DOS6.2 環境下操作並已配備彩色電腦 PC586 及 PC686，編輯部門也開始使用網際網路。一九九八年成立電子部門及電子商務部並著手建立五南網站，申請五南、書泉、考用網域，就在七月，五南從租約到自己的WEB主機及新網頁，五南網址 wunan.com.tw 因此誕生，正式啟用。電子商務部門也將於八月啟動，專責網路銷售等相關電子文書事務。

因為電腦作業的汰舊換新與操作便捷，各編輯室與作者、相關事務都以email 往來，尤其在時間上相當便利。電腦的使用還有更多的可能，未來科技更進步，包括書稿系統都將會被更先進的技術取代，作業系統預期將可全面藉由電腦運作。

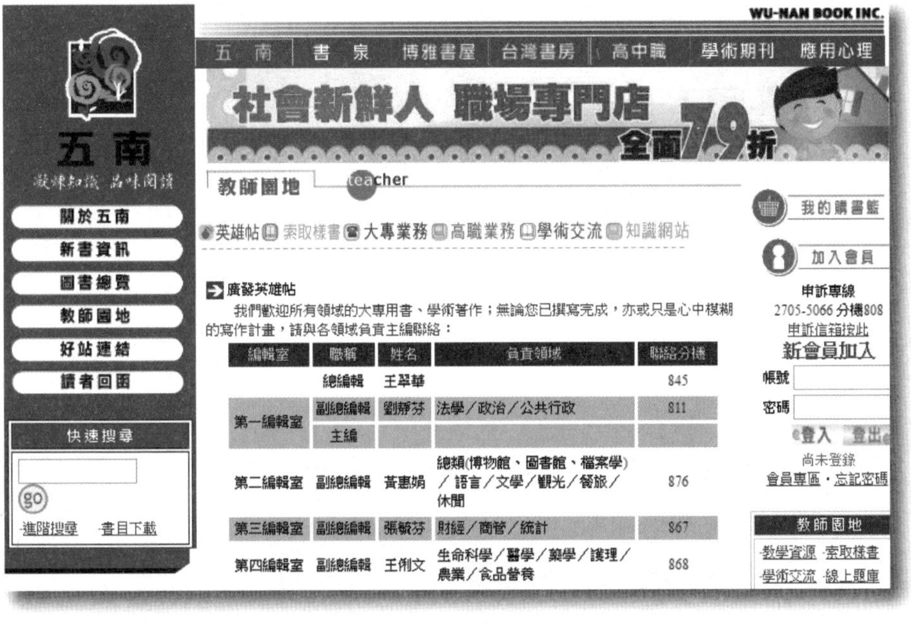

「出土思想文物與文獻研究叢書」第一本

《郭店楚簡》出版

【記者蘇秀林／報導】

專門出版學術專書的五南圖書向來學術性的衡酌重於市場性的考量，了解每一項新出材料、新出文物在成為史料的過程中，可能見解相左或大相逕庭，因為求真而論辯的可貴，特別邀請丁原植教授主編「出土思想文物與文獻研究叢書」策畫新出文物所作的研究專書，今十二月出版第一本《儒家佚籍四種釋析——郭店楚簡》，流傳學界。

國立故宮博物院圖書文獻處研究員也是該叢書計畫出版作者之一的林天人教授表示：史料研究的進展，絕大因素歸因於近百年來如雨後春筍般的出土文物。紙上與地下的材料之外，加上民族學或人類學及口述資料等等擴大了古史研究的材料，這正是學術進步的軌跡。

台灣古籍副總編郭哲銘看到文物學術領域的價值與意義，邀請在出土思想文物與文獻有深入研究往來於海峽兩岸的丁原植教授策畫主編《出土思想文物與文獻研究叢書》，匯集兩岸權威學者整理新出材料的專著：規畫出版包括一九九一年發掘的《殷墟花園東莊地甲骨卜辭》、一九九三年出土的《郭店楚簡》、一九九三年發現的《尹灣漢簡》、一九七三年挖掘的《馬王堆帛書》及一九九四年上海博物館購得的《戰國楚簡等等新出簡牘》為主、各有獨闢見解的專書，展現近十幾年來最重要的出土思想文物與文獻及相關研究。這一套叢書系列不僅方便學者研究，更清楚的展現了五南一向堅持「不為市場的逐利而犧牲知識本質、不為讀者的局限而摒棄專業探討」的出版理念。

慶賀營業額突破兩億！

【陳翰陞／繪圖】

自一九九一年十二月公司慶祝營業額破億以來，全體員工再接再厲，於今年更晉一階，突破兩億囉！

兩岸大學出版交流研討會

■本公司舉辦2000年兩岸大學出版交流研討會與會者全體合影。

設置「高職出版部」開發高職用書市場

【楊碧雲／提供】

今年（民國八十九年）底，在一場例行的五南年度經營管理委員會中，與會的委員們做出了一項再為五南另闢疆土的決議，設置「高職出版部」專門出版高職教科書，初期以五種幼保科用書試探市場水溫。

與五南的結緣是一個偶然也是一種緣分

特稿

吳明隆
高雄師範大學師培中心教授

民國八十九年，個人將之前發表的班級經營相關文章彙集為《班級經營與教學新趨勢》一書，內容涵括當時中小學積極推展的開放教育、小班教學的理念及做法，個人將書籍目錄綱要以電子郵件寄給五南王副總編輯與其他出版社編輯，後來最先得到的是王副總編輯的回信，告知五南願意出版此書，就這樣個人日後專書的出版就與五南有著密切關係，這是一個偶然，也是一個緣分。

民國九十四年，個人利用課餘時間編著修訂《SPSS與統計應用分析》一書，書籍內容很多，想請出版社出版，但當時王副總編已外派大陸，個人只好再以 電子郵件方式將書籍目錄寄給幾家出版社，結果最先收到的也是五南回覆，之後聯繫的都是張副總編輯。當時因為此類的書籍甚少，出版後很受使用者喜愛，讀者反應很好，激發個人再持續撰寫的動機，一系列應用統計專書出版就從此開始。為了出版事宜，張副總編輯還特地從臺北南下高雄來校拜訪，五南的誠意與用心深深感動個人。

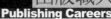

每本書在排版期間，個人提供的意見，張副總編與編輯均會積極配合，尤其是版面內容與版面樣式，這種與作者密切配合的民主化雙向溝通，是個人持續將書籍委由五南出版的緣由之一；五南編排的用心與時效，個人也是十分肯定的，每一本編排都很精美，再版時也會以新的風貌上市，不僅可吸引讀者，也達到再版的目標。可以說，每一本書籍的出版，五南出版社都十分地投入與重視，也是作者群與五南編輯群共同的心血結晶。

五南是一個優質的出版社，出版的書籍十分多元，受到多數讀者的讚許與肯定，內部的分工與職責十分明確，這是優勢，也是許多出版社無法比擬的，楊總經理簽名的謝卡更讓作者感到溫馨，相信這種友善化、人性化的氛圍，能吸引更多的作者將作品安心地委由五南出版。

資訊科技變革的脈動下，五南能在出版界屹立不搖，定有其特別的原因，其中作者群的持續支持、讀者群長期的鼓勵認同、編輯群的用心創新等是重要原因，永續經營的理念與執著也是出版社的特色。期許日後在總經理與總編輯的帶領、五南夥伴的共同努力下，能出版更優質、更多元的書籍，為臺灣的文化界注入活水，讓文化的傳承永不間斷，這是一種責任，也是一種良心事業，願大家共勉。

五南出版著作

著作

《班級經營：策略與實踐》
《教學倫理：如何成為一位成功教師？》
《班級經營：理論與實務》
《教育行動研究導論》
《班級經營與教學新趨勢》
《R 軟體統計應用分析實務》
《多層次模式的實務應用》
《論文寫作與量化研究》
《SPSS 操作與應用：多變量分析實務》
《結構方程模式：AMOS 的操作與應用》
《SPSS 操作與應用：問卷統計分析實務》
《SPSS 操作與應用：變異數分析實務》
《結構方程模式：SIMPLIS 的應用》
《結構方程式模式：潛在成長曲線分析》

合著

《霸凌議題與校園霸零策略》
《Minitab 統計應用分析實務》
《多層次模式的進階應用》
《SPSS（PASW）與統計應用分析Ⅱ》
《SPSS（PASW）與統計應用分析Ⅰ》
《結構方程模式：實務應用祕笈》
《SPSS 與統計應用分析》

特稿

祝賀五南五十周年生日喜樂

周萬來
考試院考試委員

回想起研究所求學期間，不少書籍購自於五南圖書出版股份有限公司，當時五南給我的印象，就是法政用書的出版公司。真正與五南編輯部門有所接觸，則始於民國八十九年；經由議事處同仁陳清雲（現為立法院司法及法制委員會主任祕書）的介紹，而與李副總編結緣，經其協助代為出版與國會制度相關的書籍。

回顧民國八十一年底，第二屆立法委員全面改選，立法院因具有最新民意基礎，逐漸成為立法政策中心而為外界所關注的焦點，嗣經憲政結構的改變及各界對國會改革的殷切期盼，立法院乃於民國八十八年一月通過立法院組織法、立法院各委員會組織法、立法院職權行使法、立法委員行為法、立法院議事規則等五大改革法案。本人有感於上述法案對立法院運作與效能影響甚為深遠，特就實務體驗所得，將立法院審議各類議案的流程撰述《議案審議：立法院運作實況》一書，在李副總編輯的協助下，該書得於民國八十九年十二月出版。

復因民國八十九年五月首次政黨輪替，行政、立法兩院長期來互動不良，行政部門有意或無心逾越規範，加諸立法院黨團基於政黨考量，對立法院職權行使法相關法條各自作不同的解讀而有所爭議。本人深感職權規範係立法機關賴以維持其存續及促使其目標達成的主要憑藉，為避免前述爭議及提升立法效能，爰將立法院職權行使法逐條予以釋論，俾能完整呈現各法條的立法要義，而撰述《立法院職權行使法逐條釋論》，亦承蒙李副總編主動協助，該書始得於民國九十三年十一月如期問世。

一〇三年轉任考試委員時，王院長特別囑咐，須將過往國會工作體驗著書傳承，特將國會制度與議事規範連結，就目前立法院成文規範與不成文例規抽繹出可運用於議事場域中的相關規範，撰述《國會議事策略一〇一》，該書因係本人職場段落的回憶，自當審慎將事，在好友前立法院法制局局長羅傳賢教授的連繫及劉副總編輯的大力協助下，於一〇四年十二月出版。

五南即將創立五十周年，除了感謝十多年來代為出版多本國會制度相關書籍，提供研究我國立法制度者及有興趣了解立法院運作實況者的參考；並期許在當前出版業不景氣的時代，能秉持初衷，凝煉知識，繼續出版法政相關書籍，提供有志從事著作的法政學者一塊發表園地。最後，祝賀五南五十周年生日喜樂！

五南出版著作

《國會議事策略一〇一》
《議案審議：立法院運作實況》
《立法院職權行使法逐條釋論》

特稿

推手 生日快樂

邱皓政
臺灣師範大學管理學院副教授

在南加大讀書時終於有機會一睹教育心理學重要教科書作者 Dr. Myron Dembo 的風采，第一天上課老師劈頭便問我們，老師與學生的差別在哪裡？大家唧唧喳喳討論一番後，老師的回答倒是簡單：「學生讀別人的書，老師寫書給別人讀」，他用這個 educator-learner 的對比定義來期勉我們這些新進博士生，如果只會被動躲在課堂上接受別人組織好的材料，那麼就無法承擔知識創造的角色，等到哪一天有一本自己的專書被學生所傳頌而受教，離成功的教育者的距離也就不遠了。也於是，從第一天起我們就被趕出了教室，走向圖書館、期刊室、研討會……，為自己的著作尋找出路，思索著何時完成第一本自己的專書著作。

二〇〇〇年夏天，我趁著暑假把編寫多年的統計講義集結起來，但是對於如何出版卻毫無頭緒。於是我翻開書架上一本最熟悉的教科書，撥了一通電話給出版社編輯表明疑惑，隔天五南圖書的王副總編就親自來到我的辦公室，非常仔細並耐心地向我說明編輯流程；簽約時我有點不好意思的問她，為何出版社願意幫我這個名不見經傳的新進老師出書，王小姐很誠懇的感謝我，說道不是他們在幫我，而是我在幫他們，是我在幫整個教育界，出版工作必須要有老師願意付出、願意支持，於是我實現了 Dr. Dembo 的期許，在五南出版了我的第一本專書著作。

從國小就開始在國語日報寫文章的我，大學時代辦報辦校刊，以五四精神自勉，捧著「文星」、「當代」組織跨校讀書會，憑著知識青年的熱情發行地下刊物，傳頌野百合精神，這些經驗讓我對於出版工作有著深刻的體驗，更深知文字的力量，原以為離開學生時代之後不再對政治熱情而會遠離出版，但是五南卻讓我邁入了另一個出版的世界，不同的是年齡與心境，但不變的都是需要熱情，以及這些工作的背後對於社會所可能造成的長遠影響。

曾有學者對於諾貝爾獎得主的成功故事進行研究，發現名師確實能夠出高徒，但名師的作用並非僅止於親身教誨，更在於著作典章的影響。許多案例證實了重大思想的發生與發明創造並非啟蒙於課室，而是學生在蘋果樹下的頓悟或圖書館角落的領悟。當學生能夠青出於藍更勝於藍，這樣的社會才能有創新有將來，而非教授個人有多麼傑出偉大或有多少國際期刊論文的發表，需要的是真正的教育家。

教育傳承與實踐的背後有著許多重要的推手，其中不僅是老師也有許許多多教育出版工作的同仁，尤其是像五南圖書這樣對於教科書出版有著長期付出與貢獻的出版界伙伴，從Dr. Dembo的眼中來看，你們都也是成功的教育家。

與五南圖書合作多年來，除了例行的編輯校稿出版工作與讀者意見的處理之外，經常接到楊老闆與編輯同仁的關心與問候，切實感受到五南從上到下對於這份事業的用心以及獨特的工作氛圍，在得悉老闆也是出身教育界之後才恍然大悟。在此誠心感謝，因為五南圖書的出版與發行工作，使得學術界師生同仁能夠超越時空彼此交流，讓許多教育工作者的教育熱情得以找到一個更寬闊的出口，也讓臺灣的教育能夠生根發展、永續長青。衷心祈祝五南圖書生日快樂，再創另一段風華歲月！

五南出版著作

著作

《潛在類別模式：原理與技術》

《量化研究與統計分析：SPSS（PASW）資料分析範例解析》

《多層次模型分析導論》（譯）

合著

《統計學STATISTICS：原理與應用》

《統計學：原理與應用》

《創造力的發展與實踐》（應用心理：第十五期）（合編）

《階層線性模式》（審訂）

《量表編製：理論與應用》（審訂）

特稿

繼往開來迎半世紀周年慶 敬致感謝與祝福

謝德宗
臺灣大學經研所教授

時光飛逝倏忽半世紀已過，楊榮川董事長創設五南圖書公司即將邁入未來的五十個寒暑。細數過往的半世紀，五南早期是以出版攸關國家考試用書而獨占鰲頭。在當時既無網路且探求考試訊息無門的環境，五南出版各類考試用書，猶如加惠有志公職者能鯉躍龍門的明燈，貢獻至鉅。臺灣圖書市場規模狹隘競爭激烈，除少數暢銷翻譯名著吸引普羅大眾目光外，學術性與專業性書籍則是曲高和寡乏人問津，鮮少公司願意投入出版。然而楊董事長眼界深遠，擴展出版事業版圖至各種層面，門市部展現的琳瑯滿目書籍，舉凡歷史、文學、法律、專論、古籍與現代商管專論書籍無所不包，造福無數小眾市場讀者與提升書市品質，然而想來承擔營運壓力巨大，令人感佩楊董事長為臺灣出版業竭盡一己之力的胸襟與貢獻。

我與五南的情誼可上溯至一九七〇年代初期的大學生涯。早年訊息匱乏，偶然間從書店架上看到五南出版的國考用書，當下如獲至寶。這些書籍均是大學必修課程，而當年課後苦於無以掌握修課重點與缺乏題庫練習，而五南出版的題庫無疑是補足修課過程缺憾，熟稔修課內容提升學習效果的最佳輔助用書淺。這是我以讀者身分與五南結緣，舉凡本人在經濟系的必修課程且是國考科目的五南出版品，均成為我在大學四年的書架上必備書籍。來到了一九九〇年代末，五南在鄰近徐州路臺大法學院的銅山街開了一家門市部，空間規模不大但也五臟俱全，架上圖書以人文社會學門的專業書籍與翻譯名著為主。在寧靜小巷中，五南門市部經常成為午飯後的最佳休憩去處，倘佯在芬芳書香與安靜小巧空間不忍離去，安逸時光綿延近十年而融入當年生活的一部分。該門市部在數年前悄悄結束，每日路過返家總會回看昔日門面，悵然失落，這是我以書店訪客與五南結緣。

邁入二〇〇〇年後，五南編輯部主編張毓芬小姐常來研究室探詢有無出版計畫，由於手上既有書籍亟待全面更新，五南願意相挺出版，實讓我無限感恩。近十年來，五南陸續幫我出版五本書，提供非暢銷書也能得見天日的機會。尤其是從作者一再拖延交稿起，後續的重新排版、美工編輯、文字校對，直至最後付梓的一系列冗長作業過程，五南編輯部人員無不謹慎細心投入，她們專業與高度耐心處理書籍出版，創造出本本高品質的書籍，每每讓我拿到成書的剎那，感激編輯人員辛苦付出躍於言表。近十年來與編輯部諸位編輯的良好互動，則是我以書籍作者與五南結緣。

面對網路化帶來電子書盛行，嚴重衝擊實體書市場發展。尤其是跨國出版集團搶食規模狹隘的台灣書市，國內出版事業面臨前所未有困境，經營環境陷入寒冬。不過五南營運歷經半世紀風霜考驗，正處在邁向未來五十年雄圖大展的里程碑，以其過去奠定的堅穩企業體質，楊董事長與團隊同心齊力營運，將是勢如破竹迎向未來半世紀的挑戰。祝福五南持續茁壯成為百年出版事業，夙夜匪懈加油不止！

五南出版著作

《總體經濟學》
《貨幣銀行學：題庫與解析》
《貨幣銀行學》
《財務管理》

展現企業新氣象
CIS不只是換一個LOGO

【記者王翠華／報導】

至二〇〇〇年為止，「五南」已發展為以「五南圖書」為主體，「書泉出版」、「考用出版」、「古籍出版」、「文字復興」為枝幹的一個事業體。各社別都有自己的團隊獨立運作，優點是靈活多元、效率較高，缺點則是資源分散、向心力弱，因此有了規畫企業識別系統（CIS）的想法。

CIS主要由三個子系統構成，包括（一）理念識別系統（Mind Identity System，MIS），這是推動CIS最主要的目的與中心思想。（二）活動識別系統（Behaviour Identity System，BIS），這是由企業理念識別延伸的各種行為識別。（三）視覺識別系統（Visual Identity System，VIS），整體視覺傳達的規畫。

希望透過一系列的活動來凝聚共識、形成願景，再落實為同仁的努力目標。

經過多方比較，我們選擇了「大觀視覺顧問公司Delta design」來進行規畫，公司內部也組成「CIS專案小組」來執行各項活動。包括：透過部門訪談搜集同仁對公司的建議與期待，透過工作調查了解同仁對工作的態度與好惡，透過環境檢視找出需要改善的地方。

費時近一年終於三月完成規畫；包括：MI，確定經營理念、精神標語等；BI，教育訓練、市場調查、公益活動等；VI，企業標誌、標準字、標準色、建築外觀、招牌、包裝用品等基本設計與應用設計。最後由董事長親自宣布啟用，這是企業永續經營的象徵，日後所有識別皆須以此為依循。

出版職人

社　名：五南圖書出版股份有限公司
創辦人：楊榮川
局版臺業字第0598號
電　話：02-27055066
傳　真：02-27066100
劃撥帳號：01068953
地　址：106臺北市和平東路2段339號4樓
營運狀況
累計出書：3791種
從業人員：86人
年成長率：7%
同業統計
出版社：7811家
出版量：36547種

大事與聞

- 一月，公務員實施周休二日。
- 一月，金門小三通開始。
- 正式實施九年一貫課程。
- 十一月，臺灣加入世界貿易組織WTO。

五南文化事業機構 CIS 的意義

在歷史的傳承裡 我們以「龍」自許

五南文化事業機構　神龍凌雲

在時間的流域，我們站住腳，翹首站立。在歷史的傳承裡，我們以龍自許。
五南文化，勢如飛龍凌空，為你探向遼闊的天際，興雲布雨；
時代日新月異，載籍浩繁，憑著堅持與用心，
我們凝煉知識，與你品味閱讀。

書泉出版社　青龍出海

龍身潛入海，飛生於天，上天下地，任行自在。
猶如書泉出版臨風勁舞，氣象萬千，引領讀者優游於知識瀚海。

考用出版股份有限公司　金龍耀日

人類用考試叩問功名，錦龍用金色光芒，呈祥顯瑞。
飛躍龍門的殷切期望，考用始終相伴，陪你走向如花似錦的前程。

台灣古籍出版有限公司　蒼龍盤枝

從甲骨文到帛書，從竹簡到冊葉，字字是前人的珠璣、寓言；吟詠再三，誦之日久，眼界始大。一躍為蒼龍，盤踞百丈巨木，眺覽高山、大海、浩渺天際。

文字復興有限公司　祥龍舞天

祥龍蟄伏於滾滾塵世，乍然奮起，一鳴驚人。
猶如文字復興壯志凌雲，氣勢如虹，必將開創一片知識的新天地。

特派赴美進修 提升軟實力

【記者王翠華／報導】

五南有一個傳統，就是「總編輯」至少需具備碩士以上學歷，但我並不符合這個條件；而且學位也不是一時半刻就可以修得的，於是董事長建議我到歐美修習出版專業課程，以補不足。

解決費用與語言的疑慮

在搜尋比較之後選擇了史丹佛大學開設的「The Stanford Professional Publishing Course，SPPC」，但為期兩周的課程費用卻高達五千美元！還好董事長贊助了進修費用，並同意我留職停薪兩個月，可以安心前往。

赴美之前很擔心自己的「菜英文」無法充分了解那些專業的內容，除了每晚收聽「空中英語教室」之外，也先在網上註冊了一個加州大學柏克萊分校（UC Berkeley）的語言課程；希望能先熟悉美國的語言與環境，再進入出版專業課程。兩個月的時間，說長不長、說短不短，已足夠我大開眼界。

柏克萊語言課程花絮

語言課程的第一天，老師就開玩笑的說：「你們來美國之前一定很多人跟你說美國很亂，而且槍枝氾濫，對吧！」來自國際的學生有的面面相覷、有的哈哈大笑；老師接著嚴肅的說：「是的，沒錯！所以一定要注意自身安全，不要出入太複雜的場所。若真出事，一定要在第一時間讓學校知道，才能幫助你。」

六周的語言課程以「專題」方式進行。上午是分組報告，我們討論過槍械、死刑、性別、種族、教育、疾病、社會企業、政府組織等很嚴肅的問題；也穿插一些生態、旅遊、國家公園、我的童年、風俗民情等軟性主題。下午則是動態活動，包括參觀法院、大學、捷運、醫院，或是打球、看電影、逛博物館、欣賞歌劇。晚上可以自行決定是否和老師用餐，分享今日心得順便練習英文。

史丹佛SPPC紀實

位於加州、靠近矽谷的史丹佛大學，風光明媚環境優美，曾獲評為「國內環境最優美的大學之一」、「全球最美麗的大學之一」，果真名不虛傳。這個課程的師資，聘請到的都是頂尖大學的教授、知名出版社的CEO或高級主管；學員則來自世界各地，唯一的條件是要有五年以上的出版相關經驗；學員依工作需要可報名雜誌組或圖書組，其中有些共同修課、有些分別上課。

不論是教室裡的課程或是企業參訪都非常實務。縱向的有：選題、版權、編輯、發行、行銷、財務等；橫向的有：全球化、集團化、數位化、併購購併、商業模式、Packager、Outsourcing、Niche Pub等，都有深入討論。因為「英文」是國際化的語言，所以在美國的出版社基本上都是以「全球」為目標市場來操作，很多思維都和我們不一樣。

譬如：參訪過一家專門出版「食譜」的出版社，辦公室就設在一座大花園裡，花園裡種植各式香草（herbal），主要用來做為點心的配方。編輯除了在辦公桌處理書稿外，大部分的時間是待在廚房裡研發新品、在花園裡拍攝食譜；而且每天有好幾個「廚房」會定時提供新研發的點心，歡迎參訪者試吃並搜集意見、修正口味。看到這樣的工作環境，大家都好羨慕呀！

■同一組的同學是來自世界各地的出版同業，有臺灣、美國、德國、新加坡、香港、日本、韓國等。因為文化背景、產業經驗的差異，要共同完成一個報告或討論，常常要討論到半夜。

課程的壓軸是分組簡報。每組學員必須運用所學，規畫一本書或一本雜誌，而且完成度要做到可以立即執行；臺下坐的有三百至四百名同學，還有老師以及美國幾家出版社的負責人；為了這個簡報，我們有兩、三晚沒睡，一起討論製作。據說，「雜誌組」第一名的點子馬上就被看中達成商業合作，也有一些學員直接就被挖角了！

收拾行囊滿載而歸

最後一夜學校舉辦了歡送酒會，讓師生同樂加強聯繫；因為大部分的師生都來自業界，彼此交流可以借鑑，甚至為日後的合作奠下基礎。那天晚上，史丹佛的天空深邃黝黑繁星點點，就像是在黑絲絨上鑲滿了鑽石，眺望許久不忍低頭；於是我把它連同這兩個月的所見所聞，一同打包帶了回來！

號外

《應用心理研究》

2001 年榮獲第 25 屆金鼎獎優良出版品獎

應用心理研究編輯委員會 主編　五南圖書出版有限公司 發行

臺灣第一本獨創「挑戰與回應」與讀者對話的學術刊物

【劉兆明教授／提供】

《應用心理研究》的定位，是一份嚴謹而易親近閱讀的跨領域學術期刊。嚴謹是學術期刊的基本要求，有學術規範可資依循，但要讓學術論文可親近閱讀，就有賴作者、編者、及讀者三方的密切互動了。為了達成這樣的理念，應心在創刊時就設立了責任編輯制度。責編的主要任務，除了要在嚴謹度方面確認審查意見均已做處理，且論文格式符合學術規範外，另一方面還要從讀者的角度確認文句順暢易懂。我們請責編將自己視為讀者，只要覺得不順或不懂的地方，就標註出來請作者修改，我們也與作者溝通，希望作者能理解編輯不是在找麻煩，而是為了讓文章的可讀性提高，而更能增加其影響力。

金鼎獎的評審看出了我們的努力，在推薦語中特別肯定這本期刊「有學術理論基礎，淺顯易懂，強調讀者與撰寫者間的對話，為新的學術型雜誌之範例」。這給了我們極大的鼓勵，也成為日後編輯的標竿。由期刊資料庫的下載數據，也顯示出應心的讀者不僅在學術界，更廣布於各實務領域。

經由多年來的努力，《應用心理研究》已自許為華人世界最具影響力又獨具特色的應用心理學術期刊，以追求學術卓越與實踐社會關懷為使命，由「創新、對話、融合」的核心編輯理念，強化編務管理，深耕專業社群，並努力與國際接軌。在此除了感謝金鼎獎評審的慧眼肯定，更感謝全體作者、編委、審稿人、封面藝術創作者、編輯部及五南文化事業全體同仁的同心協力。感謝大家共同創造且悉心呵護了這一片學術沃土，讓我們共同分享辛勤栽種的成果吧！

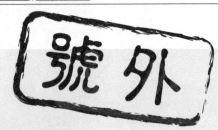

特稿

五十載歷史風華 出版人砥礪前行

——賀五南文化事業機構成立五十周年

蘇雨恒
（中國）高等教育出版社社長

欣聞五南文化事業機構即將迎來五十華誕，謹代表高等教育出版社表示誠摯的祝賀！

五十載風雨兼程，五南人深自砥礪。在半個世紀的歷程中，五南出版了一大批高質量、高水平的高等教育教材以及各類學術著作，也造就了具有較高影響力和競爭力的企業品牌。五南始終以傳播中華優秀傳統文化和學術研究成果為己任，為臺灣地區的教育事業和學術發展作出了卓越貢獻。

同為教育出版機構的高等教育出版社，與五南可謂連輿並席，手足情深。兩社的不解情緣要追溯到一九九〇年代，至今業已二十餘載。自第一本合作圖書《工程力學教程》繁體字版問世以來，兩社在理工、人文等學科方向已開展了數十種圖書的版權貿易合作，出版了一批學術和文化精品，填補了雙方市場的空白，創造了良好的社會效益和經濟效益。特別是由北京大學袁行霈教授主編的《中國文學史》、《中國文學概論》等經典教材，經五南引進臺灣地區出版繁體字版以來，多次重印再版，極大地推動了兩岸學術交流。

十年樹木，百年樹人，同為教育出版社，我們深感責任重大。惟願以高教社辦社六十多年積澱所形成的寶貴精神財富為基礎，以知識為載體，以書籍為橋樑，與五南共同為兩岸的教育事業，為兩岸青少年的成長不斷努力。

五十年光陰流轉，五十年成績斐然，祝願五南在下一個年輪中創造更大的輝煌，兩社攜手為兩岸文化交流做出更大的貢獻。

特稿

迎接下一個璀璨的五十年

戴國良
世新大學傳播管理研究所專任副教授暨管理學院兼任副教授

五南圖書出版公司五十周年了，這是一個了不起的里程碑，也是一個用心經營的成功案例，值得為五南的斐然成就按一個「讚」。

我與五南圖書公司的情誼已將近十五年。這十五年來，我為五南的商管行銷教科書與圖解系列專書，合計寫了有三十本之多；恐怕是全國相關領域教科書量產最多的少數教師之一了。很幸運的，這三十多本書大部分都能長銷，即使面對現今學生大幅減少購書情勢，以及出版業景氣不佳之際，每年仍能維持穩定的銷售量。希望這些年來，我為五南以及學生們，帶來一些小小的貢獻！

五南已歷經五十年歲月，探究其成功背後的關鍵因素之一，應該是董事長楊榮川先生以非常認真、用心、努力、勤奮、前瞻與實事求是的精神與態度，用他的生命在經營這家公司。記得兩年多前，我在開車途中，突然接到一通電話，對方自我介紹，說他是五南圖書的負責人楊榮川。其實之前我與楊董事長並不認識，當下有些納悶他為何會親自打電話給我？隨後他表示，因為我在五南圖書已經連續出版了十二本商管與行銷圖解系列專書，他特別向我表達謝意，並且還詢問我對該公司的來往過程中，有沒有需要改善與精進的地方。

楊董事長這番感謝之意，以及努力用心經營該公司，這種恆久不變的信念與毅力，實在令人敬佩。十五年來，在與五南商管編輯室及會計室接觸的經驗中，我歸納出五南相較於其他出版社的優點有以下三點：

第一，五南的會計室在作者版稅結帳過程，有紀律性及SOP流程，幾乎很準時結帳。也很少發生錯誤或漏掉哪一筆。這種內部管理制度非常上軌道，值得加以肯定。第二，在與商管編輯室的編輯人員往來時，她們也表現的很好，很客氣、很專業，讓人留下很好的互動評價。另外，在打字、編輯、校對及審稿一系列作業中，也都很謹慎及用心，才能控管出每一本書應有的品質水準。第三，最近三年來，五南推動的「圖解系列」可謂打開了創新的作法，也為公司在不景氣中，看到長銷書的新希望及新亮點。這也有賴楊董事長及其團隊的高瞻遠矚與洞察力，以及因應環境變化的眼光及核心能力。

根據統計，世界各國的中小企業（非大企業、大集團）能經營超過五十年歷史的，平均比例不超過十%。五南正名列這最精銳、最正派，且最用心經營的十%；即使面對臺灣這幾年來經濟成長趨緩，以及出版界的不景氣。我相信以五南堅穩的企業體質，以及因應變化的能力，再加上楊董事長及其團隊的共同努力及勤奮工作，必能繼續走過下一個五十年、迎接未來的一百周年。讓我們期待五南成為百年企業的那一天！五南加油！

五南出版著作

《圖解服務業經營學》
《圖解品牌學》
《圖解第一品牌行銷祕訣》
《圖解彼得杜拉克·管理的智慧》
《整合行銷傳播關鍵報告》
《圖解式成功撰寫行銷企劃案》
《觀光行銷學》
《圖解顧客關係管理》
《圖解整合行銷傳播》
《圖解顧客滿意經營學》
《流通管理概論》
《圖解企劃案撰寫》
《圖解企業管理（MBA學）》
《顧客關係管理》
《數位行銷》
《圖解領導學》
《圖解財務管理》
《圖解策略管理》
《圖解人力資源管理》
《圖解管理學》
《圖解行銷學》
《國際企業管理》
《服務業行銷與管理》
《國際行銷管理》
《定價管理》
《產品管理》
《國際企業管理實務個案分析》
《促銷管理》
《企業管理實務個案分析》
《品牌行銷與管理》
《行銷學》
《行銷管理實務個案分析》
《企業管理》
《行銷企劃管理》
《策略管理》
《整合行銷傳播》
《財務管理》
《組織行為學》
《國際行銷管理》

兩岸共組閩台書城 楊榮川任副董事長

【記者王翠華／報導】

兩岸同時加入世界貿易組織之後，出版界都積極推動兩岸的具體合作。在大陸中央的推動之下，福建省邀同臺灣出版界共同籌組的「閩台書城」於二月二十六日在福州市中亭街正式開幕。

福建省由外文書店代表、臺灣地區由中華民國圖書出版書業協會代表，雙方於二〇〇一年十二月三十一日簽約，總資本額為人民幣五五一・四萬元，外文書店占百分之六十五，臺灣業者占百分之三十五，由五南、三采、農學社、建宏、佳音、眾文、藝軒、合記、陳恩泉、黃德泉、王承惠、章壽美、沈榮裕等十三家參與投資，董事長由閩方擔任，共同推舉楊榮川出任副董事長。

書城於二〇〇二年二月二十六日在福州市中亭街正式開幕，為開啟兩岸書店合資經營的先鋒；並可藉此觀察了解大陸市場、消費者的閱讀風向，以及如何建立兩岸新的合作模式。

▲TOP 最具指標性的水文學教科書

《水文學》

李光敦 著

五南圖書出版股份有限公司

二〇〇二年二月出版

本書多年來在學生與考生之間獲得良好的肯定與口碑，成為國內水文學科目之指標性教科書。**（工科編輯室提供）**

出版職人

社　　名：五南圖書出版股份有限公司
創 辦 人：楊榮川
局版臺業字第 0598 號
電　　話：02-27055066
傳　　真：02-27066100
劃撥帳號：01068953
地　　址：106 臺北市和平東路 2 段 339 號 4 樓
營運狀況
年度新書：714 種
累計出書：4505 種
從業人員：78 人
年成長率：0%
同業統計
出 版 社：6023 家
出 版 量：43035 種

大事與聞

- 一月，臺灣以臺澎金馬為名加入世界貿易組織 WTO。
- 五月，中文維基百科上線。
- 九月，教師 928 遊行。

■創辦人楊榮川參加閩台書城開幕剪綵，並出任副董事長。

▲TOP 社會領域銷售最好的教科書

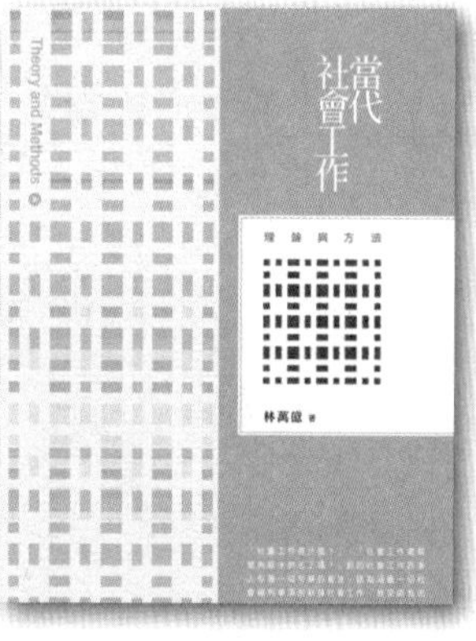

《當代社會工作》

林萬億 著
五南圖書出版股份有限公司
二〇〇二年三月出版

林萬億老師是社會工作學系的資深教授，許多目前的社工教授或是社會工作者都是他的學生。從二〇〇二年至今，仍舊是市場上最好的社會工作領域的教科書。**（社會社工編輯室提供）**

特稿

從讀者到作者

莊銘國
大葉大學國際企業系榮譽教授

話說從前……剛進入大學時，同棟宿舍的一位學長告訴我，避免「畢業即失業」，有一條捷徑，但路途艱辛，它就是及早準備國家考試——待待可以，福利不錯，工作有保障。得知在學中就可考「普考」、透過「高等檢定」不必大學畢業就可考「普考」。考試要讀的書著實不少，不知如何切入，且當年尚未有高普考補習班，完全要靠一己的努力。

偶然的機會走進臺北重慶南路的書「集」，尋找合適的考試書籍，獨具慧眼鎖定五南出版一系列的「○○○五百題」，它將該科的指標書籍萃取五百題問答題，將精華熔為一爐，所謂「路找到了，就不怕路遠」埋首在圖書館，每道問答題運用心智繪圖法作筆記，有了它擎燈引路，很幸運在學中就通過普考、高檢及高考，這是我與「五南」最早的結緣。

雖然通過了國家考試，那時臺灣經濟起飛，最終我走進民間企業服務，放棄了高普特考分發的機會。在擔任廠長的期間，因見交通標誌紅、黃、綠燈及日本地鐵路線色別的啟示，福至心靈在公司內推行「顏色管理」，成效卓著，立竿見影，因而當選第二屆國家十大傑出經理，在恩師林秀雄教授推薦下，將此一管理始末，寫成專書出版，一時洛陽紙貴連續十餘版。復再推出《數字管理》、《看板管理》、《工廠革新》等書。後來我晉升總經理，領導全局，很幸運獲得「國家品質獎」、「全國團結圈大賽金塔獎」數座。佳評如潮，成為企業標竿。

在這家企業服務滿二十五年，自思應薪

火相傳，世代交替。老子道德經所言「功成名就身退，天之道也」。於是回到我最鍾愛的教學相長的工作，更換跑道擔任大葉大學國際企業系專任副教授，同時也在雲林科技大學及靜宜大學企管所兼課。由於在學術界立足，必須發表大量之論文或著作，一次很偶然的機會接到五南圖書出版社商管編輯室張副總編的邀約出書，我即欣然接受。迄今已出版十餘本，有專業書、有知識讀本，新書規畫仍在進行中。

所謂「士為知己」，由以前的讀者，變成現在的作者，再續前緣。最值得一提，五南出版社會讓書本增值，優秀的美編極佳的修飾，有錦上添花之效、相得益彰之實。先後得過「金鼎獎」、「圖書館推薦十大好書」、「文化部最佳讀物」。曾在企業「立功」的戰場有所表現，現在出版「立言」的舞臺，也很亮麗，真的人生無憾！感謝上蒼、感謝五南。

欣逢五南圖書出版公司創立五十周年，「人生百壽，企業半百」誠屬不易。走過風雨，走過歲月，也許「隱形冠軍」的企業名言：「Not No.one，But only one.」（不求第一，但求唯一），可做為未來之走向。願以打油詩共勉之——「創業難，守成難，知難不難；創新好，業績好，求好必好。」

五南出版著作

著作

《非洲鈔票故事館》
《國際禮儀與海外見聞》
《經營管理聖經：經理人晉升完全手冊》
《行銷戰略：大魚吃小魚、小魚吃大魚》
《亞洲鈔票故事館》
《遇見鈔票：歐洲館》
《贏在市場佔有率》
《典藏鈔票異數》

合著

《數字看天下》
《遇見鈔票》
《看電影．學管理》
《平實中追求卓越：國家十大傑出經理經驗分享》
《國際貿易實務》

出版職人

社　　名：五南圖書出版股份有限公司
創 辦 人：楊榮川
局版臺業字第 0598 號
電　　話：02-27055066
傳　　真：02-27066100
劃撥帳號：01068953
地　　址：106 臺北市和平東路 2 段 339 號 4 樓

營運狀況
年度新書：922 種
累計出書：5427 種
從業人員：76 人
年成長率：6 %
同業統計
出 版 社：7538 家
出 版 量：39138 種

大事與聞

■三月，「SARS 事件」爆發。

出版、行政的靈魂之窗

行政自動化系統導入管理機制

【記者楊碧雲、楊錦芬／報導】

今年一月起，五南的出版與行政作業開始進行電腦化作業。這套電腦系統，二〇〇一年底在行政副總楊碧雲及電子商務部經理楊秀麗的策畫下，獲得經濟部商業司「商業自動化企業輔導」一百一十萬元補助，並於二〇〇二年執行，軟體部分委由互惠網路科技開發。自動化的最終目標是解決行政部結款作業的繁複，因此系統命名為「行政自動化系統」導入管理系統。

五南已成立約三十五年，擁有數百人的工作團隊（包括外包編輯、校對人員）、數千個密切合作的專家學者、數個不同功能的部門、數家不同屬性的子公司、分散多處的辦公室之龐雜組織，唯一的「進銷存管理系統」來管理已明顯不足，於是整體管理模式的轉換需求乃應運而生。

行政部大部分結款作業都跟書籍出版有關，包含作者稿費、版稅，國外權利金、編校排及美編外包費用、製版、印刷、上光、裝訂及紙帳等。所以要將行政部的結款作業電腦化，勢必要將前端有關書籍出版的相關資訊納入系統。既然要將出版資訊納入系統，便將整個出版流程也涵蓋在此系統內，讓主編、責編及印務人員得以使用較先進的網路、瀏覽器系統介面來取代原先DOS介面的書稿系統。也因此，「行政自動化系統」主要使用者涵蓋三個部門，包括出版部、印務部、行政部，成為公司最多人使用的系統。整個系統架構如附圖。

不過「行政自動化系統」的進行一開始並不順利，因系統龐大耗費相當多的人力及時間進行需求分析。實際運行時，有諸多不如預期的例外狀況發生，使用者哀聲連連，究其最大原因是需求階段與會的主管並未了解實際作業者的細節。而軟體廠商在無數的修改挫折中解約遁逃，此時，行政部的結款功能皆不堪使用。新進入五南任職電子商務部的楊錦芬經理，面臨廠商解約的難題，自己承接起後續的任務，一一釐清作業細節，親自撰寫程式，陸續完成各功能。

目前「行政自動化系統」已順利運行，出版部、印務部可在系統內記錄、查詢所有書籍出版相關資訊，查詢統計、績效報表，並在系統進行請款。行政部帳務也脫離以前全人工作業的繁複，可在系統進行結算，跑出結帳清單，並且可由系統計算出每本書的成本單，大大的簡化了行政部的人力。

行政自動化系統架構圖

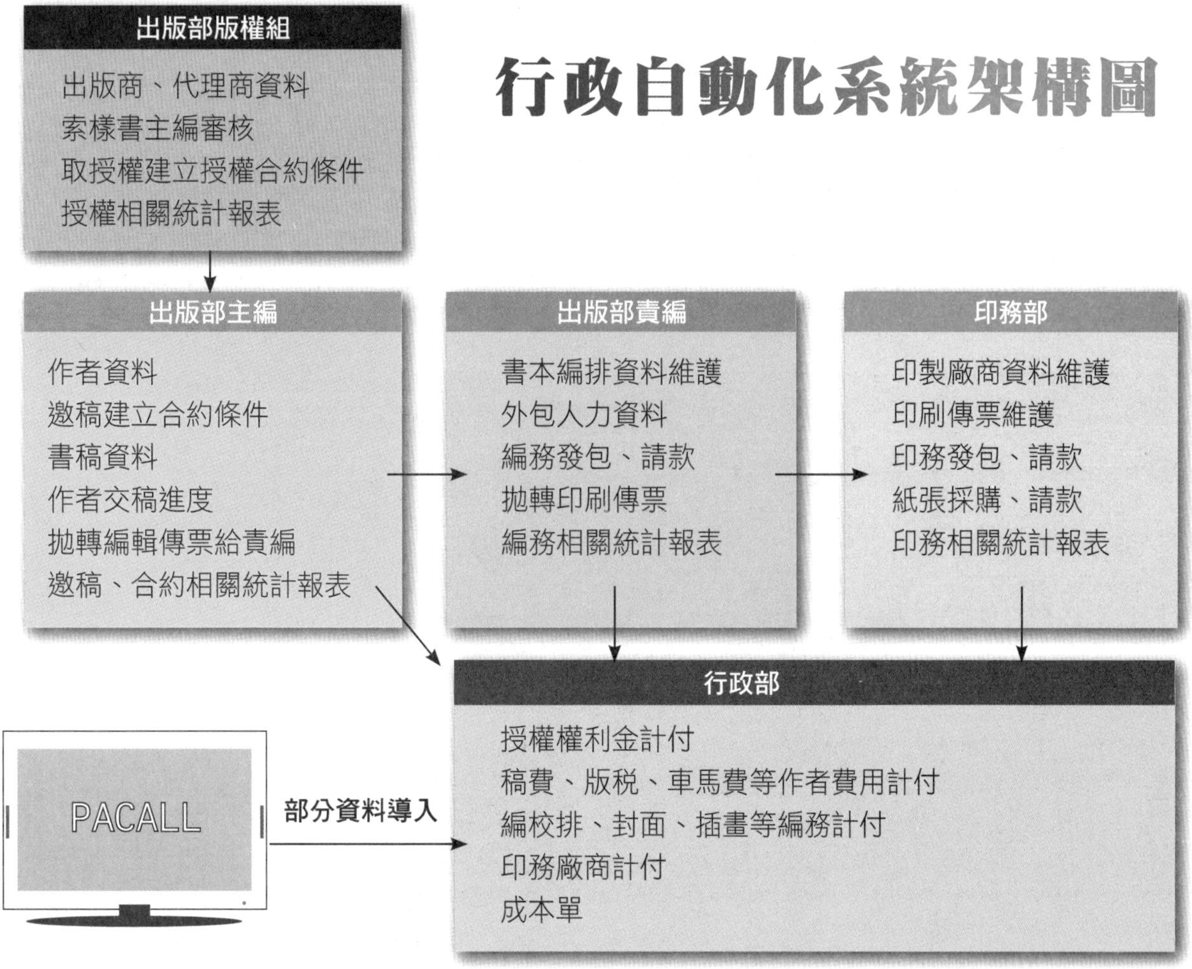

北京機械工業出版社 領導幹部來臺閉門研討

【記者王翠華／報導】

三月初，北京機械工業出版社社長率同主要領導幹部七人來臺，與五南舉行「兩岸大學院校教科書出版與行銷研討會」，共同研究兩社出版經營方略；為期五天閉門研討，雙方都有豐富的收穫。

成立於一九五二年的機械工業出版社是大陸知名的出版集團，出版領域涵蓋機械、電子、汽車、電腦、經管、建築、外語、教輔、生活、少兒、心理、農業等多個專業；並且垂直整合了研究、出版、培訓、印刷、發行、分銷等產銷環節。因為產品屬性與五南互補而往來密切，雙方領導認為彼此發展模式相似，應有可以互相借鑑之處，於是有了深入研討的構想。

二十四日一行八人抵臺，二十五日即展開研討。五個場次的主題包括：(一)企業簡介、(二)出版理念與實務、(三)行銷策略(學校)、(四)行銷策略(書店)、(五)經營與行政管理。機工社由社長王文斌、副社長李奇帶領副總編輯兼高等教育分社社長林松、副總編輯兼華章分社總經理李會武、副總編兼市場部主任湯小明、副總編輯胡毓堅等與會報告；五南則由董事長楊榮川、執行長楊碧雲帶領出版部總編輯、業務部總經理、行政部經理及相關主管出席報告。活動於二十九日下午圓滿閉幕，可算是歷年來與大陸同業最深入的一次交流。

■業務部總經理毛基正報告。

■北京機械工業出版社社長王文斌（前排右三）帶領該社領導班子到本公司，舉行「兩岸大學院校教科書出版與行銷研討會」為期五天，與會者合影。

■兩社幹部依設定的主題做充分的報告，彼此都不藏私提出許多實際的經營經驗與數據來討論。左排一為王文斌社長，右排二為楊榮川董事長。

通路為王 連鎖書店從月結制改為寄賣制

【記者王翠華／報導】

紙本閱讀風氣下降，出版產業榮景不再，連鎖書店對出版社的結算方式，逐漸從月結制改為寄賣制。書店希望藉此減少積壓的庫存與資金，出版社則可以即時掌握書籍銷售情況，決定何時補貨、何時重印，並有利於爭取在書店通路最佳的曝光時間和地點。

成立於一九八三年的金石堂書店，是國內第一家也是最大的複合連鎖型文化廣場，直營門市超過一百家，擁有強大的銷售通路。自從去年十月，城邦出版集團主動找金石堂洽談實施寄賣制度後，陸續有不少大型出版社跟進，目前，已經有近五十家出版社與金石堂簽訂備忘錄，嘗試寄賣制，約占金石堂合作供應商的一半。

金石堂表示，寄賣制是出版社爭取圖書露臉的自然趨勢，結算票期是供應商與通路協商的結果，未來也不會強迫不願跟進的出版社採用。

傳統上出版社與書店之間以月結制往來，但在圖書供過於求、書店消化不良的情況下，便引進了新的交易模式，「寄賣制」正好應證了「通路為王」的說法；可以預見出版的寒冬即將來臨！

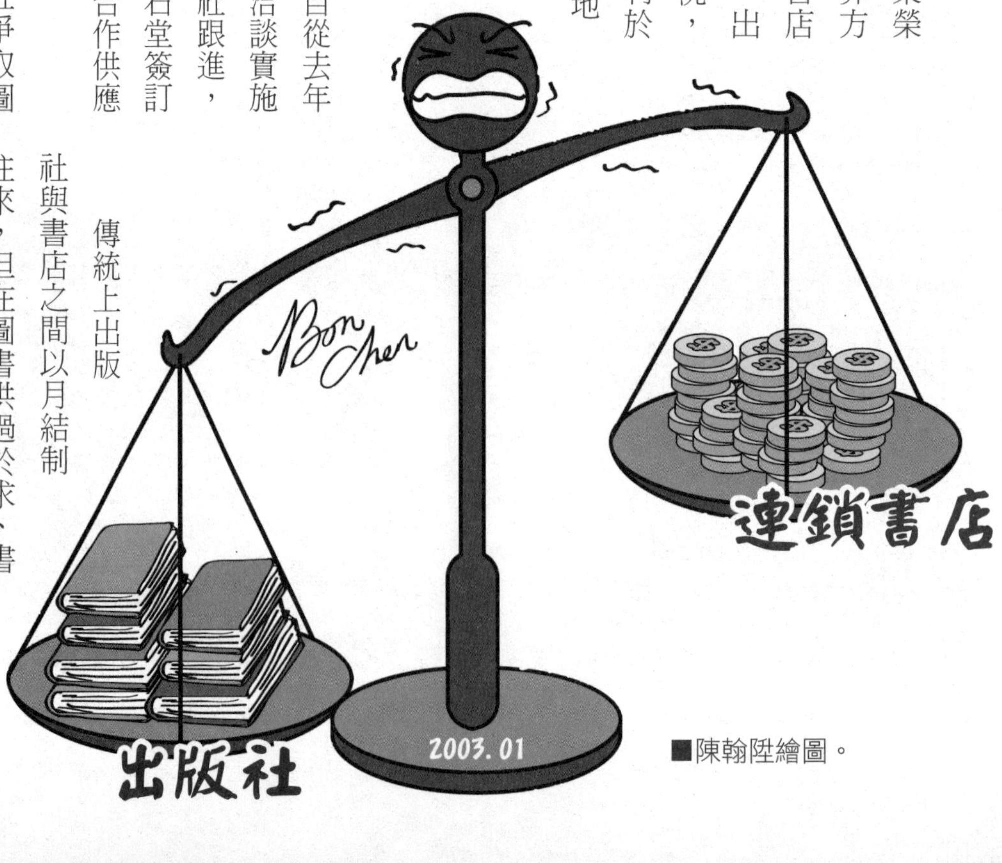

■陳翰陞繪圖。

月結制與寄賣制 有何不同？

【記者王翠華／報導】

簡單來說，「月結制」是上游出版社（或盤商）只要發書到下游書店，每個月書店就會依合約結算一定比例的金額給出版社；對出版社的優點是，有預期的應收款項，可以實現出版的計畫與理想。但有些出版社卻以大量出版新書來折抵退貨現金，陷入「以書養書」的惡性循環；結果導致書店通路的管銷和退書成本增加，若不幸出版社或盤商倒閉，書店便退書無門。

「寄賣制」則是出版社（或盤商）發書到書店，必須要到書籍銷售出去了，書店才會結算給出版社；對書店的優點是，書籍賣出了可以馬上收到現金，結算給出版社的仍是好幾個月的期票。這樣一來，出版社從投資一本書開始的稿費、薪資、紙張、印刷等費用都必須先支付，而收款卻是遙遙無期；一般小型或小眾出版社，財力有限周轉期長，實在很難經營下去。

新書發表會

W 檔案

■《台灣音樂史》新書發表會。

■《新聞新論》新書發表會。

簡體書來了！

【記者王翠華／報導】

今年四月，陸委會會同新聞局等單位研商修訂公布了「大陸地區出版品電影片錄影節目廣播節目進入臺灣地區或在臺灣地區發行銷售製作播映展覽觀摩許可辦法」，依此辦法，臺灣地區將於七月八日起正式開放大陸地區「大專專業學術簡體字版圖書」來臺銷售。相關申請案可向主管機關委託之圖書出版公會或協會——中華民國圖書出版事業協會、中華民國圖書發行協進會、臺北市出版商業同業公會——申辦。

初期限制進入臺灣銷售的簡體字書籍，除了內容不能有第四條「不予許可進入」的情形外，還應符合第十三條第二項有關著作權方面規定，以保障國內合法出版業者的權

■業者憂心，開放大陸簡體書進口，對已經慘澹經營的臺灣出版業，可能會造成很大的衝擊。

益：（一）屬大專專業學術用書；（二）非屬臺灣地區業者授權大陸地區業者出版發行者；（三）非屬大陸地區業者授權臺灣地區業者出版發行者；（四）非屬臺灣地區業者取得臺灣地區正體字發行權者。

對此，新聞局表示，臺灣近幾年出版產業經營非常艱辛，若無限制的開放大陸圖書進口，可能會對出版業造成衝擊；「限制進口」在某種意義上來說，是保護本土出版社。也有業者認為，目前使用簡體書的讀者群仍限於學術界，對整體出版界的影響有限。而且臺灣已進入全球化的時代，面對的也不只是簡體書的競爭；唯有掌握趨勢、培養策畫選題、自製選題的能力，才是長遠的生存之道。

另外，開放簡體書進口是希望豐富臺灣知識的市場，並達到互補的目的。有大學老師表示，臺灣的學術環境自由開放，其實過去並沒有嚴格禁止大學不能使用大陸書，學生也都買得到簡體書；這次開放只是將大陸書籍正式合法化。詳細條文可參見：中華民國九十二年四月八日行政院新聞局新綜三字第0920005184A號令修正發布全文二十七條。

W 檔案 兩岸出版文化交流

■大陸海峽兩岸出版交流中心成立，本公司楊榮川受邀致詞。

■于友志、陳為江、吳江江等 135 人參加兩岸圖書展覽。

締造師範生另一成就巔峰

特稿

楊思偉
南華大學講座教授兼人文學院院長

從歷史脈絡觀之，自隋代起，讀書人苦讀的目標最後都在參加科舉考試，並獲得一官半職，以衣錦歸鄉，光宗耀祖。現代人則是參加公務員考試，包括高普考和其他考試，以獲得公務員資格，獲得穩定工作，服務國家社會，造福人群。

楊榮川董事長，自年輕時代讀臺中師範時，就開始準備高普考試，刻苦勤學，並精研考題和考試方法，最後通過了考試。而在準備考試的過程中，發現考生非常辛苦，主要因為可以獲得的考試資訊及書籍非常稀少，考試難以準備。在經過深思熟慮後，因而想到進入出版業出版考試用書，以為考生解決資訊不足的問題。就因為這個動機，一不小心走入出版行業，真是無心插柳柳成蔭，如今卻成就了自己的出版王國，造福許多學子。

今日楊董事長的出版業，已經橫跨學術、人文、法律、健康等相關領域，包羅萬象，且已經走入包括大陸之世界的華人出版業，影響全世界的華文學術界與出版界，影響成千上萬的世人。楊董事長不僅成就偉大的出版業，在為人處事及社會貢獻方面，也有許多值得學習之處。

記得身為晚輩的我，剛進入高教學術界之際，就得知他不斷鼓勵撰寫專著，並以非常優惠的方式鼓勵年輕世代出版書籍，這種理念真是令人佩服。且因為真誠要服務學術界之信念，協助許多教授出版升等著作，幫助升等，其案例不勝枚舉，真是功德無量。另外，他對母校臺中教育大學及母校師長，更是感情深厚，出錢出力，充滿回饋之情，不計代價為母校師長出版學術性書籍。當我擔任校長之際，更一次捐助上千本學術著作給母校圖書館，充實圖書設備，造福學弟妹，真是校友之楷模。

人生有許多道路可走，董事長走了一條造福讀書人的路，造就臺灣提升人文及學術之大事業，雖然不易看到重大的具體功績，但是默默耕耘之努力軌跡，不知造福了多少學子；另外，楊董事長為人又是謙虛與真誠，就不需多費筆墨描述，他真是後輩的楷模。五南出版社已經五十歲了，經歷半個世紀的努力，五南出版社當然更具規模，也隨著時代腳步多元發展，相信未來一定可以繼續跨入第二個五十年之新階段，成就更重要之出版事業。謹祝福董事長身心康泰，出版社業務繁榮。

五南出版著作

總策畫

《幼兒園教保活動與課程》
《自然與生活科技教材教法》
《視覺藝術領域教材教法》
《藝術概論》
《綜合活動教材教法》
《英語教材教法》
《身心障礙教材教法》

主編

《課程實驗與教學改革》
《各國小學師資培育制度與教育專業課程研究》
《中國大陸改革開放後之教育發展》

翻譯

《日本教育體制：結構與變動
日本の教育システム——構造と変動》

合著

《培育新時代良師》
《十二年國教課程教學改革：
理念與方向的期許》
《我國師資培育百年回顧與展望》
《十二年國教：改革、問題與期許》
《各國師資培育改革政策之實施與發展》

出版職人

社　　名：五南圖書出版股份有限公司
創 辦 人：楊榮川
局版臺業字第 0598 號
電　　話：02-27055066
傳　　真：02-27066100
劃撥帳號：01068953
地　　址：106 臺北市和平東路 2 段 339 號 4 樓
營運狀況
年度新書：775 種
累計出書：6202 種
從業人員：79 人
年成長率：-16 %
同業統計
出 版 社：7437 家
出 版 量：38492 種

大事與聞

■三月，陳水扁、呂秀蓮當選第十一任政府總統、副總統。

北京「中稅五南」成立
臺灣出版業進軍大陸

【記者王翠華／報導】

二○○三年九月，北京中國稅務出版社與臺北五南圖書出版公司，合資的「北京中稅五南文化發展公司」，終於獲得大陸官方核准成立；洽談協商多時的大陸投資案總算有了著落，並於今年四月開始正式運作。因為兩岸合資文化公司的例子非常少見，因此也引起了同業的關注。

自兩岸開放交流以來，臺灣出版業者看準大陸廣大的市場，即積極的尋求各種合作；例如：(一)版權合作，針對特定選題，以版權貿易的方式授權對方出版。(二)項目合作，針對特定項目——可能是系列叢書、也可能是特定計畫——共同投資，再依投資比例損益分成。(三)投資合作，與特定對象共同出資成立新公司，新公司從選題到行銷、從財務到人事都獨立運作。「中稅五南」的合作即屬於第三類。

中國稅務出版社
CHINA TAX PUBLISHING HOUSE

■中稅出版社是中國唯一的稅務專業出版社。

中國大陸正處於從「計畫經濟」向「市場經濟」摸索的階段，遊戲規則非常混亂，此時貿然投資勢必要承擔許多不確定的風險。董事長楊榮川認為：風險與機會是一體的兩面，臺灣人口二千三百萬，出版社有七八千家，大陸人口十三億卻只有五百六十六家出版社，而且都是國營的；這裡面隱藏了龐大的商機。

對於「中稅五南」的成立，楊榮川還有幾項期待：（一）順利取得書號。因為大陸禁止私人經營出版社，只有國營的出版單位才能分配到書號。（二）建立品牌形象。有固定的書號來源，出版品就可以集中在固定的出版社，較能夠吸引作者與讀者。（三）作為五南在大陸的窗口。進行策畫邀稿、編輯加工、文化交流，都是可以嘗試的。

當然，對於大陸國營事業的官僚作風，楊榮川早有耳聞，但凡事總得一試；不然怎麼知道此路可不可行呢？

開發文史哲領域
聘任文學碩士任總編輯

【記者蘇秀林／報導】

四月總編輯王翠華外派北京長駐，由副總編輯王秀珍升任為總編輯，因應公司營運策略的調整，未來將依主編專業擴編為十個編輯室，另設行政、版權與美編組，進行工作內容規畫與編制調整。

五南長期以來在法律、教育領域深耕有成，新任總編輯具備文學專業，在擔任副總編輯任內即積極策畫文史哲相關書系；曾邀請臺灣當代權威學者撰稿及策畫出版重點科目，並邀請包含中研院院士、國立大學文學院院長在內的十二位鴻儒碩彥，參與《大學國文新編》一書的撰稿審訂，出版後深獲好評。接任後推動兩項重要計畫：

一、鄉土語文教學用書的出版：企畫《臺灣閩客語教學叢書》系列教材。

二、開拓新的出版管道：推展大學產學合作及兩岸版權交流的任務，參與海外國際書展、聯繫學界重要人士、建立緊密溝通管道，增進出版合作發展。

新學林

併購學林出版

專業出版法律圖書雜誌

【記者王翠華／報導】

「學林出版社」原為林金水先生主持的保成集團之子公司，後該集團因故改為他人經營。林先生為保留「學林」，而與五南洽商合作，於十月讓與五南承受。

原「學林」主要經營法律考試用書以及《臺灣本土法學》雜誌，尤其《臺灣本土法學》在法學界已具盛名。五南承受後，鼓勵業務副總經理毛基正及法律特約主編田金益先生參與投資並負責實際經營，以達到同仁內部創業之目的，並改名為「新學林出版股份有限公司」。

新公司的logo用清新活力的黃色代表新的開始，並聘任毛基正為總經理、田金益為總編輯，在既有的基礎上專門出版法律圖書及法學雜誌。

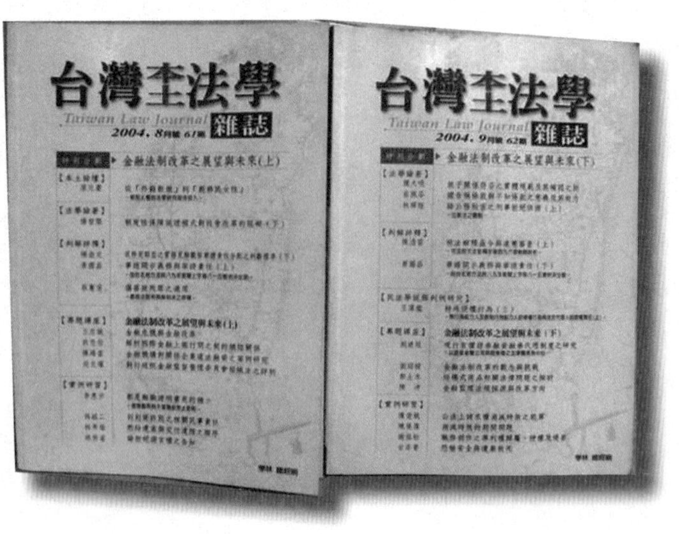

■《臺灣本土法學》在法學界已具盛名。

七一〇大限 著作權回溯保護

【記者王翠華／報導】

臺灣於九十一年一月一日起加入世界貿易組織（WTO）後，依著作權法第一〇六條之一規定，對於我國加入WTO之前未保護之所有WTO會員國及本國的著作，只要在源流國著作財產權期間尚未屆滿，且依我國著作權法所定著作財產權期間（即著作人終身加五十年，或公開發表後五十年）尚未屆滿者，均會依現行著作權法受到保護，此即一般所稱的「著作權回溯保護」。

因此，首當其衝的是兩年的著作權緩衝期將在九十三年七月十日到期，不少西洋及東洋老片將無法公開販賣，電影公司等權利人團體已通知各賣場及業者，從七月十一日開始要經過授權，才能販賣老片光碟。

智慧局也強調，七一〇過後，只要是一九五四年以前發行的電影、歌曲，或是作者死亡尚未滿五十年的書籍，都必須經過權利人授權，才能公開販賣，業者如果還繼續販售沒有新授權的保護著作或光碟產品，一經查獲將處罰最高一百五十萬元罰鍰，甚至三年以下有期徒刑。只有以下的情況例外：

（一）著作客體是攝影、視聽、錄音及表演，他的著作財產權存續從公開發表後五十年，如果創作完成後五十年未公開，就從創作完成起五十年（第三十四條）。

（二）若是共同著作，則依最後死亡之人算五十年（第三十一條）。

（三）不知作者為何人情況下，則保護期間為公開發表後五十年（第三十二條）。

（四）著作人不是自然人而是法人，自著作公開發表後五十年，如果創作完成後五十年內都不曾公開發表，則從創作完成時起五十年（第三十三條）。

（五）繼續或逐次公開發表的著作，原則上依公開發表日計算保護期間。每一次都能獨立成為一部著作，各自依其公開發表日計算；若不能獨立，則從可以成為獨立的一個著作時之公開發表日起算。但是接續部分公開之日與前一次公開之日超過三年，則自從前一次公開之日起算，而非這次公開之日起算（第三十五條）。縱上所述，凡是該著作的著作財產權還在上述的保護期間內，想要使用之人，譬如影印、公開播送、出租等等，都必須事先向著作人或者是著作財產權人取得同意，否則會吃上官司的。

特稿

與五南結緣

吳俊忠
陽明大學生物醫學暨工程學院院長

近年來由於數位及電子商務快速發展，出版社及書店逐漸式微。媒體報導，位在臺北重慶南路的書店街逐漸被商務旅館取代。雖然我不認識五南事業體的創辦人楊榮川先生，但他歷經五十年仍願意持續經營文化事業，且由點、線、面持續擴展，從書廬發跡，歷經出版社、出版公司，至今日的五南文化廣場，其精神與毅力值得令人敬佩。

五南出版事業出版範圍涵蓋人文科學、社會科學、自然科學及應用科學，將實用性的知識，透過淺白的圖文說明，讓學術新知走出象牙塔，深入社會。同時，也為了學生及專業的學習，推廣教科書、參考書、學術專著及職場用書等，在文化事業經營上頗有成就與貢獻，因此也曾榮獲金鼎獎優良雜誌出版獎，廣受推崇。

二〇〇四年醫檢界為了出版一本《臨床微生物學：細菌及黴菌》書籍，因緣際會認識了負責醫護領域的翁主編及王主編。這本書邀請國內十幾位大學教授臨床微生物學的老師共同執筆，過程中需許多溝通，最後讓這本集體的創作能如期出版，完成不可能的任務。由於書的品質佳、內容豐富、價格廉，不僅是國內學生重要的臨床微生物學書籍，也是醫護人員了解臨床微生物的重要指南。由於臨床微生物領域的快速發展，在創辦人不為獲利而犧牲知識的本質下，每兩年改版一次，至今已至第五版。

我對五南創辦人的經營理念深感佩服，也因此在後續幾年，陸續又與五南合作出版《醫學分子檢驗》、《醫學檢驗品質管理》及《醫學實驗室管理》三本書。其中特別是《醫學分子檢驗》一書，超過五十位專家學者共同執筆，在收集稿源及編輯的困難度上相對高，但在五南編輯團隊通力合作下，再次完成不可能的任務。此書也深獲學界好評，至今已改版至第四版。

半世紀來，五南秉持著一位文化人的經營理念，深根臺灣，在圖書出版上串聯上、中、下游的文化出版機構，已成為國內教科書出版的龍頭。由於電子技術發展快速，電子書、數位化的開發已成熟，提供數位服務已是當今趨勢。期待未來五南能秉持創業精神，繼續跟上時代腳步，為讀者與作者服務，成為華人世界的出版典範！

五南出版著作

《醫學檢驗品質管理》
《醫學實驗室管理》
《醫學分子檢驗》（總校閱）
《臨床微生物學：細菌與黴菌學》（總校閱）

「五南文化廣場」取得經銷權
打造政府出版品專賣店形象

【記者陳閔禎／報導】

行政院研考會政府出版品展售門市經銷商權在七月由以「五南文化廣場」為主、五南出版機構為輔的經營團隊得標，為五南在自有出版品之外，開發了另一龐大商機，也是五南在茁壯過程中的一個極重要的里程碑。

政府出版品是政府運用公共資源完成的知識產品，具有展現政府施政成果、公開政府資訊及傳承國家發展、社會演進與文化結晶的價值，其內容反映了現代化政府的全方位功能，亦涵蓋市場機制所不及的領域，而深具專業性、唯一性及權威性，為國家重要的文化資產。政府出版品每年出版內容多元豐富，特別在臺灣文史、典籍整理、漢學研究、繪本圖書及自然生態保育等領域，具體地表達了臺灣的國際觀、史觀和地方特色的多元樣貌。

「五南文化廣場」榮獲行政院研考會政府出版品展售門市經銷商權，計畫於推廣期間內，培訓專業專責的經營團隊，從臺灣頭走到臺灣尾，西半部跨到東半部，經營板塊從國內書展巡迴、書店通路布建，到利用海外書展機會，將國家出版品於大陸地區展出，突破政治禁忌。更將經銷通路擴展至兩岸三地、日本、新加坡……等海外華文圖書市場。

「文化廣場」所經營的圖書與

出版職人

社　名：五南圖書出版股份有限公司
創 辦 人：楊榮川
局版臺業字第 0598 號
電　話：02-27055066
傳　真：02-27066100
劃撥帳號：01068953
地　址：106 臺北市和平東路 2 段 339 號 4 樓
營運狀況
年度新書：367 種
累計出書：6569 種
從業人員：88 人
年成長率：1 ％
同業統計
出 版 社：8357 家
出 版 量：41966 種

大事與聞

■二月，通過「文化資產保存法修正草案」。

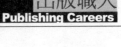

政府出版品展售門市除現有分布北從基隆、南至屏東的直營門市，及其成立之「政府出版品專屬物流中心」，更與博客來、誠品、金石堂等連鎖（網路）書店通路合作，提供政府出版品全臺綿密的銷售據點取貨便利外；加上海內外圖書發行網絡、大陸的行銷管道，長期累積的資力與商譽，已提供政府出版品充分發行的空間，擴大了政府出版品的影響力，企圖打造「政府出版品」市場品牌；同時給讀者建立「五南文化廣場——政府出版品專賣店」形象。

■五南文化廣場臺中店政府出版品陳設空間。

書泉編輯部與五南編輯部整合 以利資源共享

【蘇秀林／提供】

今年三月起書泉的書系，視內容屬性分歸五南各編輯部負責。

自此，五南各編輯部主編分負五南、書泉出版責任，依內容屬性加以區分。

學術的、教材的歸五南；大眾化、生活化、實用化的歸書泉出版，分出品牌，各有重點與訴求。

▲TOP 第一本專位小學生編寫的全彩漫畫英文工具書

《漫畫ABC》

外語辭書編委會 編著

五南圖書出版股份有限公司

二〇〇五年四月出版

本書製作過程十分嚴謹，光是挑選插圖作家就不知更換過多少人，書中的所有文字更是一修再修，只因為它是五南第一本專為小學生編寫的全彩漫畫英文工具書。**（辭書編輯室提供）**

出版文化交流

■四月，贈國立苑裡高中一批圖書，圖為贈書儀式。

■九月，兩岸四地華文出版交流聯誼會頒贈董事長楊榮川先生（左四）：出版交流成績卓越獎。

TOP 最具教育性的音樂書

《鋼琴彈奏法》

Boris Berman 著
廖皎含 譯
五南圖書出版股份有限公司
二〇〇五年十月出版

賣最好的音樂書。作者柏曼不只是任教於大學，更是一位鋼琴家。以多年的演奏與教學經驗，回答所有關於鋼琴彈奏的問題，是一本富有教育性、且鼓舞讀者的書。**（藝術編輯室提供）**

■十二月，公司聖誕節活動，董事長扮演聖誕老公公。

W 檔案

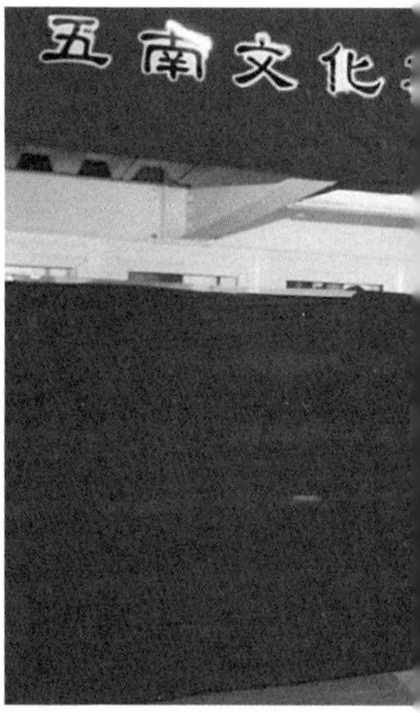

特稿

期許將學術著作通俗化

林美容
中央研究院民族學研究所兼任研究員

五南出版社要五十歲了，真是可觀啊！五南一向在教科書出版享有聲譽，我卻沒有為他們寫過半本教科書。原因無它，不是五南沒邀而是教科書難寫。以前教科書還容易銷售，現在恐怕教科書也不好賣了！大概只有考試用書還能有利潤吧？

我在五南一共出了四本書，這是我打過交道的出版社中出版我的書最多的，未必是我情有獨鍾，只是因緣巧合。像《魔神仔的人類學想像》本來是要給臺大出版社出版，他們給的條件也很好，還說要特別行銷，但是後來出版專業的獨特眼光不敵臺灣學術圈太小導致的相互傾軋，所以後來我還是找了五南出版社。此書是我的著作中，最能引起社會迴響的一本書。以前教過一位學生，他說他二〇〇二年上我的課就聽我在講魔神仔，想寫成電影劇本，拍成電影，應該會造成轟動。不過，其實我也蠻感慨的，看電影的人多，真希望看書的人也多些。

我長年研究臺灣的文化傳統、社會傳統、民俗傳統、宗教傳統，我的書照理應該會有更多讀者，不只是臺灣的讀者，所有華文世界的讀者都可以來閱讀欣賞與了解，但是學術書讀得下去的人總是很有限。所以如果對五南有什麼期待，其實也就是我的私心妄想，有沒有哪個編輯高手可以把我的書通俗化，還可以配一些插圖什麼的，作通俗本的行銷，如此學術研究成果也能提供一般讀者閱讀，讀者便可以多些，且出版社也才有利潤。不然出版學術書真的是良心事業，出版社對學術有貢獻、對社會有貢獻，卻要委屈老闆的荷包。

大概是出版到《白話圖說臺風雜記》這本書的時候吧，台灣書房主編跟我說楊董事長希望林教授可以為五南多寫書，一定要把林美容老師抓緊一點，哈哈，好像我是一條肥魚，可是我敢打賭楊老闆口袋裡的錢，我應該「無蝦米」貢獻。

五南出版著作

《臺灣的齋堂與巖仔：民間佛教的視角》

《白話圖說臺風雜記：臺日風俗一百年》（編集）

《一代武師羅乾章：同義堂祖師阿乾師及其武術傳承》（合著）

《魔神仔的人類學想像》（合著）

兩岸大學出版社交流研討會
成果豐碩 獲政府認同

【記者王翠華／報導】

本公司主要出版大專院校教材及學術著作，多年來與大陸學術類出版社及大學出版社交流頻繁、合作熱絡，與主要領導人都甚為熟識。為了對彼此的經營管理有進一步的了解與探討，倡辦「兩岸大學出版社交流研討會」，獲得以北大出版社社長彭松建為首的「大陸大學出版社聯誼會」認同，在臺舉辦首屆研討會。

會議在國家圖書館國際會議廳召開。大陸大學出版社社長、總編輯等共二十人，組團來臺參加；臺灣各大學出版社及對出版有興趣的學者共五十餘人，與會研討。雙方發表專題各三篇並就所知提出報告，與會人員均認為收穫頗豐，有續辦的價值與必要，復於二〇〇三年十二月與淡江大學合辦、二〇〇六年十一月與文化大學合辦，每次都得到學界、業界與政府的肯定認同。

■「大陸大學出版社聯誼會」在臺舉辦首屆研討會。

出版職人

社　　名：五南圖書出版股份有限公司
創 辦 人：楊榮川
局版臺業字第 0598 號
電　　話：02-27055066
傳　　真：02-27066100
劃撥帳號：01068953
地　　址：106 臺北市和平東路 2 段 339 號 4 樓
營運狀況
年度新書：470 種
累計出書：7039 種
從業人員：98 人
年成長率：8 ％
同業統計
出 版 社：9176 家
出 版 量：42735 種

大事與聞

■二月，國家通訊傳播委員會成立。
■三月，李安獲奧斯卡金像獎最佳導演。
■六月，雪山隧道通車。
■臺灣新生兒出生率全球倒數第一。

號外

面向深入 剖析傳統音樂

《台灣傳統音樂概論・歌樂篇》

呂鍾寬 著，五南圖書出版股份有限公司 2006 年 3 月出版

2006 年入圍第 30 屆金鼎獎一般圖書類最佳藝術生活類圖書獎

本書為收錄呂鍾寬老師的著作，獲獎後又收錄呂老師的另一姐妹作《臺灣傳統音樂概論・器樂篇》。

本書的入圍，是前任主編邀稿得宜、編排用心，且作品內容具深度、適讀性，將臺灣傳統音樂的各個面向深入剖析、範例介紹，在在都深獲肯定，後輩也與有榮焉。**（文學編輯室提供）**

「青少年台灣文庫——文學讀本」新書發表

總統陳水扁與教育部長杜正勝一致推薦

■與教育部國編館合辦「青少年台灣文庫」新書發表會，陳水扁總統、杜正勝部長與會致詞。

【記者黃惠娟／報導】

總統陳水扁出席「青少年台灣文庫」新書發表會並致詞，與教育部長杜正勝，一起將「青少年台灣文庫」新書，在臺灣地圖的展立架上上架展示。

陳總統水扁先生於三月一日下午，應邀參加由五南出版社出版，假誠品書局信義店六樓所舉辦的「青少年台灣文庫——文學讀本」新書發表會。現場長官、貴賓、來賓及媒體等，全部到場，塞爆了整個會場。總統在會場致詞時強調：

「教育與文化是立國的根本，也是國家進步發展的基石，為了因應全球化時代的來臨，我們的青少年需要了解國際文化的多樣性，學習尊重、欣賞他人文化，才能增進國際競爭力。

開春之際，阿扁非常榮幸能夠受邀參加《青少年台灣文庫——文學讀本》新書發表會，看到這麼多愛好臺灣文學的佳賓、先進一起參與這場盛會，內心真的非常感動，也十分期待即將發表的一系列新書能讓臺灣的本土文學內容更加豐富多元、情感更易深植人心。」

這是一套原由教育部委由國立編譯館從二〇〇四年起籌畫編印的「青少年台灣文庫」系列叢書，共三套，此為第一套「文學讀本」。本套書的正式出版，陳總統特別感謝教育部與國立編譯館的努力，讓青

■「青少年台灣文庫」新書上架展示。

少年有機會與臺灣的新詩、散文及小說等進行一場近距離的接觸與對話。

專為青少年量身打造的「青少年台灣文庫——文學讀本」由作家李敏勇擔任召集人，並邀請到向陽、陳明台、范銘如、陳芳明、梅家玲等教授擔任編審委員，一共分為新詩、散文、小說等各四冊，全套共十二本。內容是蒐羅日治時代作家的日文作品到戰後新世代作品，作家包括臺灣本土出生、在中國出生，以及戰後才移民來臺的新住民，讓大家可以深刻體會到時代變動下文學家眼中的臺灣。誠如陳總統所表示，隨著這套書的推廣，將可開啟青少年認識臺灣文學的第一道窗。

全套讀本主要希望能補充學校的語文教育，所以在編選上側重在「文學性」、「青少年性」、「臺灣性」，透過不同的作品描繪出臺灣文學的豐富樣貌，讓本套書能成為青少年喜歡的課外讀物，也能因此更了解臺灣、認識臺灣。

當天本套書的召集人李敏勇和多位編輯委員也出席，並由范銘如教授朗讀小說的第二冊《大頭崁仔的布袋戲》一書，其中收錄的黃春明〈青番公的故事〉中，阿公和阿明祖孫對話的一小段。楊翠朗讀散文〈飄落的油桐花〉。教育部長杜正勝更以臺語朗誦詩人林央敏的〈吥通嫌台灣〉。

新書發表會最後由陳水扁總統、教育部長杜正勝、國立編譯館館長藍順德、召集人李敏勇、五南董事長楊榮川等分別致詞後，在一個已經列出放十二冊新書的臺灣地圖上，依序放上《在黎明的鳥聲中醒來》、《春花朵朵開》、《斜眼的女孩》、《吃豬皮的日子》四本散文後，禮成。

W 檔案

出版文化交流

■二月，時任行政院院長蘇貞昌（左一）蒞臨本公司國際書展展位參觀。

■一月，臺中師範恩師王靜珠老師（右三）著作《樂在春風化雨中》新書發表會。

■八月，董事長楊榮川參加第十屆華文出版聯誼會議。

■十一月，董事長楊榮川（左二）出席臺中教育大學贈書儀式。

在情人節與五南結緣

【王裕泰／圖文】

二月十四日西洋情人節，你期待嗎？期待什麼？禮物？還是額外的驚喜、對我而言，找到喜愛的職場工作也是一種開心，我恰恰在這一天開始上班，非常特別，就在二〇〇六年二月十四日西洋情人節，與五南結下不可思議的緣分。

在五南除了與長官同仁間的學習及相處外，從事教科書業務與一般業務最大的不同是大小開學季可能面臨的磨練，可以使個人更加的成長，更期待春天按年資補助的員工旅遊，如：日本、大陸、金門、綠島……等。同事之間正為今年的旅遊開心的相揪計畫，這樣的氛圍真讓人覺得在五南的環境裡真是可以讀萬卷書，行萬里路，二者兼得。

出版及推廣一本好書，是可以造福甚至改變無數人命運，所以是一項有意義的工作及產業。以前上課時老師曾提及「圓規畫圓要好，心要定，才畫得漂亮」。進入五南，期待書香環伺的職場可以讓我心定，人生規畫及職涯生活也更加豐富。

■讀萬卷書行萬里路，是自我的期許。

業務組織變動

學校與通路各異團隊

【記者楊謹瑄／報導】

今年一月起業務組織變動，業務人員分派權責區域，分別負責學校與一般書店通路，希望對往來戶與學校、讀者提供更完善的銷售服務。

五南從創業以來，業務組織有幾次變革：一九九四年業務部有六位業務員，其中四位負責北部業務，另兩位業務員負責中部及南部。進入二〇〇〇年一月開始，設有駐區業務員，除北部之外，中部一位、南部一位，一直到二〇〇五年三月因應於出版類別跨及理工醫護領域，業務部在大環境不佳的影響下仍擴編徵募業務，細分為人文社會組業務六位，理工醫護業務三位。

五南文化機構四十年來，從因應社會環境與時勢所趨，開發多元的出版品書種到全臺陸續設立五南文化廣場到調整業務人力及區域，苦心紮根；其業務畫分專責領域與就近服務讀者購書等的便利性，更充分展現了與時俱進、努力耕耘圖書市場的用心。

出版職人

社　　名：五南圖書出版有限公司
創 辦 人：楊榮川
局版臺業字第 0598 號
電　　話：02-27055066
傳　　真：02-27066100
劃撥帳號：01068953
地　　址：106 臺北市和平東路 2 段 339 號 4 樓

營運狀況
年度新書：598 種
累計出書：7637 種
從業人員：102 人
年成長率：8 %

同業統計
出 版 社：9675 家
出 版 量：42018 種

大事與聞

「老字號金招牌」五南獲頒特別貢獻獎

【記者王翠華／報導】

■受到行政院新聞局肯定的「老字號金招牌」特別獎。

行政院新聞局在今年一月三十日第十五屆臺北國際書展首日暨金鼎獎頒獎典禮上頒發「老字號金招牌」特別獎，以表彰成立滿三十年並曾得過金鼎獎的臺灣資深優良出版事業。新聞局表示，這項獎項是「金鼎獎」三十年來首次頒發，也可視為出版事業的正字標記及品質保證。共計有四十七家。五南獲頒授「金鼎三十，老字號金招牌」特別貢獻獎，係對五南肯定，公司上下員工同感殊榮。

▲TOP 中教處最暢銷的書！

《電子學（含實習）奪分寶典Ⅰ》

陳俊、林瑜惠、陳以熙 編著

文字復興有限公司

二〇〇七年十月出版

高職第一本最暢銷參考書（九五課綱）作者陳以熙老師及林瑜惠老師任教臺中高工近二十多年，撰寫內容紮實不說，尤其傾注心力繪製的插圖也表現在這本暢銷書上。**（中等教育事業處提供）**

第七任總編上任 成立博雅書屋

——美好的閱讀書屋，隨手可得的寧靜時光

【記者王翠華／報導】

五南文化事業機構多年來與各大專院校的教授與老師們合作互動，在「大專教材」與「學術專著」的出版合作已相當成熟。因此一直希望從學術領域出發，借重五南文化原有的學術力量，將這種專業型的知識轉化為訴求一般社會大眾、更深入淺出的「知識讀本」。

第七任總編龐君豪於三月上任，本身是政大外交所碩士，閱讀視野非常廣闊，曾任左岸文化總編輯，有豐富的出版資歷而且非常擅長經營此類知識讀本，因此借重其專業與志趣成立了「博雅書屋」。知識性的閱讀必然含括中西、貫通古今，藉由「博雅」閱讀的人文教育概念，希望在求博求通之中，廣泛而全面的觀照各種知識領域，藉由閱讀來拓展個人的心靈與視野，往求善求美的雅正之路而行。

龐總編以「知識探索」為博雅書屋的經營目標，因此在書系的規畫上廣及各個領域：包括法律、政治、歷史、文化、傳記、財經企管、藝術建築、科普、宗教心靈等等。書系暫訂名稱為：人物誌、全球直擊、財經新視界、法律屋、歷史迴廊、萬國誌、萬象考、美學誌、社會意識、會飲考。

追尋美好、追求良善，是人類不斷追尋的方向。透過閱讀與學習，我們藉此不斷成長、拓展識見。在學海的浩翰無涯裡好學不倦，從書海的迷人多姿裡尋求盡善盡美，「博雅」不僅是追尋這種境界時對自我的期許與要求，同時也是渴望達成的目標，閱讀以圓滿「博雅」的美好。

《雙解日漢辭林》

日本三省堂獨家授權
松村明、佐和隆光、養老孟司 監修
邵延豐 中文版主編
五南圖書出版股份有限公司
二〇〇七年十一月出版

▲TOP 最佳日文查閱工具書

日本三省堂獨家授權繁體中文版、最完整的雙解日漢。本辭典網羅了兩岸各領域的精英學者投入翻譯工作，歷經十餘年才完成，如此不計成本的付出，為的只是讓國人在翻譯和閱讀日文時有最佳的查閱工具書。（辭書編輯室提供）

《作文好撇步》

施教麟 主編
五南圖書出版股份有限公司
二〇〇七年三月出版

銷售最好的作文書

五南銷售累計超過七萬冊。五南第一本、而且是賣得最好的作文書。二〇〇六年三月，主編約了施老師在六福客棧，懷著忐忑心情早早赴約等候。等了又等，這一等等出銷售七萬多冊業績，等得剛剛好、很美好。（辭書編輯室提供）

《SPSS操作與應用：問卷統計分析實務》

吳明隆 著
五南圖書出版股份有限公司
二〇〇七年九月出版

最受歡迎的SPSS用書

談到SPSS統計軟體的應用，應該沒有人不認識吳明隆教授。他向來秉持「使用者中心」的寫作原則，配合詳盡的解說，使其系列書「轟動臺灣，驚動大陸」。本書不僅受到學界的喜愛，也獲得職場人士的肯定。（商管編輯室提供）

號外

雙色編排教科書 叫好又叫座

《臺灣史》

高明士主編，洪麗完、張永楨、李力庸、王昭文 編著

五南圖書出版股份有限公司 2006 年 4 月出版

2007 年入圍第 31 屆金鼎獎一般圖書類最佳主編獎

這是臺大歷史系高明士老師主編四本「大專歷史用書」的共同、通識教材之一，其餘還包括《中國通史》、《中國文化史》、《中國近現代史》。

本書的編法，大膽採用當年大專教材較少採用的雙色、圖文編排等方式，加上本書內容歷經多次審慎的編輯會議，以學界、編輯部的意念做整合，甫一出版，就深獲市場接受、採用，自二〇〇七年四月出版，半年即銷售一千本，至今已二版共十五刷，共銷一萬多本，實為叫好又叫座的教科書。

六月，本書入圍金鼎獎，不僅讓辛苦把關的主編高老師深獲肯定，也振奮了編輯部，原來「教科書也可以入圍金鼎獎」，更加強了要繼續用心做好書的決心。

（文學編輯室提供）

數位出版金鼎獎

新聞局首度辦理 得獎名單揭曉

【記者王翠華／報導】

為促進我國數位出版產業升級，新聞局今年首度辦理「數位出版金鼎獎」徵選活動。並於五月九日假臺北市文化大學推廣部，舉辦首場說明會，詳細說明報名資格與各獎項報名重點，讓業者了解各獎項的內涵與報名方式。

為了鼓勵業者提升數位出版品的製作水準，其實早在二〇〇四年新聞局即設有相關的獎項，並提供高額獎金及推廣活動，給予獎勵與補助。

幾年下來，業者投入數位出版的意願大大提升，因此今年特別將此獎項的規模擴大成為「數位出版金鼎獎」，也就是說與紙本出版的「金鼎獎」層級相當。

今年的「數位出版金鼎獎」將獎項細分為十大獎項，十月份剛出爐的名單包括：「最佳電子書獎：老鼠娶新娘繪本電子書」、「最佳電子期刊獎：UDN數位閱讀網《互動雜誌：優游臺灣、追星吧》」、「最佳多媒體出版品獎：老外教你說英語——實戰應用篇」、「最佳電子資料庫獎：科學人雜誌中英對照知識庫+科學人數位講堂」、「年度數位出版公司獎：聯合線上股份有限公司」、「最佳數位動漫創作獎：Kids互動英語大百科學校篇 奇多多學校歷險記」、「最佳互動設計獎：彭蒙惠英語Advanced Super光碟」、「最佳公益數位媒體獎：益學網——公益組織聯合網站」、「最佳加值服務獎：康軒教師網」、「評審委員會特別獎：從缺」。

獎項涵蓋了數位出版產業的各各面向，其中最受關注的獎項是「最佳公益數位媒體獎」。

新聞局表示，本獎項目的在鼓勵提供各項非營利的數位內容服務平臺，無論是部落格平臺、教育應用平臺、媒體新聞平臺、公益活動訊息或活動參與等數位媒體，只要是以「非營利模式」提供服務的，都可參與角逐。

特稿

教育與出版的正向循環

信世昌
僑務委員會副委員長

臺灣的出版業在華人世界裡算是十分興盛，有早期自大陸各地遷臺的出版社，也有自民國四十年代以來所新設立的出版社，五南能創立半個世紀並且一直蒸蒸日上屹立不搖，除了經營得法之外，更有賴負責人的堅持與眼光。

早先接觸五南是因為五南出版了大批的教育類叢書，但止於閱讀。真正結緣是因為近年因華語文教學的盛行，五南的主編主動詢問願否將本人編給外籍人士學習中文應用文的書稿，轉化成給本國人士使用的工具書，因此二〇〇七年在五南出版了《現代應用文》一書。過程中感受到五南出版人員無論是在校稿、美編及聯繫方面都遵循專業的制度，對於作者的觀念及意願也非常尊重，可看出五南是具有一定水準與格調的出版社。接著當時的業務副總也前來拜訪，他因具有美國出版社的工作經驗，知道國際市場的需求，雙方相談甚契於是奠下了進一步合作的基礎。

基於信任，先後又陸續交付了幾本書稿，包括《漢語標音的里程碑》、《國際華語學習詞典》等書，都合作愉快。而五南亦希望能以與國際接軌的方式來開發華語教學領域的出版品，敝人也協助他們邀請海外學者參與五南的審稿工作並趁來臺之時至五南參訪。

出版業的興盛的背後原因其實與該社會的教育水準高度相關，由於臺灣過去紮實的教育使得閱讀人口大增，廣博的教育亦讓領域的書籍皆有固定的閱讀人口，也讓出版物的內容更為深化及多元化，而大量出版品又反過來讓學子們及社會人士得以汲取知識開拓眼界，使得教育與出版兩者形成正向循環。

現在因網路盛行逐漸改變了人們的閱讀習慣，多在網上閱讀輕薄破碎的內容，買書的風氣亦下降，對於出版業經營的負面影響甚鉅；五南雖也積極跨足網路出版但仍持續出版更多的紙本書籍，令人欽佩。盼五南能繼續堅持信念、秉持文化價值，持續出版高水準的用書並開拓海外市場，成為國際級的出版社！

五南出版著作

《現代應用文》

《漢語標音的里程碑：注音符號百年的回顧與發展》

《國際華語學習辭典》

《青春華語（一）》（主編）

《青春華語（二）》（主編）

「台灣古籍出版有限公司」改名為「台灣書房」出版公司

【蘇秀林／提供】

原名為「台灣古籍出版有限公司」，除了經典的「中國古籍大觀」譯註外，也有以臺灣本土史料為基礎做校釋的「台灣古籍大觀」等古籍叢書，因陸續新增表現當代人文主題的書種，七月起改名「台灣書房」。

由副總編蘇美嬌負責規畫出版。除了出版相關古籍書種之外，並策畫現代的本土文化現象而有「城市風景」與關注庶民文化的「閱讀臺灣」、提供研究深入閱讀如《臺灣文化志》等的「台灣書房」系列，傳統與現代並陳。

特稿

邁向下一個五十年的榮景

馬嘉應
東吳大學會計系教授

欣逢　楊董事長榮川創設五南圖書出版公司五十周年，本人表達十二萬分的賀忱。五南文化事業機構的發軔，緣自民國五十五年楊榮川先生於故里臺灣省苗栗縣通霄鎮五南里創設的「五南書廬」，逐步增資改制為五南圖書出版有限公司。主要以高等教育之學術著作、大專教材為出版重點，遍及社會科學、人文科學、自然科學與應用科學等範疇，嘉惠無數專業社群與莘莘學子。

我與五南的情誼是在我服務東吳大學之後，個人的學術著作由五南出版，五南提供了非常好的學術發表平臺，這對學術發展也產生了很大的正面作用。五南編輯人員專業與用心處理書籍出版，近幾年與編輯部諸位編輯的良好互動，則是我以書籍作者與五南結緣。

五南長久以來，堅持專業之高品質創造服務導向，主要分為出版及文化廣場兩大體系，在業界素負盛名。在民國九十四年更多了一項讓業界難望其項背的業務，即五南文化廣場成為我國政府出版品的總經銷，並且跨足政府出版品海外經銷的業務。五南網路書店更榮獲一○○年度經濟部安心網站認證，適足以證明五南重視品質控管，提供高品質服務的核心訴求。

隨著網路書店興起，書籍消費型態之嬗變，出版文化實體店面交易行為逐漸轉向網路商城，隸屬於五南文化廣場，掌握時代脈動，呼應市場需求，由上游的出版延伸至下游的銷售，於八十四年成立第一個臺中總店，爾後陸續擴增海洋書坊、臺大店、逢甲店、環球書坊、嶺東書坊、高雄店、屏東店等八家直營門市；更於一〇〇年四月成立五南網路書店，結合實體店面與網路書店，於一〇〇年度創下約新臺幣四億元營業額之佳績。

領導潮流半世紀的五南圖書出版公司，面對「滑世代」翻轉閱讀習慣，實體書店另闢蹊徑已迫在眉睫；亦掌握先機改造文化廣場臺中總店，採無隔間規畫，企圖打造美食、親子與書香的跨界結合。更重要的是，無論經濟景氣的更迭變化，五南始終善盡企業公民責任；每月最後一個星期二為五南的慈善公益日，大力支持公益團體、慈善機構、偏遠地區學校、弱勢團體等，不落其他企業之後。

最後，敬祝五南圖書公司業務蒸蒸日上，所有同仁健康如意，攜手邁向下一個五十年的榮景。

五南出版著作

著作

《圖解會計學精華》
《圖解成本與管理會計》
《圖解財務報表分析》
《財務報表分析》
《中級會計學》
《財務報表分析》
《審計學》
《成本與管理會計導論》

合著

《稅務會計》
《會計學導論》
《會計倫理》

審定

《圖解會計學》

特稿

服務於讀者 也服務於作者

楊維哲
臺灣大學數學系名譽教授

我與五南結緣應該算是很淺也很近的，不是嗎？不完全對。

認識榮川兄是八年前，場景我記得相當清楚：劉茂和醫師家的喜事慶宴上。主人太忙了，但是仍然簡明地交代了三句：「哈！你們都姓楊，這位是我臺中一中時期的好友楊維哲，臺大數學系剛剛進階成名譽教授；這位是我小學時期的好友楊榮川，五南書局的董事長。」

結果我們聊得很愉快！我不清楚這是要歸功於自己或者楊董事長，聊得很愉快當然是兩方都有貢獻，也許該歸功於主（婚）人劉醫師。在一中最少從高一分班以後，我就知道劉茂和雖然很幽默，言語不算多，可是對於他討厭的人不會虛與委蛇。讓我們坐在一起，一定是言語投機的了。

我說：「我只認識一位書局的老闆，就是三民的劉先生。」楊董說：「那是我們業界最尊敬的人！」

聊到最後我提到：「最近倒是有點麻煩，與我一向有接觸的三民編輯數理部門的那幾位，好像都離開了。劉先生好像不在國內，我現在有一本書急著要印，要趕得上濱江資優班的新開班。」楊董說：「當然你也可以再試試三民，若是給我們五南，我判斷是來得及，雖然很趕。」

我有了名片，這麼近！第三天就去拜訪，簡直馬上就確定了一整套四冊湖濱數理資優序列的出版。

茂和兄非常敬重榮川兄，他跟我說：「我

們那間小學，大概就是他跟我考得上一中，但是他知道家境不好，該選擇盡量減少經濟負擔的路。他讀臺中師範，而且永遠有觀察、有思索、有判斷，可說是我們同學中最有出息的人了！」

我因為地利之便，隨時就可以散步到五南，只要董事長在，而且有空，就可以進去聊天了。我說：「這四本書，大概一年的版稅合起來幾千元，也許五南沒得賺。」但是，我的心態就是：「如果在我初一、初二時，能夠有這樣的書可以讀，我一定非常非常快樂！」我寫書的對象，就是當年的自己！

榮川兄是完全的理解：「計算盈虧、計算幾％，這是初等數學，我想我們五南做得不差。但是，你我到了年紀七十七，書局要屹立半個世紀了，應該要想的是：要怎麼樣才會服務到像你那樣初一、初二時期為數學著迷的孩子；要怎麼樣才會服務到像你這樣，認為應該這樣教，就下海去教；認為應該這樣寫，就自己編寫，這樣的著者？我們五南所計算的利潤，是要把這個念頭加入考慮的。也許這是太高深的數學，我沒學過。不過，不知亦能行！」

五南出版著作

《湖濱高中資優數學講義之二：代數》
《湖濱高中資優數學講義之三：三角學》
《楊維哲教授的數學講堂：基礎坐標幾何》
《楊維哲教授的數學講堂：基礎平面幾何》
《楊維哲教授的數學講堂：簡單整數論》
《差和分與微積分》
《楊維哲教授的數學講堂：代數是什麼？》

五南文庫 蒐羅各學派經典著作

不信春風喚不回

【記者楊小川／報導】

在各項資訊隨手可得的今日，回首過往書香繚繞情景，已不復見！網路資訊普及、媒體傳播入微，不意味人們的智慧能倍速增長，曾幾何時「知識」這堂課，也如速食一般，無法細細品味，只得囫圇嚥下！慣性的瀏覽讓知識無法恆久，資訊的光速致使大眾正在減少甚或停止閱讀。因此，特別籌畫發行，在二〇〇八年六月推出「五南文庫」，以盡綿薄。

由古至今，聚精會神之於「閱」、頷首朗誦之於「讀」，此刻，正面臨新舊世代的考驗。「五南」身為一個投入文化暨學術多年的出版老兵，對此與其說憂心，毋寧說更感慚愧。自身的成長，得益於前輩們戮力出版的各類知識典籍；而今，卻無法讓社會大眾再次感受到知識的力量、閱讀的喜悅、解惑的滿足。

文庫，傳自西方，多少帶著點啟迪社會大眾的味道。德國雷克拉姆出版社的「世界文庫」、英國企鵝出版社的「企鵝文庫」、法國伽利瑪出版社的「七星文庫」、日本岩波書店的「岩波文庫」及講談社的「講談社文庫」，為箇中翹楚。華人世界裡商務印書館的「人人文庫」、志文出版社的「新潮文庫」，也都風行一時，滋養了好幾世代的讀書人和知識分子。

「五南文庫」的出版，不僅止於

出版職人

社　　名：五南圖書出版股份有限公司
創 辦 人：楊榮川
局版臺業字第 0598 號
電　　話：02-27055066
傳　　真：02-27066100
劃撥帳號：01068953
地　　址：106 臺北市和平東路 2 段 339 號 4 樓

營運狀況
年度新書：464 種
累計出書：8101 種
從業人員：98 人
年成長率：6 %

同業統計
出 版 社：10002 家
出 版 量：41341 種

大事與聞

- 三月，馬英九、蕭萬長當選第十二任總統、副總統。
- 十二月，兩岸直接通航通郵。

啟蒙，而是要在眾聲喧嘩中，闢出一方閱讀的淨（靜）土，讓社會大眾能體驗到可藉由閱讀沉澱思緒、安定心靈，進而掌握方向、海闊天空。「五南文庫」立足學術、面向大眾，以價廉但優質、厚實卻易攜帶的小開本型式，取代知識的「沉重與昂貴」，亦即將知識的巨大形象裝進讀者的隨身口袋，既甜美可口又和善親切。人生是一種從無到有，從學習到傳承的不間斷過程。出版也同樣隨著人的成長而發生、思索、變化與持續，從閱讀到理解、從學習到體會、從經驗到傳承，從實踐到想像。希望「五南文庫」能讓閱讀成為大眾的一種習慣，喚回醇美而雋永的閱讀春風。

■五南文庫全系列都是用輕型紙印製，方便閱讀攜帶。

▲TOP 銷售最好的文創類書

《文化創意產業概論》

夏學理 主編

夏學理、秦嘉嫄、洪琬喻、陳國政、施沛琳、謝知達、陳怡君 著

五南圖書出版股份有限公司

二〇〇八年六月出版

文創類代表性圖書、賣最好的文創類書。文化創意產業是二十一世紀的顯學，但是對於缺少完整討論文化創意產業的大學用書而言，本書填補了空白。**（教育編輯室提供）**

號外

輕鬆文字中蘊含神話傳說

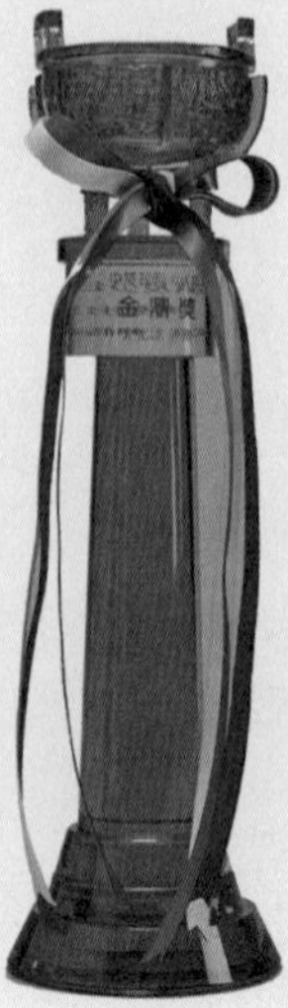

《飛天紙馬：金銀紙的民俗故事與信仰》

楊偵琴 著，台灣書房 2007 年 9 月出版

2008 年榮獲第 32 屆金鼎獎最佳兒童及少年最佳人文類圖書獎

偵琴老師自幼熱愛民俗藝術，有傳承文化的使命感，研究金銀紙圖像，透過文字保存臺灣民間庶民美學，用筆風格獨特，作品蘊含神話傳說及斯土斯民的生活記憶，同時也訴說「集體表象」、「世代相傳」的文化智慧。

國家文藝獎美術類設計家林磐聳教授說：「楊偵琴是一個熱中傳揚民俗藝術的年輕學者，除了有視覺領域的創作專長之外，更有美術教育的教學背景。她大膽以民間傳統祭祀用的金銀紙圖案為題，以豐富多變的筆調，描寫神祕原始的宗教藝術。楊偵琴用筆有種魔力和技巧，她以教育對答錄的方式，輕鬆敘述紙馬圖案的文化背景知識，在真實與夢境之間製造了一連串生動趣味的故事，不但創造了一種觀看藝術的思考模式，也訴說著一股不容忽視的文化保存概念，對於本土文化的保存與傳揚多有貢獻。」

金鼎獎評審評語，強調《飛天紙馬》：「書寫方式極為細膩新穎，將最貼近臺灣民間信仰卻屢習焉不察的金銀紙錢做了宏觀且細緻的考察，書中藉由童稚的好奇心與觀察力，配合專業商家的說解，並輔以文化理論的思維，及具體圖像的呈現，徐徐帶出紙錢的精神象徵與製作來源，在輕鬆的文字對話中蘊含深廣的神話傳說、宗教信仰、雕版印刷與圖繪美學等概念，並透顯東西文化的比較與融合，實為相當成熟之作。」給予相當高的評價。**（台灣書房編輯室提供）**

第四次「兩岸大學出版社交流研討會」

與臺大出版中心合辦

【記者王翠華／報導】

由於倡辦前三屆「兩岸大學出版社交流研討會」相當成功，行政院陸委會乃補助經費，委由五南臨急籌辦第四次聯誼會，但限於預算制度，在二〇〇八年底必須舉辦完成，而大陸卻暫禁大陸人士在臺灣大選期間來臺。兩相衝突之下，兩岸多方折衝。

本次研討會邀同臺大出版中心合辦，終於在二〇〇八年一月順利舉行，不負所託圓滿達成任務。

■左為北京大學出版社社長彭松建，右為五南圖書董事長楊榮川。

■「兩岸大學出版社交流研討會」與會人士。

▲TOP 最暢銷的本土經濟學

《巷子口經濟學》

鍾文榮 著

博雅書屋

二〇〇八年二月出版

臺灣的經濟學暢銷書，幾乎都是翻譯書的天下，本書的出版算是扳回一城。不僅是近年來最暢銷的本土經濟學科普書，版權也輸出到中國大陸和韓國，連高中老師都指定作為暑期讀物，其趣味性與啟發性受到多方肯定。**（商管編輯室提供）**

最具美國法治概念教育的書

《挑戰未來公民》

（正義、權威、責任、隱私）

Center for Civic Education 原著

郭家琪、余佳玲、吳愛頡、郭菀玲等譯

財團法人民間司法改革基金會 策畫出版

五南圖書出版股份有限公司

二〇〇七年九月出版

這是與民間司法改革基金會合作的第一套法治教育書籍，將美國的法治概念帶入到臺灣的教育中。二〇〇八年榮獲國立編譯館獎勵人權教育出版品翻譯獎。**（法政編輯室提供）**

慶祝董事長七十大壽

全體同仁編著《鶴壽》一書賀壽

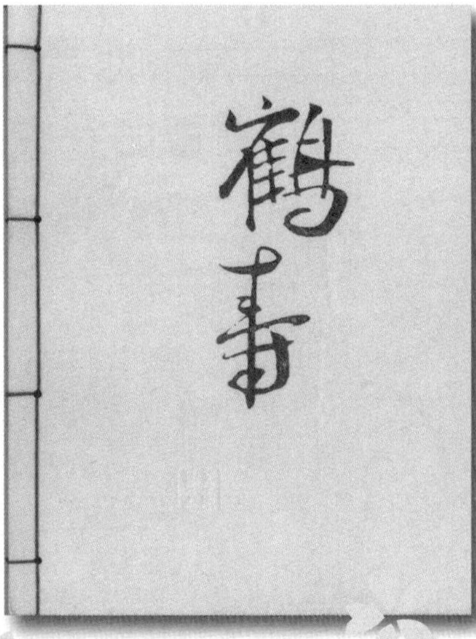

■董事長七十歲生日全家福。

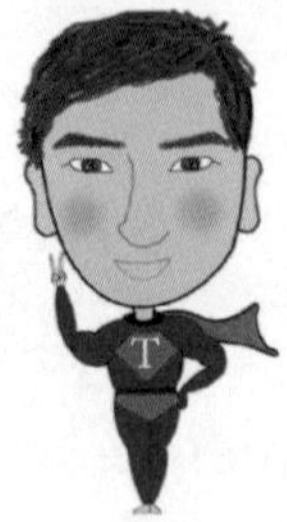

一日，裕泰拖著疲累的身軀回到家，
繼續賣命完成他未完成的報表…
突然…

王裕泰／繪圖

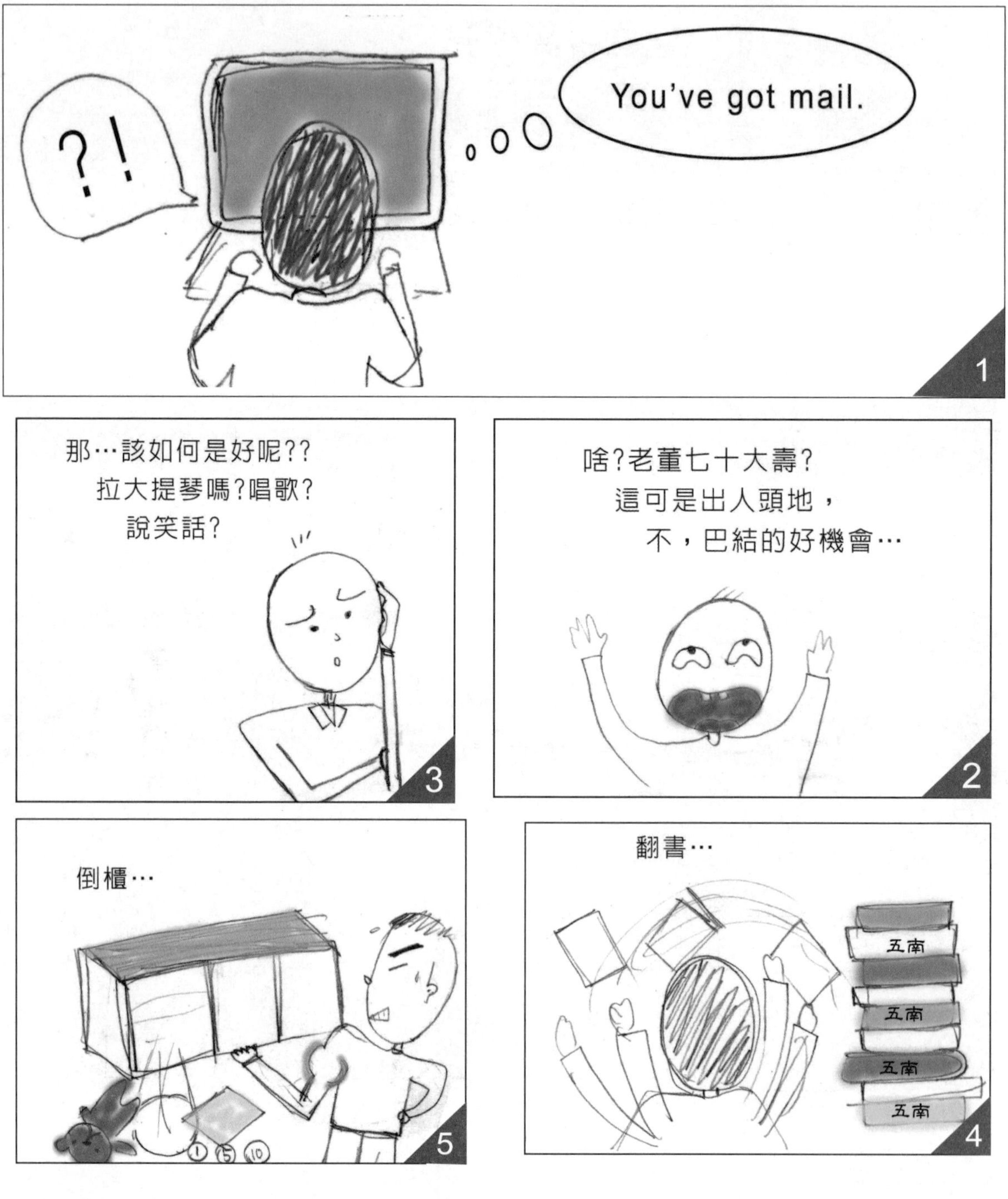

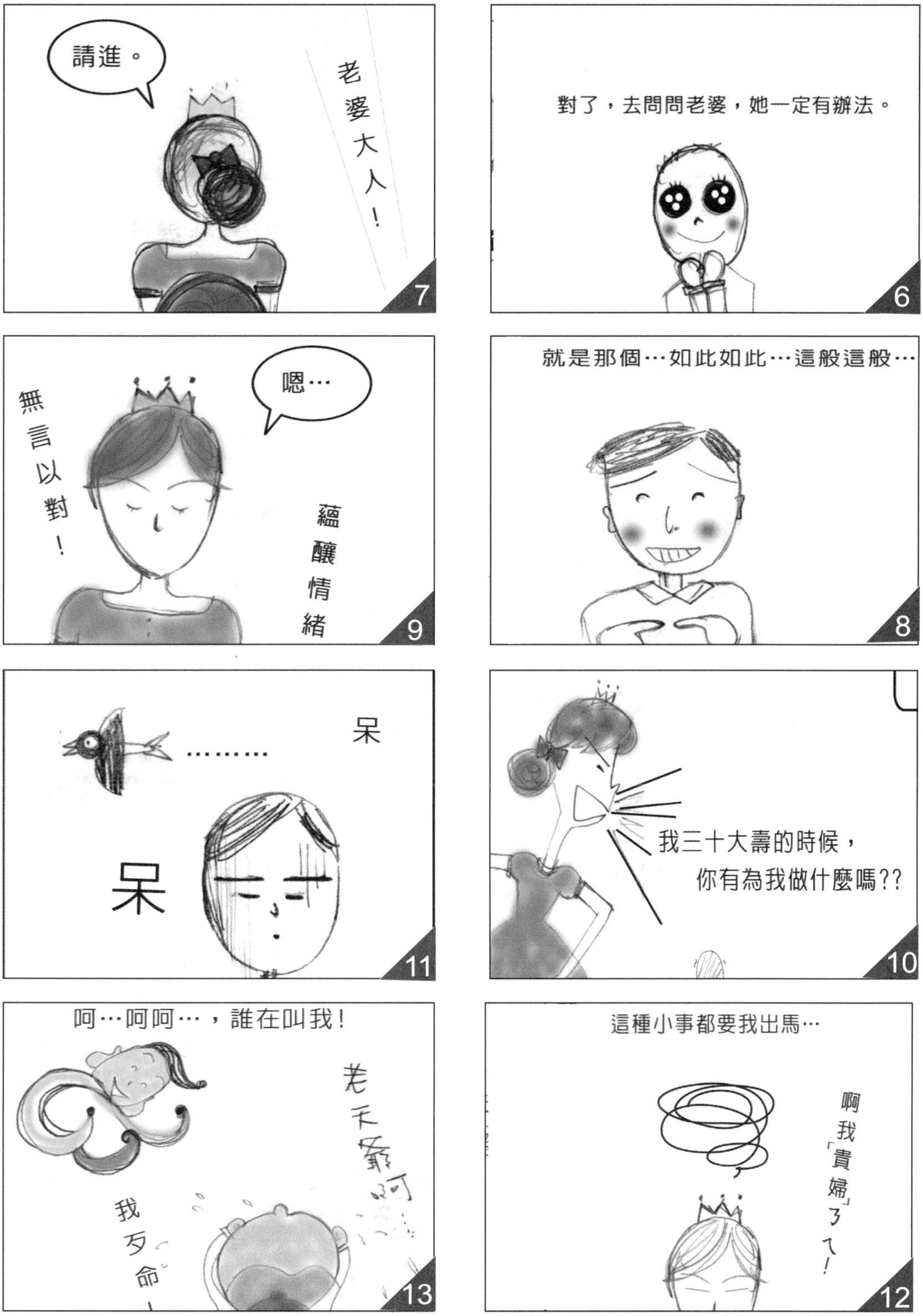

■本漫畫為《鶴壽》一書精彩片段，祝董事長身體康天天開心 ♥♥。

出版職人

社　名：五南圖書出版股份有限公司
創 辦 人：楊榮川
局版臺業字第 0598 號
電　話：02-27055066
傳　真：02-27066100
劃撥帳號：01068953
地　址：106 臺北市和平東路 2 段 339 號 4 樓

營運狀況
年度新書：403 種
累計出書：8504 種
從業人員：87 人
年成長率：3 %

同業統計
出 版 社：10953 家
出 版 量：40575 種

第一期三年出版規畫出爐

【記者龐君豪／報導】

二〇〇九年一月公司擬定未來三年的出版計畫，即日起實施。在出版環境愈形嚴峻、退書率及庫存數量不斷增高的當下，面對現實進而調整步伐以因應挑戰及壓力，是一定要採取的措施。改變勢必帶來痛苦和不適應，但昧於現實或故步自封，面臨的則是恐怖和毀滅。

書籍的出版除了實質的業績考量外，還有文化知識上的意義。只能放在倉庫無法被閱讀的書，不是該製造的產品；以書養書的方式，只會導致惡性循環，不是應採取的經營策略。五南思考的是，如何挑選和出版更多的讀者願意使用和閱讀的書籍，如何讓公司的出版營運邁向更健康合理的狀態。顯然，放慢出書的腳步，更審慎地選書、更細膩地行銷，更全面地推廣，以建立更專業的品牌形象，是唯一的選項。因此，經董事長、總編輯討論後粗擬了公司未來三年（二〇〇九～二〇一一）的出版規畫，以及須相應配合的運作要求和規定，以期能達成更健康合理的發展。

主要規畫項目

一、專業品牌的深化；
二、出版精緻化；
三、店頭書的經營；
四、舊有素材及資源的再運用；
五、出版條件彈性化；
六、庫存變現金；
七、績效考核數據化。

大事與聞

- 五月，新流感 H1N1 疫情。
- 七月，高雄舉辦世運。
- 九月，臺北舉辦聽奧。

與江蘇教育社項目合作 成立「大眾心理學館」書系

【王翠華／提供】

五月五南與江蘇教育出版社簽訂共同投資項目合作協議書，由「五南」提供本版書目，由江蘇教育出版社出版並行銷，暫訂名為「大眾心理學館」。第一期預定合作書目暫定二十種，雙方各出資二分之一。

與中國人大社項目合作 成立「教育類書系」

【王翠華／提供】

與中國人民大學出版社簽訂共同投資合作出版協議書，「五南」提供本版書目，由中國人民大學出版社出版並行銷，主要以「教育類書系」圖書為主，每年至少十種，雙方各出資二分之一。

▲TOP

銷售最好的歷史書

《世界文明史》

文從蘇、谷意、林姿君、薛克強 譯

五南圖書出版股份有限公司

二〇〇九年六月出版

賣最好的歷史書。這是十幾年前的舊書了，原本做成五本書出版，且最後一卷根本沒有翻譯出來，緊急找了譯者翻譯，最後決定包裝成上下兩冊，一黑一白，打造文青會愛不釋手的感覺。（**史哲藝術編輯室提供**）

最暢銷的國中學習書

《寫給國中生的第一本書》

林進材、林香河 著

書泉出版社，二〇〇九年四月出版

學習高手系列的第一本書、國中學習賣最好的書、書泉賣最好的書。本書以輕鬆易於閱讀的文字、精美的版面設計，將書泉出版社的讀者對象成功的延伸到中學生，開啟書泉經營中小學生讀本的契機。（**教育編輯室提供**）

號外

李雅明 著，五南圖書出版股份有限公司 2008 年 12 月出版

2009 年入圍第 33 屆金鼎獎一般圖書類最佳著作人獎

《科學與宗教：400 年來的衝突、挑戰和展望》

【李雅明教授／提供】

科學是以觀察到的事實和驗證過的規律為基礎，有系統有條理組織起來的知識。宗教則是人類歷史上重大的社會文化現象，它影響了世界歷史的發展，也塑造了許多民族的性格。除了佛教以外的其他宗教，都有一個或多個超乎自然的神靈，這些神靈擁有絕對的權威，主宰著人類的命運和禍福。由於科學和宗教都對人間事物有著一定的認知和主張，因此在近代科學興起之後，科學與宗教不可避免的發生了許多矛盾和衝突。例如十七世紀的加利略事件，以及有關演化論的爭議。

我從小就對科學與宗教這個議題很有興趣，大學時代在臺大的學生刊物上發表了好幾篇這方面的文章。二〇〇六年由桂冠圖書公司出版《我看基督教》、二〇〇八年由五南圖書公司出版《科學與宗教》、二〇一〇年又由五南出版了《出埃及：歷史還是神話？》，在清華大學任教時也曾開設「科學與宗教」的通識課程。

我的本行是物理，後來從事半導體方面的工作，與宗教的關係實在很遠。為什麼會連續寫了三本與宗教，特別是與基督教有關的書呢？這是因為我覺得在當前世界上宗教對國際局勢的影響很大，與中國的未來也有密切關係，跟我們每一個人都息息相關。討論宗教問題難免會有一些爭議，但是正因為有爭議，才使得探討這些問題特別富於意義。真理是愈辯愈明，只要我們用實事求是的態度來討論，相信這個問題將愈來愈清楚。

號外

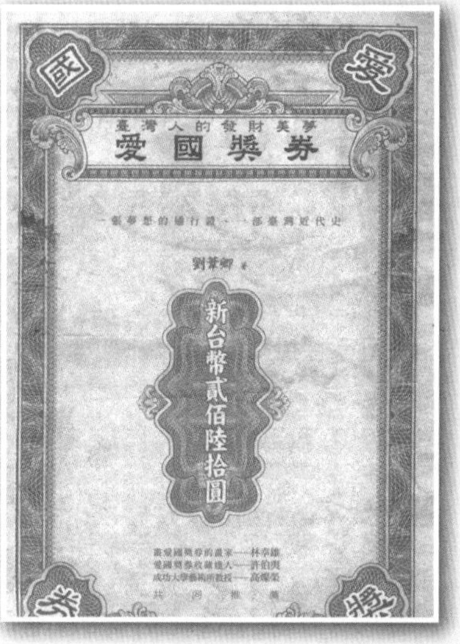

牽繫全民夢想的獎券

《臺灣人的發財美夢——愛國獎券》

劉葦卿 著，五南圖書出版股份有限公司 2008 年 7 月出版

2009 年入圍第 33 屆金鼎獎一般圖書類最佳社會科學類圖書獎

愛國獎券是政府遷臺初期為改善困頓的財政而推的點子之一，這個點子完成了階段性任務、解決了國家的財政赤字，它還是完完全全作為國家宣導教化之用，更是當年窮困市民從此翹腳捻嘴鬚的夢想。

券中的圖案，有二十四孝的圖象，有大陸河山的景色如萬里長城，也有國家的建設計畫。若是在節慶期間開獎，那上面畫的是財神爺拿著寫有「恭賀春釐」的卷軸，充滿喜氣的向全民拜年；但萬萬沒想到買獎券成了全民運動，尤其「大家樂」盛行的時候，全臺陷於幾近瘋狂的地步，賭性堅強不服輸，與生活搏鬥的生命力展露無遺。

作者為了寫論文，曾思索什麼最能代表臺灣生活文化的圖像？當他翻閱民國三十九年至七十六年間發行的愛國獎券時，便得到了答案。這樣薄薄的一張紙券曾經牽繫著全民的夢，太有歷史、太有記憶了。

市面上已有獎券的全期珍本，所以初版以內容為主，附錄的每一期獎券非原尺寸大小。書一出版，作者紛紛接到讀者的迴響，分享他們將獎券視為寶貝，成了對家人思念的故事。四十年代的二十萬獎金圓了國民的發財夢，也使臺灣逐步走向現代，一張張精美彩繪的圖像更是臺灣一路走來的歲月縮影。**（劉葦卿提供）**

著作權法修正 立法院通過三振條款

網路轉貼轉寄要小心！

【法學中心／報導】

立法院於四月二十一日三讀通過著作權法修正案，其中影響較大的是第九十條之四第一項第二款，即所謂的「三振條款」。依此規定，網路服務提供者（ISP）未來必須在定型化契約中和網路使用者約定，明確「告知」當使用者發生侵權情事達三次時，將終止全部或部分之服務；包括停權、斷線、刪除帳號等，而涉及侵權的使用者，還可能要面對著作權人的提告。

常有網友未經授權而在網站上任意張貼轉錄他人作品，甚至是一套數十本的著作，但因為網路具有匿名性的特性，著作權人無法一一去追訴其法律責任，因此一旦著作權人提起告訴，ISP業者就得面對被告侵權的訴訟法案。此修正的著作權法條文，可讓ISP業者扮演監督角色，免受負擔其法律責任。未來，著作權人也可以依法要求ISP業者移除網路流通的侵權資料。經濟部智慧財產局指出，此次修法可以達到著作權人、ISP業者、使用者三方多贏的局面，並改善目前網路著作的侵權問題。日後若要在網路上分享自己看過的電影、讀過的書或精彩的文章、照片、演出；千萬要留意著作權問題，以免誤觸法網。

著作權法第 90-4 條

符合下列規定之網路服務提供者，適用第九十條之五至第九十條之八之規定：

一、以契約、電子傳輸、自動偵測系統或其他方式，告知使用者其著作權或製版權保護措施，並確實履行該保護措施。

二、以契約、電子傳輸、自動偵測系統或其他方式，告知使用者若有三次涉有侵權情事，應終止全部或部分服務。三、公告接收通知文件之聯繫窗口資訊。四、執行第三項之通用辨識或保護技術措施。

連線服務提供者於接獲著作權人或製版權人就其使用者所為涉有侵權行為之通知後，將該通知以電子郵件轉送該使用者，視為符合前項第一款規定。著作權人或製版權人已提供為保護著作權或製版權之通用辨識或保護技術措施，經主管機關核可者，網路服務提供者應配合執行之。

創辦人公子返臺 擔任特別助理

【蘇秀林／提供】

創辦人公子楊士清自美國返回臺灣，為傳承家業，擔任董事長特別助理。其實在未擔任特別助理一職之前，楊特助就已為五南的數位教材做研發。今年八月起正式到職，在董事長身邊擔任助理，熟悉公司事務。

楊特助是美國南加州大學電機所畢業，曾在美國3Com、OpenTV Inc擔任軟體工程師，數位科技是本行，對於未來出版的數位走向得以提供有力的規畫，今擔任董事長特別助理一職，重拾中學時期既已耳濡目染的出版業務，正式投入出版業，勢將為「老字號金招牌」的五南圖書注入一番新氣象。

▲TOP

開啟隈研吾在臺知名度的書

《負建築》

隈研吾 著 計麗屏 譯

博雅書屋，二○○九年十月出版

隈研吾當時並非是日本最出名的建築師，他的建築和主流的安藤忠雄完全不同，吸引公司選擇引進隈研吾的著作，卻因此打開隈研吾在臺灣的知名度。這也是臺灣引進隈研吾作品的第一本書，開啟五南建築系列的發展。

（藝術編輯室提供）

給孩子的第一本健康書

《童話故事生病了》

周淑娟、周素珍 著 鄭穎珊 繪

書泉出版社，二○○九年十月出版

此書是五南少見的給親子共讀的繪本，那年在票選書名的時候，不少人問：「童話故事怎麼會生病，邏輯不通嘛！」書名引起大家一陣的熱烈討論，很高興最後仍獲得主管和同仁的支持和認同。**（醫護編輯室提供）**

號外

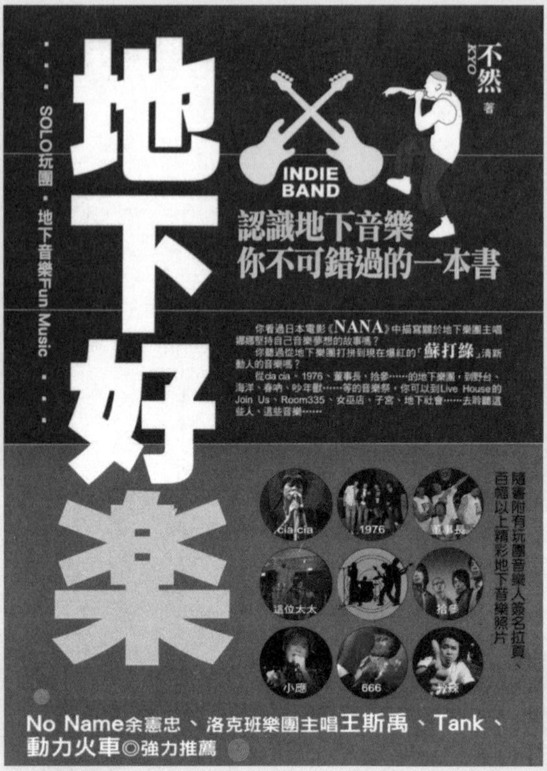

學生報告　契合社會流行轉作出版

《地下好樂》

不然（許逸凡）著，書泉出版社 2008 年 3 月 出版

2009 年入圍第 33 屆金鼎獎一般圖書類最佳藝術生活類圖書獎

這原是一本淡江大學漢語文獻所「編纂學」課程的學生分組學期報告。原本是由該系主任陳仕華老師來電，希望讓學生來五南上一下編輯課，並與四位分組學生進行分享、洽談。後經洽談後發覺，此「獨立音樂」的題目，與當時社會流行的「地下樂團」風能彼此切合，故由「分享編輯學」轉以「出版」的方向和學生洽談，獲得學生迴響後，則進一步指導學生如何進行。後經由多次提綱、討論後，最後衍生成本書。**（文學編輯室提供）**

號外

譯風卓絕的肯定

《耶穌祕卷：十字架下的真相》

Baigent, Michael）著 周春塘 譯

博雅書屋 2008 年 6 月出版

2009 年入圍第 33 屆金鼎獎一般圖書類最佳翻譯人獎

這是本翻譯作品。會選擇翻譯本書是因為書訊，以及再深入探查內容、參考讀者評價以及排名。當看到「亞馬遜同類書種銷售第一」的成績，加上內容的逆輪——是一本坊間對基督教評論最完整的著作，也是《聖血聖杯》二十二年後研究成果的心血結晶。它對西方文明的基石——耶穌復活及其前後歷史有極詳細的發聲——敏感的編輯蟲子作祟，進而收錄。

譯者是合作多年，中英俱佳的華梵前文學院長、美國康乃爾大學教授的周春塘老師。周老師極具文心的譯筆，讓閱讀內文初始，即彷彿進入另一優美文學小說的開端。故本書會入圍不意外，但卻是禮讚譯風卓絕的周師，以及對編輯部選書、用心編輯出版的一種肯定。（文學編輯室提供）

二〇一〇年代

擴展出版縱深
啓動數位產品與行銷

二十一世紀，數位出版品為讀者提供了另一種閱讀方式，政府也積極促進出版產業在人力、資金、軟硬體設備上開發電子書及投入電子書市場的意願。二〇〇九年推動「點火（Kindle）計畫」也就是五年的「數位出版產業發展策略及行動計畫（二〇〇九至二〇一三年）」，更增辦提供補助經費的「數位出版創新應用典範體系計畫」輔導出版業者，建立數位出版產業或電子書的創新應用。

出版是持續不斷的大業，五南因應時代的變化，蓄意創新，在出版計畫上早已預做準備開發數位平臺與更加多元的內容；另方面博雅書屋的知識讀本引介建築類書，裝禎精美，開創了新書系；另開發網羅名家學者的思想經典，於傳統中展現新意，連結過去與未來的五南文庫。學術叢刊則是搜羅最新研究成果……。

因應現代人面對排山倒海而來的資訊，需要精篩細選，而對知識的汲取，也得簡易快速，因而規畫出版各個領域的圖解書，開發一頁文、一頁圖的編輯方式，系統性的出書，滿足現代人妥善運用零碎的時間片段，吸取基礎學科的精髓。

網路書店興起，不用出門可以上網看 take a look 選書，加上超商取貨非常便利，銷售比重愈來愈高；為了服務讀者買書的需求，五南也成立數位典藏的電子書庫，並開發了 iPad 夢書城、華語學習、落台語等ＡＰＰ數位應用產品，更得到教育部的信賴，承辦高中職的數位內容教學開發專案；藉由與國際廠商的合作，在手機和平板上以ＡＰＰ載體呈現給全世界。

少子化帶來父母對子女教育的重視、開放式教育也興起延伸閱讀的需求，五南看到兒童的熱望，出版悅讀中文以及學習高手，更規畫了依課綱出版的學習樹系列，加上嚴選典範人物的少年博雅書系，協助中小學生更快樂的學習，成為「小五南」的出版核心，也是第二、三期「三年出版規畫」的重點，延伸閱讀年齡的縱深，彌補少子化衝擊大專院校後的市場缺口。五南期望下自幼稚園上至研究所，在整個學校教育體系裡滿足不同階段教育的需求。

時代一直在進步，許多的想像科技更有可能應用在出版品上，不僅多元還要有趣不枯燥。展望未來，五南在學術專業的基礎上力圖精進，出版更多元的「書」，開發從趣味中獲取更多知識的出版品，無論是講究視覺與觸覺的紙本書或是享受快意的數位出版品，讓讀者享受知識與快樂學習。

楊士清◎主筆

五南大事

一月，創辦人受澳門科技大學之邀，赴澳參加「兩岸圖書館館長高峰論壇」。

二月，董事長特助楊士清改任總經理，負責整體營運之責。

三月，制頒「出版部各編輯室年度分紅獎勵辦法」，回饋主編分享成果，取代年終獎金制度。

二〇一〇中時開卷年度十大好書，本公司得獎：翻譯類一本、翻譯類入圍四本、美好生活書獎一本。

行政院新聞局第三十二次中小學生優良課外讀物推介：本公司人文類獎三本、人文類獎一本、工具書類獎二本。

六月，邀請《不一樣的戰爭》原作者卜睿哲、歐漢龍來臺參加新書發表會，於臺大國際會議中心舉行。

創辦人受邀參加大陸中央舉辦之第二屆海峽論壇。

與臺灣宗教學會合作，共同出版《臺灣宗教研究》發行學術界。

七月，《新編六法參照法令判解全書》收錄譯文纏訟多年，終於定讞。

十五日與北方聯合出版傳媒股份有限公司，簽署投資合作協議書，投資五南文化廣場。

八月，第三十四屆金鼎獎：（一）《遇見鈔票》獲兒童及少年圖書類獎，（二）《以藝術之名》入圍非文學類獎，（三）《阿祖ㄟ身體清潔五十年》入圍非文學類獎。

九月，與長榮大學簽署「長榮大學學術叢刊」合作出版協議書，出版該校策畫之學術論文。

2010

出版要聞

一月，「電子書」元年。

五月，日商在高雄軟體園區設立「臺灣小學館公司」。

八月，臺灣兩岸華文出版品與物流協會。

九月，「TAAZE 讀冊生活」網路書店成立，經營電子書、回頭書與二手書買賣。

十一月，臺灣最大網路書店博客來推出「OKAPI」網站。

十月，日本三省堂授權《新日漢辭林》出版。
舉辦李家同《大量閱讀的重要性》新書座談會，於何嘉仁閱讀書房舉行。

十二月，「走在蔣介石前頭的女人——宋美齡新書發表暨座談會」邀請胡忠信、游鑑明主講，於敦南誠品B1舉行。
本年來訪之大陸出版業界主要者計有：湖北省出版集團、河北出版發行傳媒出版集團、遼寧省出版集團、福建省出版工作者協會、福建新華發行集團、廈門圖書公司、北京海峽兩岸出版交流中心、北京中央編譯出版社、河北文化寶島行。
全國科普閱讀年百種好書化學類獎二本、物理類獎二本、數學類獎一本。

一月，中時開卷年度十大好書入圍翻譯類一本。

三月，行政院新聞局第三十三次中小學生優良課外讀物推介人文類推介獎四本、人文類獎一本，科學類獎四本、科學類推介獎二本、工具書獎一本。

四月，好書大家讀最佳少年兒童讀物獲知識性讀物組獎一本。

五月，與臺北律師公會共同舉辦該會策畫、本公司出版之《法律倫理》一書新書發表會，並舉辦研討會邀請律師參與。
五南文化廣場承辦浙江省出版集團之「浙版圖書暨浙江動漫藝術展、浙江風光攝影展」於高雄展出，並與之簽署合作協議書。
購入桃園楊梅幼獅工業區土地一三三七坪，籌建五南物流中心。

2011

九月，「百年千書 經典必讀」網站上線。
臺日數位出版首宗合資案「華雲數位」舉行記者會。
臺灣電子書協會 Taiwan Ebook Association 成立。

六月，五南文化廣場法學店，結束營業，業務併入臺大店。

七月，第三十五屆金鼎獎：（一）《羈押魚肉》獲非文學類獎，（二）《人權不是舶來品：跨文化哲學的人權探究》入圍非文學類。

行政院衛生署國民健康局健康好書中老年健康類獎一本。

礙於臺灣有關「大陸來臺投資開放項目」之規定，與北方出版傳媒公司解約，停止投資合作。

八月，舉辦本公司出版張俊宏撰寫之《和平：中立的臺灣》新書發表暨思辯之旅活動。與會者包括康寧祥、城仲模、姚嘉文、許信良、謝瑞智…等政界菁英，盛況空前。

承接教育部「高中英文科資訊科技融入教學數位教材」，挑戰首度跨入數位教材。

九月，五南文化廣場受中華民國圖書出版事業協會與中國圖書貿易進出口公司委託，承辦第十二屆大陸圖書展覽。

十月，五南電子書庫正式提供各大學、機關團體採購使用（經濟部工業局補助開發）。

一月，「第二期三年（一〇一至一〇二年）出版規畫」開始，規畫未來出版策略與方針。

與世界自由民主聯盟中華民國總會合作出版《臺灣民主化的經驗與意涵》乙書，並舉辦新書發表會，饒穎奇、許水德等政界人士與會。

二月，由大陸社會科學研究院語言研究所研究員單耀海等數十名語言專家及李鍌、孫劍秋等臺灣語言學界、香港鄭定歐共同編纂，

2011

九月，網路書店設計智慧型手機專用的APPS，啟動APPS拍照可以連上網路書店直接下單。

十月，亞馬遜宣布與一批作家直接簽約並將在年內出版首批一百二十二部圖書，同時發行紙本和電子版。

費時十七年耗資近一千五百萬元《中華大辭林》終於出版，並與福建人民出版社合作，在大陸出版簡體字版。

三月，龐君豪總編輯離職，由王翠華接任第八任總編輯，注重學術經典及青少年讀本之出版。

行政院新聞局第三十四次中小學生優良課外讀物推介工具書類推介獎六本、知識類推介獎一本。

五月，《玩出創意2：48個酷炫科學魔術》獲第三十六屆金鼎獎兒童及少年圖書科學類獎。

六月，與臺灣政治學會理事會合作，共同出版《台灣政治學刊》，發行學術界。

七月，五南圖書倉儲遷入自購自建之楊梅幼獅工業區內「五南物流中心」，專責物流發行。

八月，楊梅新倉遭強颱侵襲連夜緊急搶修。

跨入3D數位教材新領域，挑戰高職資訊科技融入教學。

九月，五南文化廣場受託承辦「第八屆兩岸國書交易會中區分展」。

本公司與南華大學、大陸河北大學三方合辦「兩岸數位出版研討會」，大陸河北大學出版社一行十三人參加。

好書大家讀年度最佳少年兒童讀物獎獲文學讀物B組獎一本、入圍知識性讀物組一本、知識性讀物組獎一本。

十月，經濟部工業局補助開發五南《中華大辭林》資料庫正式提供各大學、機關團體採購使用。

十一月，代理《金融保險論壇》雜誌，發行學術界。

2012

三月，五南文化廣場與浙江新華集團簽約，雙方各在五南文化廣場及浙江新華書店互設繁簡字圖書門市專區。

四月，好書大家讀第六十三梯次獲獎二本、入選一本。

五月，創辦人續受聘「中華民國圖書出版事業協會」榮譽理事長。

七月，華東師範大學出版社由總編輯率團來訪，並於五南文化廣場舉辦「華東師範大學出版社第二屆新智慧青年訓練營」與本公司主要幹部相互研討溝通，促進兩社出版交流，收穫頗豐。

為精簡組織將博雅書屋、台灣書房結束，出版品歸入五南圖書出版公司，另行成立「博雅文庫」、「台灣書房」系列。

九月，五南夢書城APP上架。

十一月，文化部第三十五次中小學生優良課外讀物獲獎及入選人文及社會類各一本。

十二月，《落台語真簡單》APP上架，並獲文化部補助。

歷年預付版稅未交稿或銷售不佳，就其已無回收可能者將近九百萬元，一次攤銷，損失不貲。

派張毓芬、劉靜芬兩位主編，赴日考察出版情況並提出建言。

五南文化廣場高雄店遷至新購店址：高雄市中山一路二九〇號。

本年度來訪之大陸出版學界，主要有：浙江省新聞出版局、廈門廣電集團、廈門外圖集團。

一月，中等教育事業處因應課綱重新出發，展望高職教科書市場。

首位任職滿三十年員工連素燕，在年度尾牙上獲頒紀念金牌。

三月，五南文化廣場臺中店，斥資千萬元，重新設計規畫裝璜，正式轉型為複合式經營，面目一新，成為書店業新視點。

2013

一月，臺灣獨立出版人黃建璋與李憶婷成功在美國著名募資網站 Kickstarter 募得三千美元，推出限量三百本的手工立體書「The Alley」熱銷到歐美市場。

六月，《兩岸服務貿易協議》開放大陸印刷服務業來臺，引發業界譁然！

七月，出版界提報告書要求立院逐條審查服貿。

九月，Google 宣布，Google Play 付費的圖書功能正式登陸臺灣，與臺灣八家出版社結盟。

十一月，中華民國出版商業同業公會全國聯合會，舉辦成立大會。

太陽花掀開服貿黑箱，出版業堅守最後防線。

四月，iPhone 版 Learner's Mandarin Chinese Dictionary for Beginner Level 上架。數位化閱讀，面向全世界。

六月，五南文化廣場環球店，結束營業。

十一月，《超人不會飛》新書發表會，於信義誠品三樓舉行。

十二月，《教改休兵，不要鬧了！》新書分享會於福華文教會館舉行。

教育部產業先進設備人才培育計畫優良教科書獲獎，本公司前三名各一本、佳作一本。

由子公司新學林出版公司投資「讀享數位文化」。

考用出版公司總經理何鼎立請辭，並退出股份。

大陸出版學界，北京教育司赴臺交流團來訪。

2014

十月，小三通寄書被攔，衝擊微型出版社。

2015

一月，第三期三年出版規畫，落實未來目標。

三月，五南電子書在 Google Play Books 開賣。

獲文化部編輯力出版企畫補助之新書《玩樂老臺灣》於信義誠品三樓舉行新書與音樂分享會。

八月，文化部第三十七次中小學生優良課外讀物評選推介獲科學類獎二本、人文及社會類三本。

十一月，參加上海書展，跨足童書展，品牌年輕化。

十二月，簽約臺大王自存教授，五南正式進軍農學領域。

2016

二月，新編學習樹系列，結合生活與課業知識。

三月，馬英九總統為《李家同為台灣加油打氣》新書發表會賀電。

《不一樣的戰爭》作者卜睿哲與歐漢龍發表新書並舉行座談會

【記者劉靜芬／報導】

五南圖書於六月十一日在臺大國際會議中心舉辦《不一樣的戰爭》新書發表會及座談會，該書是由布魯金斯研究所資深研究員的卜睿哲，與布魯金斯研究所外交政策研究員歐漢龍一起合寫的，英文版是二〇〇七年出版。

當天的新書發表會除了有兩位作者出席之外，另有中研院政治學研究所籌備處主任吳玉山主任主持，邀請行政院北美事務協調委員會主委邵玉銘、臺大國家發展研究所教授陳明通、淡大國際事務與戰略研究所教授黃介正與談，全程以英文進行。當天盛況空前，參與的相關領域學者也有

■左起為《不一樣的戰爭》作者歐漢龍、五南董事長楊榮川、作者卜睿哲、五南總經理楊士清。

出版職人

社　　名：五南圖書出版股份有限公司
創 辦 人：楊榮川
局版臺業字第 0598 號
電　　話：02-27055066
傳　　真：02-27066100
劃撥帳號：01068953
地　　址：106 臺北市和平東路 2 段 339 號 4 樓
營運狀況
年度新書：342 種
累計出書：8846 種
從業人員：89 人
年成長率：-6%

大事與聞

■全年出生人數為 16 萬 6886 人，創歷史新低。
■四月，《特種貨物及勞務稅條例》在立法院三讀通過。
■八月，ECFA 三讀通過。
■十二月，第一座國家自然公園——壽山國家自然公園正式成立。

四十多人，到訪媒體有十四家之多，立法院王金平院長也特地旋風式到場跟老朋友卜睿哲致意，且在會後訂購了三百本。

這本書主要是關注臺灣、中國與美國之間的關係。中國的崛起及美國的因應之道是二十一世紀最重要的議題，面對中國強權的興起，美國如何因應是相當值得探討的。卜睿哲在書中也指出，中美雙方若發生衝突，其中的癥結點就在臺灣。歐漢龍從軍事的角度來看，認為中國大陸直接侵略臺灣的可能性很小，對臺進行圍堵的策略則比較有可能，且用這樣的軍事策略，也對中國大陸會比較有利。

這場新書發表的盛會，邀請到國外的知名作者出席，且邀請國內一流的學者一起與談，可算是出版界的一大盛事。

■立法院院長王金平致詞。

■《不一樣的戰爭》新書發表會與與會來賓合影。

《大量閱讀的重要性》座談會
李家同教授強調閱讀是生活與知識連結的媒介

【記者陳念祖／報導】

總統府資政、清華大學榮譽教授李家同出版新書，十月在何嘉仁閱讀書房舉辦新書《大量閱讀的重要性》座談會，對數百名聽眾演講，說明大量閱讀的重要性。

李家同教授強調，不同於以往「精讀」觀念，現在的學生應該廣泛的、大量的閱讀。在印刷術發明和圖書普及前，「書」是很昂貴的，只有少數人可以讀書；加上要透過科舉考試求取功名，讀書人一定要把四書五經讀得精透才能在科舉上出頭，所以強調精讀。但是現代，書已經不再昂貴，而且各種領域各中類型的圖書多不勝數，更應該大量閱讀。而且學校課本以外的讀物，才是讓孩子產生興趣和動力，並且把生活和知識連結在一起的媒介，所以應該大量閱讀；此外大量閱讀也可以增加數理和邏輯思考能力。

很多家長擔心讀課本以外的書浪費時間，李家同教授澄清，大量閱讀課外書可以增進學生的閱讀和理解能力，反而對成績有幫助。現在的考試題目日益活潑和生活化，很多學生不是學不會數學或理化，而是閱讀和理解能力不夠，看不懂課本和考試題目。

大量閱讀的好處還可以擴展視野，

增加文化上的刺激，而且增進寫作的能力。學校的語文教育以及考試題目，常會把學生限縮在支離破碎的閱讀和解釋上，這對學習和思考成長上都是很不利的，也會讓孩子失去閱讀的興趣。所以李家同教授強調，閱讀時不要在字句中打轉，要能掌握文章或是圖書的主旨。大量閱讀，更可訓練四點語文能力和表達能力。

◆很快看懂文章，並抓到重點。

◆正確且清楚地表達自己的想法。

◆合乎邏輯，不自相矛盾。

◆內容不落俗套，有獨到的見解。

李教授不斷勤於走訪各地演講，倡導大量閱讀的重要性，他表示：念書應該是一件輕鬆有趣的事，輕鬆的、大量的閱讀，自然就會產生作用。從小能培養和體會閱讀的興趣，成人後才會有持續閱讀的習慣，對個人和國家都是好事。

▲TOP 與李家同教授第一次合作的書

《大量閱讀的重要性》

李家同 著
五南圖書出版股份有限公司
二〇一〇年八月出版

博雅文庫賣最好的書、文化部得獎好書且是名人著作，也是與李家同教授首次合作的超級暢銷書。李家同教授望重士林，他對教育的關心已經成為臺灣教育良心的代表。李教授長期推動閱讀，強調大量閱讀對學生學習的意義與重要。這本書是五南跟李家同教授結下出版緣分的第一本書，也奠下未來多本書合作的基礎。

（教育編輯室提供）

W檔案

■董事長楊榮川與北大圖書館館長戴龍基（右）參加兩岸四地圖書館館長高峰論壇。

《新編六法參照法令判解全書》收錄譯文 纏訟多年 終於定讞

【記者王翠華／報導】

五南出版的《新編六法參照法令判解全書》（聖）因其中國際法收錄的兩篇譯文，未署名譯者，而引起譯者後代，以侵犯其先人著作權為由，於二〇〇三年向五南要求賠償二千萬元。本案纏訟多年終於在今年七月駁回定讞。

記者實際採訪了五南出版社發行人楊榮川先生，了解事件始末。原來該社一九八二年新版的《新編六法參照法令判解全書》在六法之外增加了《國際法》內容，並收錄了一九六〇年代曾刊登在某雜誌的〈日內瓦統一匯票及本票法〉、〈日內瓦統一支票法〉兩篇譯文。當年主編鄭玉波大法官已口頭徵得譯者同意（可惜未留下書面同意書），五南也在譯文之後註明「本稿為孟祥路先生譯文，僅此致謝」字樣，完全尊重署名權。

直到二〇〇三年法務部委由民間網路商建置的「全國法規檢索系統」也正式收錄了「日內瓦統一匯票及本票法」、「日內瓦統一支票法」譯文但並未署名譯者；五南認為此譯文既已成為公文書，便也除去署名及致謝文樣。不料事隔二十多年，譯者時任檢察官的兩位後代，突然以侵犯其先人著作權為由，短短不到萬字條文卻要求五南賠償二千萬元，幾經協商不成後，由其年邁母親具名告發侵害著作權。

五南以已取得其先人同意，而且既已收錄在法務部的「法規檢索系統」內，已成政府公文書為由相辯。此案歷經告發→不起訴→異議→駁回→聲請交付審判→駁回……，高檢、地檢、地院來回七次，幾乎該地檢署的檢察官都偵辦過此案，於今終於不起訴定讞。

事後五南間接得知，法務部委由民間網路商建置的檢索系統，完全是以五南版的《新編六法參照法令判解全書》為基礎，全文照錄，但擅自刪去感謝文，當法務部獲悉此譯文有侵權糾紛時即刻下架，還好五南早將該網頁印下存證。本事件也間接證明了五南版本備受信賴。

一通來自五南的電話：

很開心你在城邦，很開心你來自五南！

【林小鈴／提供】

隱約記得八月的某一天，接到楊老闆祕書打電話到我現任的工作單位（現任城邦出版集團原水文化&新手父母出版事業總編輯），說董事長想跟我說幾句話！

電話那頭傳來熟悉親切且熱情的聲音，原來是有朋友推薦他看某本書，說有助健康養生，楊老闆得知是我負責出版的書，因而想親口對我說：

「很開心你在城邦，很開心你來自五南！我知道工作壓力一定很大，但我相信你一定可以做得很好！我以你為榮！」

哇！多麼激勵人心、多麼可敬可愛的大家長，離開多年，還是如此善解人意、有情有義，頓時一向愛哭的我眼角又溼潤了，也羨慕起老東家的現任員工們呢！帶人帶心，難怪各個員工向心力都很強！

創業維艱，能堅持理念又能獲利生存下來超過十年、二十年，乃至三十年的出版社就已經很不容易，如今核心出版且權威的大學暨考試用書第一品牌——五南出版集團邁入五十周年，這可不只是五南自家員工的喜事，也是出版界值得慶賀的一大盛事呢！

從家中的抽屜找出泛黃但一直保存著的數張二十幾年前（書泉／到任一九九〇年八月（編輯）～畢業一九九六年三月（主編）），楊老闆、翠華姐、陳姐老長官們用信紙親筆寫下的勉勵話，說來奇妙，這些特製的心靈雞湯營養豐富，有錢買不到，但至今卻有療效：肯定、尊重、信賴、放手一搏！

感謝我在五南的日子，遇見好老闆、好上司，練就我一身的出版功力（二〇〇八年獲《經理人》月刊第一屆百大傑出經理人）；懷念三姐妹珍貴的情誼、哥兒們節哥&會虧我南部腔、回家一趟就又白不回來的阿毛哥&超級有創意、讓員工有歸屬感的業務部劉經理……再次祝福五南這個大家庭，在今後的出版界更具影響力！

號外

阿祖們的生活經驗 入圍金鼎獎

《臺灣日日新：阿祖ㄟ身體清潔五十年》

沈佳姍 著，台灣書房 2009 年 1 月出版

2009 年入圍中時開卷年度十大好書

2010 年入圍第 34 屆金鼎獎圖書類非文學獎

二〇〇九年元旦，台灣書房出版「臺灣日日新」系列的第三本專書《阿祖ㄟ身體清潔五十年》。這本書的封面有大紅山茶花、有清朝的沐浴圖、有帶蓋的圓木桶，還有裹著小腳賣各種雜細的包頭婦人。但是，這些東西和身體清潔有何關係？為何又是「阿祖ㄟ」？原來，我是位二字頭的年輕人，因為被二歲小娃詢問為何大便後要擦屁股，而跟著好奇為何人類要如此生活？這些習慣和物品從何而來？

這些問號引起我的注意，由於當時正在讀民俗藝術研究所，便決定做為碩士論文的題目。雖然把擦屁股一事寫成正式的碩士論文，在前例、理論和資料上都有點勉強，但這畢竟也是臺灣風俗的一環，指導教授因此答應。但擔心資料不足，因此擴大題目，成為包括從頭到腳、從日常到特殊時刻的清潔習俗，也到處去問阿公阿嬤的親身經驗，以補充史料的空缺。這麼實際又生動的論文，被書房主編嬌嬌發現，和編輯室同仁一起仔細規畫，重新包裝，結果產生吸引人又有知識的新價值。這是阿祖們怎麼也想不到的，他們最普通的生活經驗居然可以讓研究所學生畢業，還可以出書拿獎！**（沈佳姍提供）**

號外

遇見莊老師，就是遇見全世界

《遇見鈔票》

莊銘國、卓素絹 著

書泉出版社 2009 年 7 月出版

2010 年榮獲第 34 屆金鼎獎

一般圖書類兒童及少年圖書獎

莊銘國不僅是位術德兼修的傑出經理人，更是深受學子與職場菁英喜愛的大學教授。最特別的是，莊教授有一個讓人羨慕的嗜好，他是位全球走透透的國際觀達人。二十六年的企業生涯，因公務所需與個人興趣，足跡踏遍世界九十多個國家。莊老師於企業退休後至大學任教，毫不藏私地將企業所學與學子分享。他當然不會錯過寒暑假，親赴偏遠國度的機會。收集當地的國旗與鈔票，記錄其圖騰的代表意義，原本只是莊老師個人的小興趣。歷經二十年以後，日積月累的收藏及研究，成果愈發完整。過程中自然還得仰賴國外客戶、導遊、親朋好友及郵幣社友人的協助。所謂「獨樂樂不如眾樂樂」，終於時機成熟，決定將個人的收藏與心得，整理出版與大眾分享。

最初的構想，是透過五大洲的鈔票與介紹，為華文讀者打開國際視野。在莊老師的世界觀中，鈔票就是一個國家的名片，由鈔票的圖騰就能看出該國的政治、藝術、人文或國民思維。從人物到神像，從山水到建築，從花卉到珍禽，從工業到科技，皆包容其中。《遇見鈔票》則是另一種主題式的思維，作者從臺幣出發，分別從國花、運動與選手、科技與經貿、政治建築與世界遺產等九個主題，一一為讀者打開世界之窗。在一鈔一視野的分享喜悅之中，《遇見鈔票》始料未及獲得金鼎獎的肯定，為作者一生無數榮耀再添一筆。**（商管編輯室提供）**

▲TOP 編排最具創意的歷史書

《民國舊報》

唐屹軒 著

五南圖書出版股份有限公司

二〇一〇年十二月出版

創新的歷史書體例。作者並非新聞背景出身，於是將作者的內容改寫為報刊體便成了編輯的工作。設計排版的時候，必須考究當時的報紙，還特地到圖書館翻查，光是設計樣張，就不知道改了多少次了。（**史哲編輯室提供**）

▲TOP 最容易閱讀的自閉症圖書

《泛自閉症者的社交能力訓練》

劉萌容 著

書泉出版社，二〇一〇年九月出版

在討論自閉症的圖書中，多數是翻譯自英文版的文字書。本書為臺灣學者撰寫，以自閉症者及其家人最煩惱的社交為主題，淺白的文字配合大量插畫，讓讀者更易閱讀與了解內容，是自閉症相關圖書中的佼佼者。（**教育編輯室提供**）

號外

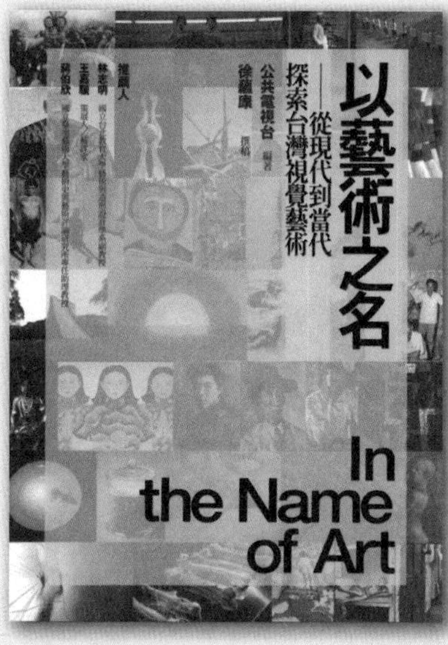

多評論多觀點
藝術評論先聲

《以藝術之名：從現代到當代，探索台灣視覺藝術》

公共電視臺 編著、徐蘊康 撰稿，博雅書屋 2009 年 3 月出版

2010 年入圍第 34 屆金鼎獎圖書類非文學類獎

藝術可以很絕對，可以很主觀。

但是藝術涉及了多重歷史的再現，那麼採取腳踏實地的態度，從藝術家的作品與創作理念出發，正是本書彰顯的價值。

原本是臺灣視覺藝術的劇集，因著記錄，因著教學，轉以書的形式來延續影響力。節目時間有限，但透過書籍可以將完整的訪談時的印象，甚至是當時發生的狀況和環境描述下來，讓讀者透過圖片和想像，更貼近藝術家的生命。而生命可以影響生命。

或許仍有人說本書對研究成果和批判觀點少提及，僅是記錄客觀真實，但正如此，本書反而成為藝術史的難得可貴的一環。或許不久的將來，各類有關藝術評論的紀錄片興盛，多觀點多評論導入，但這本書絕對是先聲。

做節目不容易，臺灣製作紀錄片的成熟度未及英國BBC，從前製企畫、預備，拍攝，到後製，每一個環節都需要大批團隊共同完成；然正如作者所說，寫書宛如寫劇本般，熬煉、孤單，一個人面對自己和世界的過程，並不容易。值得令人欣慰的是，這從日到夜的日子裡，藝術家的具體實踐和藝術關懷彼此交集和差異間，具有獨特的意義。**（藝術編輯室提供）**

特稿

賀五南五十周年紀念感言

李鍌
前臺灣師範大學國文學系教授

五南圖書出版公司在臺灣的出版界中頗具盛名，其董事長楊榮川先生，原是教育界人士，在五十年前臺灣剛光復不久（大陸變色），而隨政府來臺之大型圖書出版業者，如商務印書館、中華書局、正中書局、世界書局、開明書局等均未見有出版新書之計畫，而出版界亦如一片荒漠，楊榮川先生有見及此，乃退出教育領域，而轉向出版事業之發展，經過五十年之奮鬥努力，乃有今日之成就。由於楊先生原有之教學背景，所以眼光遠大，不作中小學教科書之利益競爭，而專注於專家學者學術研究之著作，以及文化傳承之典籍，有助於中小學生增進之課外讀物，與國家各項公職考試參考讀物，社會大眾所急切需要之知識專書等，舉凡有利於學術思想之啟迪，皆所兼。故其所出版之圖書、內容品質均佳，能獲社會大眾之重視，是以其業務之欣欣向榮、蒸蒸日上乃意料中事。

至於我與五南書局之結緣則較晚，民國五十年我研究所畢業之初由於謝冰瑩師之邀約，幾位對古代學術思想卓有研究者共同為三民書局編寫《新譯四書讀本》，繼則編寫《中國文化概論》、《中國文化基本教材》等，嗣又因擔任系務，無暇兼顧：為教育部整理漢字，選出常用漢字四八〇八字，定為標準字體，同時製作楷體、明體、隸書、黑體等字體母稿，以為印刷出版界之使用，其間又兼任國語推行委員會主任委員，積極整理傳統之圖書外，又邀請國內之文字學、語言學等專家，共同制定「注音符號第二式」，提供外籍人士學習國語之用。同時編纂《重編國語辭典修訂本》、《簡編國語辭典》、《國小國語字典》、

《成語典》、《異體字典》等皆電子書，尤其《重編國語辭典修訂本》不僅具有釋義之功能，同時還有資料庫之作用，讓研究學者不論中外，皆讚方便。

楊榮川先生畢竟是由教育系統出身，眼光獨到，深感兩岸同文同種，由於政治問題，竟然尚須依賴辭書方能情意暢通，於是有意從事此項工作，同時亦感一個有規模之書局，也必須有一部夠分量之辭書，如商務印書館之《辭源》，中華書局之《辭海》，三民書局之《大辭典》等是。至我所以與五南公司董事長楊榮川相識，乃由於五南出版之《國語活用辭典》於九五年五月聯合晚報刊出一則新聞謂：李鍌教授特別推薦學生家長可選購《五南國語活用辭典》，引起楊先生之好奇心，李教授既非五南圖書之作者，何以會公開推薦與學生家長，但此僅聞其聲未見其面。至民國九十九年七月五南公司開始編寫《中華大辭林》聘我為《中華大辭林》之主編，此不僅為兩岸三地之用，且擴為東南亞人士之使用，堪稱完滿。特此致賀，以楊董事長之睿知，今後之發展，當已計慮，竊以為兩岸文字之統整，應是大家共同努力之方向，不知以為然否？

五南出版著作

《中華大辭林》李鍌、單耀海主編

特稿

五南的勇氣與執著

李家同
清華大學榮譽教授

我已經記不得怎麼開始接觸到五南的，這是因為我這個人向來糊里糊塗，很多重要的事都記不得。可是記得非常清楚的是，五南一共出版了三本我的書，第一本是《大量閱讀的重要性》，第二本是《人類面臨的重大問題》，第三本是《教改休兵，不要鬧了》！這三本書嚴格說起來都不是討論流行問題的，所謂流行問題就是如何創新，如何創業等等。這三本書都討論到很多非常基本的問題，並不是非常炫，但是五南似乎無所謂，這是我對五南的一個印象：重視一些主流媒體不一定重視的議題。

首先，我要講的是我在五南出版的第一本書，《大量閱讀的重要性》。這本書其實說起來是很奇怪的，因為比較老派的學者並不鼓勵大家讀雜書。我從前有過一個很奇怪的經驗，即成立一個單位叫做盲友會，專門替盲人將書錄音。有一位教授告訴我，盲人所需要的書是很少的，盲人應該看的書就是勵志的書，所以我們也不需要替盲人錄武俠小說、偵探小說等等的書。這使我大吃一驚，感覺到問題很嚴重：為什麼盲人不應該看武俠小說？後來又注意到一件事，那就是外國人也要教他們的本國語言，比方說美國人要教英文，可是他們教英文的方式是教他們讀課外書，所以美國孩子多半念過很多小說，這些小說使他們更有創意，也增加他們的普通常識。而我們的國文教育，未免太注重修辭，有的時候到了咬文嚼字的程度，因此我寫了這本書，鼓勵大家大量地閱讀，管它是什麼文章和書，讀了就是對自己有利。

至於《人類面臨的重大問題》這本書，其實討論到很多目前世界上所面臨的問題。比方說，世界上有很多的恐怖攻擊，在這本書中一再強調人類的一個最大問題是仇恨的存在，只要仇恨存在一天，恐怖分子就會存在，恐怖攻擊也會存在。說起來好笑，美國跟英國曾經發表大西洋憲章，大西洋憲章提出了四大自由，其中有一個叫做免除恐懼的自由，如果看英國和美國最近所發生的事，實在可以下一個結論，這兩個國家的人民沒有這種自由，因為他們其實活在恐懼之中。

在這本書裡面也一再強調人類有嚴重貧富不均問題，人類之所以有貧富不均，不能用簡單的幾句話來解釋，所以設法在書中將貧富不均問題的來源加以分析。我總希望國人能夠知道世界上如果有貧富不均問題，這個世界不可能安定。

有的時候我們不願意面對現實，會設法使大家有一種錯誤的想法：認為我們的世界是很美好的。很感激五南公司使我的書能夠出版，我承認這些問題都不容易解決，但是總要知道這些問題，如果連問題的存在都不知道，這個世界會愈來愈糟。

最後，非常感謝五南替我出版《教改休兵，不要鬧了！》。我常常到各地去演講，很多的家長對於十二年國教以及教改本身都感到非常的失望。

有好幾次，有家長在提到十二年國教的時候會流下眼淚，因為他們完全不知道該怎樣應付如此複雜的升學制度，我因此寫了這本書，因為學術界對十二年國教以及多年來的教改默不作聲，政府要如何做，學術界都附和，這是很令我失望的事。當初的教改以及最近的十二年國教都想幫助弱勢孩子的，但是每一個措施都傷害了他們。目前的任務是將孩子教好，尤其是偏遠地區的弱勢孩子，程度不能太差，而要將普遍的小孩子教好，絕對不能在升學制度上著力。

我們看到反恐戰爭的結果是愈反愈恐，五南公司可以說：早就預料到這個問題。看到十二年國教推出才一年，馬上就大幅度的修改，教育部長沒有想到有家長會贊成恢復聯招，五南公司可以說：我們早就料到了。非常感激五南公司替我出書，我的想法往往很古怪，五南公司肯出版這些書，在此表示欽佩之意。

五南出版著作

《為台灣教育加油》
《李家同為台灣加油打氣》
《教改休兵，不要鬧了！》
《人類面臨的重大問題》
《大量閱讀的重要性》

出版職人

社　　名：五南圖書出版有限股份公司
創 辦 人：楊榮川
局版臺業字第 0598 號
電　　話：02-27055066
傳　　真：02-27066100
劃撥帳號：01068953
地　　址：106 臺北市和平東路 2 段 339 號 4 樓
營運狀況
年度新書：409 種
累計出書：9255 種
從業人員：83 人
年成長率：-10 %

電子書庫

十月起正式提供各大學及機關團體採購使用

【記者楊士清／報導】

五南圖書出版的圖書建立了電子書庫，在十月起正式提供各大學、機關團體採購使用。電子書庫開發期間並獲得經濟部工業局為鼓勵業界積極應用數位內容技術，擴大產業應用推動數位內容產業發展補助，而有更多資源的整合。

此計畫所建立的專業學術電子書庫主要提供圖書館可相互整合的編目系統，讓圖書館在管理實體書與電子書時能有效的掌握兩者間的借閱方式與流程，並擁有完整的虛實內容之管控。又為因應圖書館的使用者之借閱習慣，本計畫也規畫專屬的ＤＲＭ系統以及合適的借閱流程，透過電子書庫的有效應用，電子書庫的使用將不與實體書衝突，也擁有相輔相成的資料彙整能力。

電子書的執行架構主要分為兩大層面，第一層面為內容製作，包含素材與資料庫的整理，

■五南與大鐸資訊合作製作「數位電子書」及建構「五南電子書庫全文檢索資料庫」。

大事與聞

■五月，十六家飲料品牌被驗出起雲劑中違法加入第四類毒性化學物質 DEHP，造成食品污染。

檔案《法律倫理》發表會

第二層面則為系統製作，包含資料庫的建立以及版權的加密等各項功能建置。其中，以內容的製作為主要的轉型核心，透過內容的數位化轉製，依據其數位特性，未來將可針對多載體進行應用，進而達成有效的數位閱讀，且透過數位化流程建立，公司將可推展業務範圍至數位領域之中，讓產品的銷售模式突破紙本型態，呈現更多元化的產品內容。

■《法律倫理》發表會，司法院院長賴浩敏（左二）暨與會貴賓合影。

■司法院院長賴浩敏（左）與董事長楊榮川（右）合影。

▲TOP 研究臺灣早期歷史必讀書籍

《臺灣文化志》

上中下三卷

伊能嘉矩 著

國史館臺灣文獻館 編譯

台灣書房，二〇一一年三月出版

伊能嘉矩研究臺灣文化史之巨著，研究臺灣早期歷史文化必讀。最早的中文版是一九八五年臺灣省文獻會出版的褐色鉛字印刷的精裝三冊。取得授權後，歷經五年用心編校，才有了清新的二〇一一年修訂版本。**（台灣書房編輯室提供）**

號外

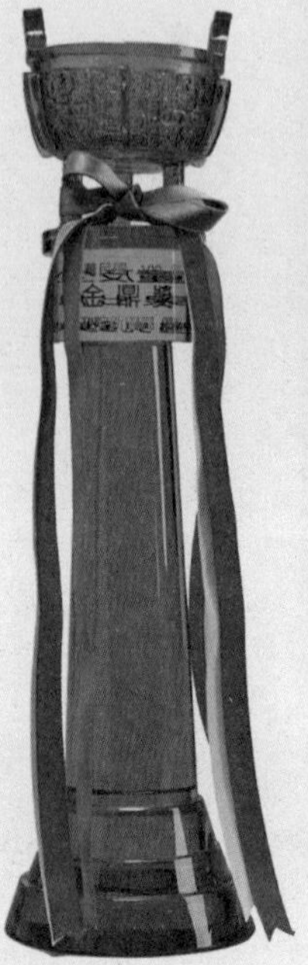

《羈押魚肉》
林孟皇 著
博雅書屋 2010 年 8 月出版
2011 年榮獲第 35 屆金鼎獎
非文學類社會科學類獎

人人都須有法治概念

《羈押魚肉》一書，當初是編輯透過民間公民與司法改革基金會的合作夥伴，結識了林孟皇法官。一開始認識的時候，並不知道林法官是承辦過趙建銘等大案的法官，也不知道是在報上投書赫赫有名的人。不認識林法官之前，都會認為法官是很嚴肅的人，但是林法官寫出的文字，不但字字珠璣，且更有發人深省之理。編輯印象最深刻的是，法官常常電話一打來就是隨堂測驗考試，詢問那篇文章看了之後的感想，是否能夠切中一般大眾的內心，他想傳達的理念，是否可以正確無誤的傳達出來。這麼多年來，編輯往往接到電話，都還是有隨時要應答的心理準備。

這是林法官所寫的第一本書，非常榮幸第一本書就獲得金鼎獎的殊榮，應該是史上第一位拿到金鼎獎的法官無誤。也許是當時社會的氛圍，開始重視法治教育，但就結果來說，《羈押魚肉》是一本建議大家閱讀的書籍，不僅是因為受到金鼎獎的肯定，也是因為這個社會必須人人都具有法治概念，整個國家才會更上一層樓。**（法政編輯室提供）**

號外

恩師推薦 天外飛來的禮物

《人權不是舶來品：跨文化哲學的人權探究》

陳瑤華 著，五南圖書出版股份有限公司 2010 年 5 月出版

2011 年入圍第 35 屆金鼎獎非文學類社會科學類獎

《人權不是舶來品》一書，說起這本書的出書緣由，說是天外飛來的禮物一點也不為過。本書主編的指導教授——中央研究院人文社會科學研究中心的蔡英文老師，認識該書作者陳瑤華老師，陳老師提出撰寫新書的構想，剛好五南圖書正好要拓展五南文庫這個書系，因此蔡老師就將這個訊息提供給負責的主編，既然是自己的恩師所推薦，當然二話不說，立刻要簽約囉！

沒想到此書出版以後，竟然獲得金鼎獎評審的青睞，入圍了非文學獎社會科學類的獎項，頒獎當天，因為陳瑤華老師不克出席，於是派了師丈當代表，師丈當場與另外一位入圍者林孟皇法官相談甚歡，甚至林法官也有買該書閱讀，雖然彼此是競爭同一個獎項，但畢竟是英雄惜英雄啊，這歷史性的一幕還有照片為證呢！**（法政編輯室提供）**

▲TOP

默默成長的樹苗

《專業藝術概論》

邱承舜 編著
文字復興有限公司，
二〇一一年九月出版

此書是文字復興有限公司編輯的第一本書。初版時並未被寄予厚望，但這幾年隨著職校藝術科系的擴展，銷量也隨之成長。本書就像是自己第一次親手種下的樹苗，希望它繼續茁壯，最後開出美麗的果實。**（中等教育事業處提供）**

研究生撰寫論文的聖經！

《傻瓜也會寫論文》

顏志龍 著
五南圖書出版股份有限公司，
二〇一一年十月出版

本書堪稱「研究所界撰寫論文的聖經」。這會是以出版嚴肅的大學著作聞名的公司出版的書？答案是正確的。五南在二〇一一年出版了這本書，不但書名貼近人心、內容符合需求，更長期在博客來銷售榜上占有一席之地。**（教育編輯室提供）**

圖片最珍貴、視角最獨特的書

《壹玖壹壹：從鴉片戰爭到軍閥混戰的百年影像史》

劉香成 編著
五南圖書出版股份有限公司，
二〇一一年十月出版

馬英九總統推薦、珍貴圖片、獨特視角。這是一本兩岸三地合作的書，必須同步與北京和香港聯繫，溝通成為最重要的關鍵，彼此學習成為最難得的經驗。**（史哲編輯室提供）**

承接高中英文科資訊科技融入教學數位教材

首度跨入數位教材

【記者林茂榮／報導】

今年八月五南中等教育編輯室承接行政院託付教育部執行的「數位典藏與數位學習國家型科技計畫」（九十七至一〇一年）分項：數位教育與網路學習——高中職資訊科技融入教學教材發展計畫的第三期實施計畫，期間自八月二十五日起至一百年十二月三十一日止。第一次挑戰以科技教學輔助工具為主題，結合數位科技與專業教學的數位教材出版。

現今數位教學的推動強化了現階段的教學方法，也成為未來教育發展重要話題，隨著資訊科技（Information Technology, IT）的普及與成本的平民化，新一代的學習者在學校的學習環境之外，已經由各種管道對資訊科技在許多層面的應用有諸多的認識與接觸，因此，世界各先進國家，莫不積極規畫並推展數位化措施與教育的融合，臺灣處於世界科技大國之列，自然不能落於人後。

「科技的目的是服務人並提升效率」，「資訊科技融入教學」這類科技教學輔助工具用意就在於讓老師和學生可以感覺其便利與效率，並樂於使用。不會因為操作的複雜與欠缺效率，引發排斥而產生放棄使用的念頭，所以承製的數位化教材和教學情境設計都必需以提升學生學習成效與方便教師教學為出發點而研發的科技產品。（參考高中英文科資訊科技融入教學數位教材網址：http：//hsmaterial.moe.edu.tw/schema/en/index.html）

五南圖書以專業教育學術出版為基礎，結合了數位科技產業的教育單位和廠商，再將成果傳遞給更多的教育人士。此一舉動無異是走出出版界的框架，也為將來發展出更多的產學合作與異業整合的生產概念。

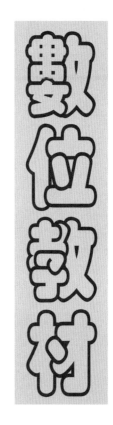

出版職人

社　　名：五南圖書出版有限股份公司
創 辦 人：楊榮川
局版臺業字第 0598 號
電　　話：02-27055066
傳　　真：02-27066100
劃撥帳號：01068953
地　　址：106 臺北市和平東路 2 段 339 號 4 樓
營運狀況
年度新書：465 種
累計出書：7956 種
從業人員：83 人
年成長率：-7 %
同業統計
出 版 社：10953 家
出 版 量：40575 種

大事與聞

■一月，馬英九、吳敦義當選第十三任總統、副總統。
■七月，馬祖博弈公投通過，成為唯一通過是否開放博弈事業之地方公民投票。

倉庫再搬遷至楊梅
五南物流中心竣工

【記者匡秀芝、李明聰／報導】

去年自購並興建於楊梅幼獅擴大工業區內的「五南物流中心」已峻工，並於七月間遷入。本中心占地一三二七坪，四層大樓共二千七百坪，耗資近二億元，專供五南圖書倉儲發行之用。使用面積是原五股倉庫的一倍多，足夠未來的倉儲需求。

在五股倉庫期間由於書種持續的增加，另又併購了古籍出版社，在整體淘汰滯銷書的進度又緩慢的情況下，倉庫容量幾近額滿，交書總需耗費較多的時間挪移儲位；有鑑於此，又於二○○四年在林口租賃了一間總坪數一千五百坪左右的倉庫做為物流中心，這也是倉庫李主任的第一次移倉經驗。

林口期間在滯銷書的處置上也加快了速度，進而讓林口倉在空間容量上也稍有喘息，能以最快速的效率繼續服務客戶。但是林口倉是鐵皮建築，每遇颱風來襲屋頂漏水、地上積水，常弄得人精疲力竭，幸好當時皆未造成重大損失。轉眼間在林口倉又過了七年，由於當時租賃期限為十年，在董事長指示下，指派行政部總務匡小姐尋覓適當地點，準備購地建倉。

其實早在二○○九年九月，董事長即指示將物流倉由林口搬回故里通霄鎮旁的苑裡鎮，看了許多租賃物件都未有斬獲，進而轉至桃園尋倉；從

高鐵青埔地帶到中壢、大園、南崁等地，看了無數物件卻遲未找到合意的，最後竟在僅有一面之緣的仲介帶看位於楊梅幼獅擴大工業區時成就購倉目標。尋倉過程中，匡小姐表示：董事長在看每個物件始終親力親為未遺漏任何細節，認真的身影令她難忘。

啟動搬倉計畫，得同時精準掌握新舊倉搬離與搬入的各項作業時間，才得以無縫接軌順利入駐楊梅物流倉。搬倉最大挑戰是得達到公司設定十天內搬入楊梅倉並恢復穩定出貨。為了能在六月十四日順利搬至楊梅倉，每位搬倉專案組員都繃緊神經，在新聘任的物流主管張副理協助下，與專案組員進行數次搬倉模擬推演；匡小姐則統籌營造整建工程、水電工程、消防工程等各項工程進度。

如此重大任務讓每一位組員如履薄冰，深怕個人疏忽無法順利搬倉，幸而有發行中心李主任、林小姐鼎力協助才讓搬倉任務圓滿順利。由於書種幾近上萬種且多以人工搬運，在所有人員齊心協力，終於順利入駐，而且比公司設定目標提早四天，足以證明團隊分工的力量。沒經驗卻被交付委任的組員，相當感恩董事長的信任並賦予磨練機會。

■位於楊梅幼獅工業區的五南物流中心全景。

位在楊梅擴大工業區內的倉庫，總坪數約六百坪，外圍空地也有三、四百坪，已有主體架構再以鋼骨結構改建成為四層樓電梯倉庫。由於已有過五股與林口的搬遷經驗，這回的事前規畫也針對了前次搬遷的缺失進行改正，加強了空間有效的利用以及完善的儲位規畫，如今看來也確實大大提升了發行中心的工作效率。

發行中心從最初的傳統作業方式，到現在完善的物流規畫、電腦化，已大幅提升了發行中心的效率，甚至有客戶反映客訂時程縮短，書局業績也因此有所成長。發行中心主任說：「在許多細項上其實還有很大的改善空間，例如儲位調整電腦輔助分析、配書錯誤率等等問題，期望往後能針對各項缺失再進行改善，讓五南發行中心成為一個配置完善，工作效率極佳的物流中心。」

第二期三年出版規畫出爐

【記者龐君豪／報導】

二〇〇八年底因應國內出版環境的變化，擬定了公司的「三年（2009—2011）出版規劃」，做為公司整體出版策略的指導方針。第一期的三年出版規劃已屆期滿，除了整體檢視過去三年的成績，更需積極迎向未來，因此再次擬定了第二期三年出版規劃（簡稱「二・三出版規劃」），俾使同仁們在未來的工作上有所依循。

◎內外環境分析

二十一世紀後，環境不變，要生存就要在遽變中尋找生機，突圍求生。來自外在環境的衝擊有：（1）閱讀人口的遞減，（2）數位閱讀的遞增，（3）閱讀平台的多樣化，（4）閱讀內容的淺碟化，（5）閱讀習慣的速食化，（6）上課學習的無書化。公司內部面對的處境有：（1）成長的瓶頸：在2003年創造了業績巔峰後，近八年呈衰退現象；（2）第三次突圍：愈險峻的環境，更是突顯我們自身的努力和價值的時刻。公司現有的規模，正是過往經歷兩次重要變革的成果。

如今，在新的世紀（二十一世紀）面對新的挑戰（電子書），不能夠再墨守成規，啟動公司第三次變革正當其時。

◎總體出版策略

1.三大策略。
2.出版總量控制。
3.各類書籍出版比例的設定。
4.開展數位出版，邁入試煉期。
5.樹立書泉、博雅、台灣書房、文字復興等子社品牌，與「五南」定位區隔。

◎大專教材、學術專著的堅持

公司歷經四十多年的努力，讓五南成為國內大專教材及學術專著的出版重鎮，此為公司的出版理念及核心價值所在。即便當前面臨諸多衝擊，仍應堅守公司核心價值，才能在混亂不明的環境狂潮中站穩腳步。

◎擴大學校市場的縱深

面對少子化所帶來的市場規模縮減，除了繼續堅守根本的大專教材出版，也須擴展其他領域，以填補大專院校的量縮。

◎橫伸大眾圖書的面向

大眾圖書出版量有限更應聚焦。（1）選書方向須顧及五南的公司形象，不能有所牴觸，避免低俗，（2）淺碟化的出版樣態，（3）訂定選書標準，以保證出版質量，避免銷售不佳，積壓大量庫存，浪費資源。

◎職場專業用書的開展

研究型的學生終究少數，就業型的學生才是大宗。因此，三種職場用書，加強研發。（1）行業入門書，（2）實務精進書，（3）證照考試門書。

◎出版總體檢

在面對未來新的衝擊和挑戰並提出新的出版規劃時，也必須對之前的出版策略和現有的出版行政制度做全面檢視，才能更精確地掌握自身狀況，汰弱留強。（1）檢視原有之出版策略，（2）調整並強化出版行政制度。

	讀者對象	圖書品項	內容特點
五南	學者、專業人士、大專生	教科書、研究書、職場專業用書	大專教材、學術書、研究論著、職場專業書、職工訓練教材
書泉	一般社會大眾 中小學生	生活實用書、 學習方法書、 課輔書、 就業書	生活、家庭、實用、淺白、易懂 學生學習輔導、 生活輔導、性向及適性諮商、 就業輔導等類實用書
博雅	知識分子	知識讀本	增進學知、擴充視野、提升涵養
文字復興	中小學生	考試用書、會考、升學輔導	題庫、會考用書、升學參考書

楊梅新倉遭強颱侵襲
連夜緊急搶修　宛如電影情節

【記者匡秀芝、李明聰／報導】

入駐楊梅新倉不久，八月遭逢超大強颱侵襲，就在颱風夜當晚，當外面下著大雨，四樓則到處下小雨，整晚住宿人員為防書籍受潮遷東移西的忙著將書搬移，甚至到了凌晨連外牆都被強風吹落了兩片，這時住宿物流中心的林小姐緊急聯絡行政總務匡小姐，告知外牆壁板陸續飛走，若不即時處理外牆將抵不住風勢威力，有可能整面外牆板會飛掉。匡小姐情急之下連忙叩營造廠必須馬上調派工班前往修復。住板橋的行政總務匡小姐不放心新倉狀況，急叩住基隆的業務副總一同前往，冒著風雨交加視線模糊的危險行駛在車輛極少的高速公路上直驅楊梅。

當夜滂沱大雨，修復外牆的工人在高達四層樓高空用電焊鎖住臨時外板，又因雨勢大，一度在使用電焊鎖板時慘遭電擊而停止作業，如此冒雨搶修之下，完成時已是清晨五點了，加上雨水灌入一樓倉內，公司的人員以及營造商徹夜處理進水，以防止水流入電梯造成更嚴重的損失。颱風過境後，清點財損僅少數書本被雨水淋溼，真是不幸中的大幸。

為防止類似狀況發生，在原來外牆板疊蓋堅固新板，就算再經歷數個颱風侵襲應該可以完全抵擋。行政總務匡小姐說這一次的颱風夜：「真是永生難忘！非常感謝工作人員辛苦的通力合作。」由於楊梅倉有了這次大自然的檢驗知道哪些地方需要再補強，補強後發行中心即使再遇強颱也皆能安然渡過。

■陳翰陞繪圖。

跨入3D數位教材開發與製作新領域
挑戰高職資訊科技融入教學

【記者林茂榮／報導】

中等教育編輯室繼去年「高中英文科資訊科技融入教學教材發展計畫」後，在今年八月再次承接行政院託付教育部執行的「數位典藏與數位學習國家型科技計畫」（九十七至一〇一年）分項：數位教育與網路學習——高職餐旅概論資訊科技融入教學數位教材發展計畫實施，這次的挑戰以3D數位科技教學輔助工具為主題，結合數位科技與餐飲實務界專業人士及任教高職餐飲專業課程教師共同策畫、設計製作數位輔助教材。充分展現了企業求新求變的魄力。

「資訊科技融入教學」很容易讓人聯想成電腦化教學，彷彿有了電腦，有了軟體，「資訊科技融入教學」便已完備，若再加上網路就可以稱為數位化教材了；事實上，這些只是布置好一間數位化資訊教室而已，距離真正要達到「資訊科技融入教學」的目標還很遠。因為「資訊科技融入教學」本身代表一種可以不斷演化的教學技巧，是動態的、是引導學生的。資訊科技只是扮演了被動的角色，應該是要被老師們自由地支配運用，讓老師們能輕鬆簡單的運用資訊科技製作成「教學教材包」，目的是為了符合學生們的實際「導學」需求。

「導學式教學教材包」，並非一蹴可及。如何將這樣的製作能力融入教學裡，對各領域的老師們而言，更是非常令人困惑的難題。因為目前的教師們，在過去的教師養成過程中，大多數並沒有受過類似的訓練課程，所以同儕之間也很難進行交流學習。因此，當「資訊科技融入教學」正式在校園內開始推行，可預見初期會對參與的老師們造成挫折感。但就長遠教育革新來看，可以確定這是一個值得投入的過程。對老師們的教學與學生們的學習而言，都是全新的體驗。讀者可以參考高職餐概網址 http://hsmaterial.moe.edu.tw/schema/di/index.html。

向來有著專業出版形象的五南圖書出版股份有限公司，其接收科技不斷追求進步的企圖與結合市場專業學、術界人士的統整能力，成功的為更多的教育人士創造便捷的教材與學習模式，也累積了更多、更新的產學合作與異業整合的經驗。

號外

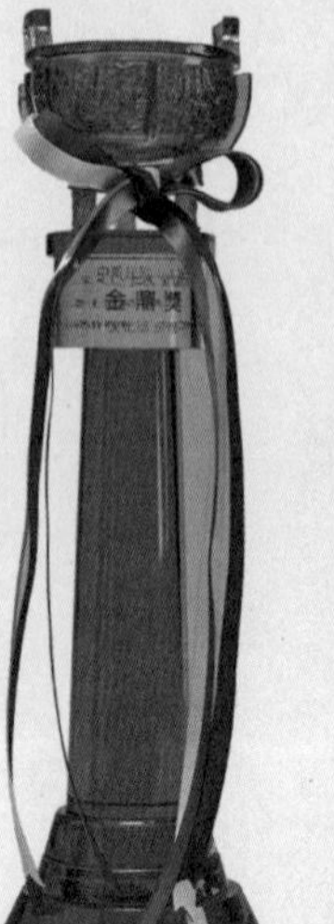

《玩出創意 2：48 個酷炫科學魔術》

許良榮 著，書泉出版社 2011 年 2 月出版

2012 年榮獲第 36 屆金鼎獎兒童及少年圖書獎科學類獎

本書是二〇一二年第三十六屆金鼎獎．兒童及少年圖書．科學類得獎書，也是小編經手的書中，第一次入圍又獲獎之書。話說當時，我接到新稿時，一如往常般的編輯流程作業：整理稿件、校正文字、核對圖片、尋找美編、封面溝通、跟催進度、文宣資料、改改排排、送印……拿到成品時，亮麗的紅色封面設計、活潑俏皮的構圖、內頁精美的編排等，心中不禁微微滿足，暗爽在心，終於排到一本不輸坊間市場書設計、可以見人的彩色書了。不過到此時心情也僅只於如此，因為之後又要忙於不見天日的教科書作業書籍。

直到隔年參賽金鼎獎，因為歷年來本部門只有報名的分，有時連參加的門都沒呢！加上本書內容仍偏知識理論性，與往常得獎書有段距離，所以當時報名金鼎獎，也只是照章行事，沒太多心思。

然而當獲知入圍時，卻不一樣了。也許是託文化部之福，因為得獎的二〇一二年剛好也是龍應台部長接掌文化部的第一年，心中總有莫名期待。直到入圍去參加典禮，彷如劉姥姥入大觀園般，對典禮的種種設施、流程皆感雀躍，心想就算沒得獎，至少該參加的事一點都不錯過了。此時很能體會頒獎典禮上那些入圍的藝人總說：「入圍即是肯定。」沒錯，這話說的真心，但後面沒表達出的是，入圍是肯定，得獎才是我願ㄚ！（**教育編輯室提供**）

漢語語文大師的親筆簽名

【黃文瓊／提供】

二〇一〇年七月五日正值酷暑，埋首於稿件時，電話響了起來，一瞧是，咦，董事長來電！心情忐忑，我怯怯地拿起聽筒，電話那頭傳來董事長爽朗聲音，問今晚有沒有空，北京李行健來臺灣，晚上有餐聚。

李行健，真的嗎？我的偶像耶！電話裡，我向董事長表示，很仰慕李行健老師的才學，想拿《九年一貫審訂音字典》、《小學生常用字典》給他簽名。

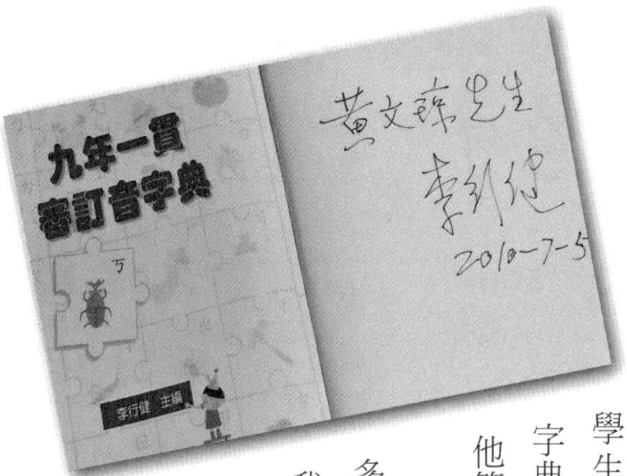

十多年前我因編製購自大陸的工具書，進而接觸李行健老師主編的字典，對其功力讚嘆不已，多次想像：「假如能見到本人多好！」可是，二人相隔兩地，注定永遠成平行線。

「事事難料，老天自有安排」，老天爺肯定聽到我內心的聲音，於二本書籍出版後約五年，送來大驚喜！當天下班，我前往仁愛路一帶的餐廳，後背包裡二本書沉甸甸，卻因心裡洋溢喜悅，背起來輕飄飄。待會兒就能見到李行健老師，他長什麼模樣？嚴不嚴肅？會不會帶有濃厚的口音，萬一聽不懂不是很糗？

一連串的問號夾雜著一絲絲的不安，坐在餐廳裡等李行健老師一行人。約半小時後，北京學者魚貫進入，李行健老師走在最前頭，看起來很和藹，我暗地裡鬆了好大好大一口氣！席間，董事長為我們雙方介紹，還打趣地對李行健老師說：「文瓊負責編製工具書，她說很仰慕你，問可不可以請你簽名？」李行健老師相當客氣和紳士，他擔心我行動不便，主動到我座位上簽名、寒暄。我因見到「偶像」，超級開心，也有些害羞……

這張照片即李行健老師親筆簽名字典，被我珍藏在原木書櫃裡，每每瞧見那二本書就翻開扉頁，秀逸筆跡映入眼簾，對這位終生奉獻給漢語工具書的大師，充滿尊敬，也為獲得親筆簽名雀躍不已……

本以為當天見到偶像後，往事只能成回憶，想不到一年多後李行健老師因兩岸辭典編務工作率隊來臺，又如願見到偶像；今年（二〇一二）八月我赴北京參加書展，與同仁親自拜會李行健老師，又見上一面。人生，老天自有安排，充滿驚喜！

▲TOP 本土自製最簡單的圖解書

《圖解地方政府與自治》

王保鍵 著

書泉出版社

二〇一二年六月出版

五南圖解系列第一本出版品。創辦人自日本取經，編輯耗時一年多才完成的本土自製作品，雖一開始未能開紅盤，但開啟了五南圖解系列的暢銷之路。（法政編輯室提供）

耗時最久、收詞最多的辭書！

《中華大辭林》

李鍌、單耀海 總主編

韓敬體、晁繼周、林玉山、葉國良、孫劍秋、鄭定歐 主編

五南圖書出版股份有限公司

二〇一二年三月出版

耗時最久十七年、收詞量最多的辭書，國內第一本盡收漢語和華人地區語彙的工具書。編製過程猶如煲湯，苦嘆快不得！那段歲月，結識了福建林玉山老師、約聘人員盧文心、邱佳玉，原來合力編辭典的友誼很暖心……。（辭書編輯室提供）

最可愛的化學啟蒙書

《超可愛元素週期表》

Adrian Dingle 著

夏芒、海杯子 譯

書泉出版社

二〇一二年六月出版

叫好又叫座的圖文知識讀本。怎麼會有這麼可愛的元素週期表呢？看了本書想不愛上化學都難！又可愛又可以學習每個元素的相關知識，不再是枯燥乏味的課本，而是輕鬆活潑的元素小可愛，讓人愛不釋手！（理科編輯室提供）

特稿

推動社會進步的原動力

陳之貴
大陸水工股份有限公司董事長

五南圖書出版股份有限公司是陪伴許多莘莘學子成長的出版社，學生時代所使用的書很多都是出自五南，是許多人年少輕狂時共同的回憶。當我受邀寫書出版時，真的受寵若驚，尤其編輯團隊的誠懇認真與謙卑熱忱，更讓我深受感動，所以立刻欣然同意。公司認為我在這個專業領域有傑出表現，又讓我再度感受五南對具有專業知識領域人才的肯認。臺灣有這麼質樸踏實的出版社是出版業的楷模與典範。

出版社多如過江之鯽，如此優質的出版社也歷經了五十個年頭，創業的艱辛以及經營上會遭遇到的困難相信非外人所能想像。「出版業」也是一種媒體，卻常常被一般人所忽略，然而卻是推動社會進步的原動力，尤其現在充斥著許許多多影響人心風氣的媒體文字，五南仍能秉持著學術專業的精神在業界屹立了五十年實屬不易。除了早期的教育、法律外，近年亦開發了理工、醫護的市場，並且也不僅限於教科書與考試書，現更有市場書的經營，產品面的擴展實為一間公司的生存之道。

恭喜五南邁入五十年，進入「五十」的路上也克服了很多「艱難」，也祝福在臺灣如此優質的出版社能持續、繼續、永續，迎接更多的五十年。

五南出版著作

《給水與純水工程：理論與設計實務》

《污水與廢水工程：理論與設計實務》

特派主編赴日 展開新書企畫之旅

【記者劉靜芬／報導】

五南為了在書系的規畫上能有新的突破，因此今年十二月特別規畫日本書店之旅，安排法政與商管主編前往日本三大書店，希望能從日本的出版動態中，尋求不同以往的出版規畫。

主編們規畫的日本書店之旅，預計參訪三省堂、紀伊國屋以及丸善書店。從這些書店的擺書、樓層的安排，發現日本的出版相當多元，不只是一般學科，各式各樣的知識都可以做成書。在暢銷排行榜上的學習書相當多。

■日本的兒童學習書清一色是學習漫畫。

出版職人

社　　名：五南圖書出版股份有限公司
創 辦 人：楊榮川
局版臺業字第 0598 號
電　　話：02-27055066
傳　　真：02-27066100
劃撥帳號：01068953
地　　址：106 臺北市和平東路 2 段 339 號 4 樓

營運狀況
年度新書：455 種
累計出書：8411 種
從業人員：79 人
年成長率：-8 %

大事與聞

■一月，廣電三法修正案版本，然交付院會二三讀時被擋下。
■二月，江宜樺與毛治國接任行政院院長、副院長。

其次，日本的文學書出版三年後會以文庫本的形式重新出版，因為走輕薄短小路線，價格大概是原先正常版本的一半左右，因此在日本有很大的市場。像是三省堂就有一層樓都是文庫，且人潮應該是最多的。

再來是日本的兒童學習書，清一色幾乎都是學習漫畫，許多知名的漫畫也進入了學習漫畫世界。像是哆拉A夢、櫻桃小丸子、蠟筆小新跟名偵探柯南，由這些已經深植小朋友心中的卡通人物，來教導數學或是天文，特別具有親切感。

少子化世代來臨，從下開始扎根，也是一種拓展品牌線的好方法。

▲TOP

第一本自製的APP電子書

《落台語真簡單》APP

許晉彰、盧玉雯 編著

鄭安住 錄音

五南圖書出版股份有限公司

二〇一三年十一月出版

五南第一本自製的APP電子書，從內容規畫、美術設計、錄音對話、遊戲設計等，皆由同仁分工合作集體完成，還得到文化部的補助獎勵。**（黃文瓊提供）**

第一個自製的APP電子書城

五南夢書城

五南圖書出版股份有限公司

二〇一三年九月出版

五南第一個自製的APP的電子書城，也是公司出版品數位化的第一步。目前上架圖書已上千種。**（王翠華提供）**

▲TOP 國內第一本海洋事務領域書籍

《海洋事務概論》

莊慶達、李健全、游乾賜、黃向文、碧菡 著

五南圖書出版股份有限公司

二〇一三年九月出版

在即將迎接「海洋臺灣」最具指標性的組織——海洋委員會誕生之際，本書是國內學術界第一本著墨此領域的書。**（觀光編輯室提供）**

第一套與國家圖書館合作的專書

《中華民國圖書館事業百年回顧與展望系列》

林光美 主編

五南圖書出版股份有限公司

二〇一三年十二月出版

與國家圖書館合作的第一套百年紀念專書。當初嚴祕書長要求先訂定「編輯手冊」才開始編輯作業，並幾經修改才定案。這套書共十二冊，作者都是學術界一等一的人選。**（台灣書房編輯室提供）**

放送臺

年資滿二十五年頒贈金幣

【翁貴鳳／提供】

年初的尾牙宴上，董事長頒發金幣，給第二位年資滿二十五年的電腦中心部門翁貴鳳小姐，以資獎勵。

台灣書房併入五南

【台灣書房編輯室／提供】

今年七月起台灣書房全部書系併入五南圖書出版，出版種類除原有相關臺灣文化、人文知識讀本外，並將新增大專學術專書與大專教材等。如《臺閩文化概論》、《台灣近代美術初期之發展》、《台灣的齋堂與巖仔》等相關書種。

特稿

邱燮友
前臺灣師範大學國文學系教授

祝五南五十周年慶賀辭

經營書肆積攻德，服務學者喜相逢。莘莘學子靠書籍，山輝川媚①在其中。
翰海無涯津梁渡，朝日光耀指向東。輔佐子衿②維典冊，龍飛鳳舞繞柏松。
大學教材專著多，培植人才十年功。半個世紀勤耕耘，五處開花種春風。
勤策勤力不畏難，光明前程引東風。耕耘書田種植苦，收穫稻穗慶年豐。

注①：山輝川媚：典出《文選・陸機・文賦》：「石蘊玉而山輝，水含珠而川媚。」比喻人有才華，可以發揮其潛力。

注❷：子衿：典出《詩經・國風・鄭風》「青青子衿，悠悠我心。」子衿，指周代大學生，其衣襟為青色。

出版職人

社　　名：五南圖書出版有限股份公司
創 辦 人：楊榮川
局版臺業字第 0598 號
電　　話：02-27055066
傳　　真：02-27066100
劃撥帳號：01068953
地　　址：106 臺北市和平東路 2 段 339 號 4 樓

營運狀況
年度新書：408 種
累計出書：8819 種
從業人員：75 人
年成長率：-2 %

大事與聞

- 實施全募兵制。
- 教育部推估，一〇五學年少子化開始嚴重衝擊大學招生。
- 五月，南韓 MERS 疫情。

五南文化廣場臺中總店
文創新型態轉型開幕

【記者李卿華／報導】

五南文化廣場臺中總店創新型態於三月四日舉辦開幕活動，楊榮川董事長、立委黃國書、前臺中教育局長蔡瑞榮、臺中教育大學王如哲校長、國史館臺灣文獻館館長張鴻銘、臺灣公益CEO協會理事凌健等等文化教育界人士齊聚，慶賀五南新型態書店正式開幕。

時光移轉與變遷，五南文化廣場臺中店見證了書市巨大的變化，更經歷臺中市興衰與起伏，由原先中部交通運輸中心，到市區商圈的移轉。進而這幾年「旅行」的興起，另外一股新興消費力進駐到臺中舊市區，在這股洪流中力求轉型，尤其是斥資一千五百萬元，長達兩年的整修計畫。除了硬體設備的更新，更以家的概念推出「創意生活、親子兒童、知性人文、學術考用」等四大主題的新型態書店。

為解決實體書店內書籍陳列

■以家的概念推出創意生活、親子兒童等四大主題，為新型態。

■董事長楊榮川（前排左三）及貴賓共同剪綵。

數量受到空間局限的問題，臺中總店採前衛的概念，將實體書店與虛擬網路書店充分結合。進入書店內，訪客可透過二十吋多點觸控式平版，只要輕輕一點，五南網路書店裡六十多萬筆的圖書資料庫，都可以自由瀏覽與選購，而店內服務人員也可透過平板電腦連結各項網站資訊，同時提供讀者免費諮詢。

另外特別引進臺灣本土動畫品牌POPA主題親子樂園首次進駐臺中與五南合作，並結合工研院最新腦波意念遙控技術及互動故事屋等獨特性服務。

董事長楊榮川表示：敢投資，圖書出版產業才有機會生存，他希望大眾支持文化事業。五南全臺有七家直營店，母體是以出版起家時間長達四十七年，以專業學術大專校院教材希望奉獻出版流通產業，由於科技發達與競爭；為了求生存希望書店改變，以臺中總店為雛型的文創新型態書店，為了扭轉圖書產業，不惜成本投入資金改造，若總店走創新路線成功，從北到南等七家分店將帶動，其中將以高雄店、臺大店跟進，持續轉型，提升顧客服務品質與多元發展計畫，創造更美好的未來。

五南文化廣場全臺七家直營店

直營店	開幕時間
臺中總店	民國八十四年七月
逢甲店	民國八十八年九月
高雄店	民國八十八年十月
嶺東書坊	民國九十年九月
屏東店	民國九十年十一月
海洋書坊	民國九十三年四月
臺大店	民國九十九年十一月

專業主編的條件 手把手通過十次見習

【King／提供】

自小，喜愛閱讀的我對於「編輯」這個職業一直懷著無限憧憬，一〇二年初在前輩的帶領下，我從責任編輯開始，學習基本的編輯、校稿等基本功，隨著時間的過去，我逐漸熟稔了一本書從交付稿件到出版成書的所有流程。一年後，有幸得到升任「實習主編」的機會，能夠得到長官的認同固然讓我受寵若驚，但也難免懷疑自己的能力是否足夠肩負起這個重責大任？

由於編輯部的整體業績是由十一個編輯室所共同承擔的，而各編輯室的主編除了對自己經營的領域負有成敗盈虧的責任，及相關領域的知識背景之外，還需具備許許多多的條件，從未接觸過主編事務的我，心中十分忐忑。

所幸透過公司的「主編實習計畫」，安排我跟隨在十個不同領域的主編身旁學習，一同拜訪作者、參與會議等，實習期間我用心觀察每位主編的特色與長處，從中學習思考，創造自己的風格與做事方法。也了解到主編與責任編輯最大不同，就是需要更多的創意、想法，以及與人溝通的能力，實習期間前輩們不吝分享及鼓勵，讓我認識到了作為一個專業主編的心態與責任，也因此更堅定了自我挑戰的決心。

現在，我已經成為了需要肩負起一個編輯室責任的主編，但還有太多需要學習的東西，所以絲毫不敢停滯，隨著出版產業的改變，我們絕不能畫地自限，出版環境在轉換，編輯亦要隨時更新自我，才能共同成長不被淘汰！

太陽花掀開服貿黑箱 出版業堅守最後防線

【法學中心／報導】

二〇一四年三月的太陽花學運，讓所謂的「海峽兩岸服務貿易協議」突然躍上檯面，原本漠不關心的大眾，關注起這個讓學生們衝進立法院的「服貿」。早在學生發起學運之前，大塊文化的郝明義先生，已經針對服貿的議題，提出許多質疑，且辭去國策顧問一職。

究竟所謂的「服貿」會對臺灣的出版業造成什麼衝擊呢？服貿中針對臺灣開放給大陸的部分最重要的是以下這點：「允許大陸服務提供者在臺灣設立合資企業，提供印刷及其輔助服務。大陸服務提供者限投資臺灣現有事業。大陸服務提供者總股權比例不超過五〇%。」既然持股不會超過百分之五〇，那麼為何出版業要這麼反對呢？而且開放的是印刷業，又不是出版業。

可以從以下一個故事來理解，出版業為何這麼反對的原因。二〇一四年三月二十九日英國衛報報導，美國讀者文摘出版社原訂在即將出版的小說精選集中，收錄一位澳洲作家的小說，卻因該小說中，有一個角色是遭到中共鎮壓的法輪功成員，在小說印製過程中，被中國的印刷廠審查後要求刪除相關內容。

整個事件形同中國印刷廠對澳洲作家交由美國出版社出版的小說進行「境外審查」。中國印刷廠要求讀者文摘出版社移除書中「所有關於法輪功，以及關於中共當局虐囚行為的敘述」。若出版商不移除這些內容，小說集就必須送到香港的印刷廠印刷。如此一來，出版社必須多支付三萬美元印刷費用，最後出版社屈服了。

政府不斷強調，服貿協議沒有開放出版業，事實上臺灣早已廢除出版法，出版業完全沒有任何限制。至於印刷業，政府一直強調開放印刷業無涉言論自由。政府聲稱按目前版本，服貿協議開放中資入股印刷業設有五十%的上限，應該不致於影響印刷業的經營。但根據產業界經驗，一半的股權已足以控制公司經營，發生在《讀者文摘》刊物上的審查刪文事件，在服貿協議生效後，很可能即將發生在臺灣的任何一本刊物上。《讀者文摘》殷鑑不遠，臺灣不可不慎。

《超人不會飛——鋼鐵人醫生的逆襲》

新書發表 感動上市

【記者溫小瑩／報導】

十一月六日五南圖書出版公司於誠品信義店舉辦《超人不會飛——鋼鐵人醫生的逆襲》新書發表會。現場除了嘉賓雲集，同時來了一群由老師帶隊校外教學的小朋友們，這群小朋友們的參與，為這場新書發表會增加意外的驚喜，更符合五南出版青少年課外閱讀圖書的主題。

許超彥醫生說到：「受傷以前，沒有人邀我去演講。成為『專業病人』以後，短短半年，接到了上百個演講邀約。跌倒以前，即使我們的人生也很精彩，卻沒有人找我們出書。」這本書是由許醫生和其夫人Susan合寫，Susan表示之所以想將他們的故事寫成書的原因是：「失敗讓我們走出自己的一條路，使我們成為現在的我。因此，希望透過這本書，給予青少年勇氣，不要害怕失敗，把它當作偉大的學習機會！你將會成為得勝有餘的人。」

這是五南圖書出版公司首次跨足青少年勵志書籍，叢書主編胡芳芳說：「策畫這套少年博雅系列是希望透過這些實現夢想的熱血故事，讓讀者領略每位主

■《超人不會飛》作者黃述忱（右）、許超彥（左）。

角從小到大的生命歷程，如何克服逆境與考驗，找出自己的一片天，鼓勵青少年發現自己的天賦才華。人生不是只有考一百分、念名校、會考試才會成功。」

總編輯也表示：「希望透過這套書，讓青少年看到臺灣代表性人物，也正和大家一樣面對每天的生活，有快樂也有煩惱，即使他們現在或許是大家眼中的成功者，也要時刻解決許多挫折與生命的難題。」

《超人不會飛》一書作者沒有用華麗、精雕細琢的詞藻，也沒有灑狗血、煽情的劇情，而是以真摯、平實的文字娓娓道來，寫出有趣、感人又勵志的親身經歷，除了跟著作者的喜悅、緊張、悲傷、絕望心情起起伏伏，更讓人佩服他們能從絕望的谷底中再度爬起來，翻轉自己的人生。

▲TOP 最勵志的青少年讀物

《超人不會飛：鋼鐵人醫生的逆襲》

黃述忱、許超彥 著
五南圖書出版股份有限公司
二〇一四年十月出版

少年博雅文庫第一本書。身為編輯的好處就是可以看到第一手的書稿，在看初稿時，心情隨著作者從小到大的經歷起伏，看著看著眼淚便不由自主流下來。作者用真摯平實的文字，寫出親身經歷，令人感動萬分。**（中等教育事業處提供）**

名家策畫 最經典的文學套書

《廖玉蕙老師的經典文學》

廖玉蕙 總策畫
五南圖書出版股份有限公司
二〇一四年一月出版

名家為中小學生編寫的套書、全套賣出大陸版權。其實老師答應主編去拜訪是因為五南就在任教的學校對面，即使拒絕了也不會太麻煩編輯。那時主編火力全開，說服老師擔任總策畫為中小學生讀物揮灑彩筆。果然使命必達！**（辭書編輯室提供）**

中等教育事業處因應課綱 重新出發

展望高職教科書市場

【記者楊碧雲、李貴年／報導】

自民國八十九年底設置「高職出版部」，一年以後，一張一○○%業績目標達成率的亮眼成績單交出，受此振奮，自此決定擴大編制成立「中等教育事業處」增加出版類別，一場披荊斬棘、開疆闢土、備極艱辛的意外探索於焉展開。一○四年，技職教育界再改革，高職改名為技術高中，中教處在新的年度已準備好迎接新的挑戰。

有別於大專教科書悉以教授之教學理念為依歸的出版模式，高職教科書的出版則須受教育部所頒布的課程標準所規範。民國八十七年以前，一套課程標準往往沿用六至十年，出版社因不須反覆投資，利潤自然豐厚可期；但民國八十七年以後，也就是在五南初涉高職教科書市場後的短短數年內，政黨輪替的結果使得課程標準歷經了史上最頻繁、最驚奇的更迭，包括八十七年、九十五年及九十八年課程標準等，真可謂是生不逢時命運多舛！

這密集的三年一變的更迭結果，所代表的意義除了是三次大量舊作庫存的作廢、三次新作的重新出版和三次人力資源的反覆投入以外，背後所承擔的其實是更大的壓力——資金的重複投資、浪費及經營上的不確定性，誰也無法預料，繼民國九十八年之後，是否還有再變動的可能?雖研判機率不大，但這種不確定性，著實增加了企業對未來規畫與預測的困難，犯了經營上的大忌，遂於民國九十七年初忍痛重訂「保守出版、審慎經營」的策略，出版方向、出版數量、營運模式均因而大幅修正。

歷經數年的營運策略調整，中教處一直秉持開源節流的精神，採用精兵模式與多元出版型態結合，期許在有限的資源下創造佳績。面對多變的高職教科書市場，中教處積極提升編排能力及規畫開發新興科系教材，因為今日的教科書除了內容要求外，在設計印刷上均突破過去，都以圖多字少的雜誌風格來吸引學生，所以圖解式及速解式教科書也因運而生。

九十九年高職新課綱啟動，中教處開始投入觀光科教科書，待一〇一年完成邀約後陸續完成觀光資源、解說教育、國際禮儀等教科書；一〇二年規畫增加表演藝術科教科書，目前亦陸續出版中；一〇三年踏進社會書出版領域「少年博雅系列」目前計畫出版《超人不會飛：鋼鐵人醫生》、《設計你的夢想：衣鳴驚人 吳季剛》、《籃球火：勇不放棄 林書豪》、《江蕙：甲你攬牢牢》等系列書。這是中教處首次進軍社會領域市場，希望能開創佳績。

一〇四年，技職教育界再改革，高職改名為技術高中，中教處已準備好迎接新的挑戰，待一〇五年技術高中課綱公布，蟄伏已久的中教處將重新啟動，挑戰未來所規畫出版的每一本書，其業績長虹，蒸蒸日上。

▲TOP 最具影像經驗的創作書

《影像的原則：初學者到專業人士的分鏡》

富野由悠季 著 林子傑 譯
五南圖書出版股份有限公司
二〇一四年十月出版

透過「鋼彈之父」吸引動漫迷及創作者閱讀。本書原作者富野由悠季，光看名字可能有點陌生，但是若說是粉絲無數的動畫鋼彈系列，就大大有名了。作者以其累積數十年實務經驗寫成的書，對影像創作者有絕佳助益。**（教育編輯室提供）**

最具挑戰性的超易圖解書

《速解心理學》

楊錫林、蔡盧浚 編著
五南圖書出版股份有限公司
二〇一四年十一月出版

二代圖解 SO-EASY 超易系列的第一本書，是本編輯室史上最具挑戰性的任務。老闆膽子大，不怕交給市場書出版經驗少的編輯室，尤其心理學多奧祕，怎麼編輯出有趣圖解，如何一看即懂？此書出版給了主編莫大鼓勵。**（中等教育事業處編輯室提供）**

《教改休兵，不要鬧了》新書發表

教育學家齊聚對談

【記者陳念祖／報導】

十二月二十七日，五南圖書出版公司在福華文教會館，舉辦了李家同教授《教改休兵，不要鬧了》新書發表會，共邀請了國立政治大學教育系的周祝瑛教授、國教行動聯盟理事長王立昇教授、臺灣師範大學特殊教育系吳武典名譽教授，和李家同教授對談。

十二年國教在一○二年正式實施，實施後引起家長團體的強烈抗議，一向關心教育的總統府資政李家同教授，特別撰寫了新書《教改休兵，不要鬧了》，並舉辦了新書發表會。

發表會上李家同教授一一指出十二年國教的諸多缺失：十二年國教表面上是希望學生不要分分計較，強調免試入學。但其實是用會考取代基測，考試的壓力依然存在，甚至會考難度超過基測，更是與免試入學口號完全相反。

李教授指出，教改原意是要減少學生升學壓力，但是從民國九十四年至一○三年，補習班總數十年內從九七一四家增為一萬八八八六家，增加近一倍，不但臺灣本島都會區的升學壓力沒有改善，金門的補習班數量也從十家增為二十七家。李家同教授感嘆，政府應該真實面對補習班增加反映出學生的升學壓力。

李家同教授認為，教改最大的問題就是沒有真正找出當前的教育問題，最需要改善的是學生的學習落差，而不是放在入學方法上；教育政策最好不要再改，徒然造成學生的困擾。在場的周祝瑛教授、王立昇教授、吳武典教授，紛紛為現行國教擔憂，也分別提出了對教改和十二年國教的批評。

2015-2017

第三期三年出版規畫 出爐

【記者王翠華／報導】

綜觀前兩期的計劃，可以歸納為兩個重點：一是「品牌定位」、一是「資源分配」；一個挑戰：「邁向數位化」。未來三年計劃將以深化細化落實這「兩個重點、一個挑戰」為目標，繼續努力。

五南深耕出版五十年，累積了深厚的人脈資源；五南也是個人才濟濟、臥虎藏龍的地方；透過內部創意＋創新＋創業的方式，可以讓資源更加靈活運用，朝著建構一個「學術・教育・知識花園」的目標而努力。

五南以國考用書奠基、靠大專教材弘揚，為配合各級學生數的結構性變化，從二〇一二年開始擴大學校市場的縱深，上及研究所、下入國中小，試圖構建學校教育用書的一貫體系，成為五南的主要出版主軸，也是五南未來發展的藍圖。王雲五的「商務印書館」與民國同年，至今超越百年，仍然在兩岸學術出版界發光發熱。前瞻「五南」，當努力以赴！

半輩子的奉獻
年資滿三十年獲頒金牌

【記者蘇秀林／報導】

首位在職年資滿三十年的員工誕生了，總經理在一月底的尾牙餐宴上頒授金牌給資深職人獎勵。獲頒金牌的印務部經理是從民國七十三年到職服務至今，整整三十年，說默默奉獻一點也不為過；版權頁上並沒有署名，一本本送印又要能配合各編輯室的出書進度，在最後關頭與印刷裝訂廠商一一協調。

由於老經驗，編輯室文件檔案等給的不齊只有被叮的份。逢開學季每本書都急著印出來，偶爾會聽到她敞著嗓門與廠商「大聲討論」……五南所有的書都得要過她這一關，才能順利抵達讀者面前。

Google Play Books 五南電子書開賣

【記者楊士清／報導】

三月起五南電子書在Google Play Books正式開賣，服務全球的讀者，全天候，不打烊而且幾乎零等待。

讀者一次購買，即可在手機、平版或電腦上閱讀。Google Play Books同時支援Android及iOS的系統，具有跨平臺的優點，讀者不必擔心換了不同品牌的手機而損失之前購買的電子書。讀者只要有Gmail之類的Google服務帳號，在「Google Play Books」就可以進入搜尋閱覽或購買。對於習慣於看電子書的讀者來說，非常方便。

Google Play Books（以下簡稱「Google書店」）是第一個進入臺灣市場的國際性線上書店，對出版商而言是全新通路。對讀者而言，多了更方便的購書環境。Google書店在機制上有兩種格式的內容：可縮放和搜尋文字的ePub格式以及固定版型的PDF格式；讀者可以在兩者之間切換。如果熟悉iBooks或Amazon Kindle等同類型閱讀軟體，操作更能很快就上手。

電子書還有個很方便的功能是全文檢索，只要輸入關鍵字，即可瞬間找到。另外還有書籤、跳頁等功能，對於閱讀工具型的書，非常有效率。雲端還會記得讀者閱讀到哪裡，無論讀者在哪一個裝置上打開，即可翻到最近閱讀的位置。Google的平臺有扎實的技術支援，使用起來相當穩定。

讀者只要在Google Play Books搜尋五南的書，點入後，可先試讀部分內容，確定是自己想要的，再下單購買。五南電子書目前已有八百零九本上架，陸續增加中，為讀者提供更多元、更便利的服務。

出版職人

社　　名：五南圖書出版股份有限公司
創 辦 人：楊榮川
局版臺業字第 0598 號
電　　話：02-27055066
傳　　真：02-27066100
劃撥帳號：01068953
地　　址：106 臺北市和平東路 2 段 339 號 4 樓
營運狀況
年度新書：396 種
累計出書：9215 種
從業人員：77 人
年成長率：-4 %

大事與聞

■八月，教育部微調課綱一日正式上路，引發教育部前廣場的反課綱行動。

跨足童書展 品牌年輕化

【記者陳姿穎／上海報導】

二〇一五年十一月十三日五南邁向新的里程，首次參加中國上海國際童書展CCBF。望眼亞洲，父母對下一代的殷切期盼導致兒童消費市場旺盛的需求量大增，五南仍著眼教育，往下紮根，致力服務這一分眾市場的發展，專注地投入大量人力和物力，企求在兒童教育上盡一分心力。

今年童書展，不僅中國大陸展商大力支持，國外出版社更是大力支持，英國、美國、德國、北歐、法國、馬來西亞、韓國、日本等踴躍加入陣容外，跨國版權貿易更是五南「走出去」的最佳分享。國外版權引進、或是中國版權賣出，五南跨足童書的訊息發布，甚至是在閱讀、數學、科普等各領域的成果成為出版社詢問的焦點。除版權運作交易外，大陸許多圖書廠商更躍躍欲試，期盼繁體書直接踩入大陸市場。

維持三天的展期，除了圖書出版專業人士之外，更有許多家長帶著孩子前來，一本又一本有耐心地閱讀著，少子化的趨勢下，孩子往往是家中的至寶。家長願意投注在兒童圖書的消費意願比成人市場高出許多，兩手提滿了書籍不說，更有家長拉著行李箱，展開驚人戰鬥力。

聚集五萬多種中外童書，三百多家出版和文化機構，CCBF是一個平臺，讓五南站在國際和世界的巨人肩膀上，不僅看見國際的趨勢，更督促五南在近期內快速且大量地投入自製的童書和學習書領域，並朝國際化邁入，讓國際看見臺灣教育的美好果實。

■五南著眼教育，往下紮根跨足童書，首次參加上海國際童書展 。

簽約臺大王自存教授
五南正式進軍農學領域

【記者李貴年／報導】

「五南」在即將滿五十周年之際，創辦人思考將以「農業／農學／農技／農藝」做為下一個努力的目標。因此總編開始規畫，搜集各校農學院相關系所的課程地圖和授課師資，從國立臺灣大學為起點，撰寫邀稿信函、進行電話訪談說明，並立即安排拜訪行程。北部從臺灣大學開始、中部從中興大學切入，直到最南端的國立屏東科技大學也不放過。

雖然敲門碰壁是無可避免的，但農學院的老師大多熱情善良又直爽，看我們跑累了會招待點心茶水、中午到了會幫忙買便當或帶我們去用餐、學校太大怕我們迷路還會親自帶路引薦其他老師；這些小小的鼓勵總讓我們忘記疲憊與挫折，繼續前進！

終於努力有了欣喜的結果，在一○四年十二月二十五日與臺大王自存教授簽下了《園產品處理學》的出版合約，這是五南正式進軍農學領域的第一本教科書。王教授是美國加州大學戴維斯分校植物生理學群博士、任教於臺灣大學園藝暨景觀學系，有二十多年的豐富的教學經驗，研究專長為蔬菜及花卉處理、採後生理及處理等。

但因老師求好心切，二十多年來一直不輕易出手；直到收到我們的邀約信，才觸動了出書的念頭；因此將自己改版過二十多次園產品處理研究及教學講義與我們分享討論。透過溝通與說明，老師終於放心與五南合作，希望能出版一本媲美國外教科書的作品，並給自己留個紀念。

所謂「天道酬勤」，一點不假。經過多次電話信件往返、親自登門，

■李貴年副總編（左）與王自存教授（右）合影。

陸續得到中興大學黃振文副校長、陳樹群院長，嘉義大學植物醫學系蕭文鳳教授、木質材料系夏琪滄副教授，屏科大陳美惠主任等的認同與引薦；不但有愈來愈多的老師知道「五南」，而且認識了農業委員會林業試驗所 張東柱博士、傅春旭博士，並達成合作。

同時我們也向下延伸在技術高中進行農科的邀稿。終於與任教市立松山農工園藝科張詩悌、張瑞汝、謝宗穎等老師簽署第一本技術高中農業類《造園》Ⅰ、Ⅱ二本教科書。

「農學」是從零開始的領域，當我們接到這份責任時，就馬不停蹄的計畫、努力拜訪邀稿，真應驗了「一份耕耘一分收穫」這句話，在此我們期待未來有更多教授提供個人專業領域研究來豐富農學教科書，讓五南在出版業再創農學領域的新品牌。

通過五項實習 成為正式編輯

【吳肇恩／提供】

來到公司轉眼已經過了三個月，從一開始對自動化系統的生疏、填落版單和發排單時總是緊張怕出錯、常常記不起書籍編號等等，到現在可以說是同時進行四、五本書也不至於慌亂。

從小我就喜歡與文字為伍，佩服和讚嘆文字所能傳達的力量，因此一直希望長大可以從事與文字相關的工作，成為編輯可以說是自我懂事以來的夢想。一本書從整檔、送排、校稿到送印，看著它從一開始的文字慢慢有了書的雛形，油然而生一種「母愛」，也有了要把書做到盡善盡美的動力和決心，這正是我想像中編輯的樣子！

除了編排校稿，試用期間還需通過五項實習的考核，才能正式任用。（一）排版部實作：了解書稿編排流程、（二）印刷裝訂廠實作：了解印製上下游流程、（三）發行中心實作：了解倉儲物流、（四）業務訪校：實際拜訪老師、（五）文化廣場實作：當書店的一日店員。讓我印象最深刻的就是發行中心和一日店員了，因為這對於平常沒在運動練身體的我來說，真的是非常非常的累，實習完回到家就癱倒在沙發上，不過所獲得的經驗和回憶卻也非常的難忘。

這三個月的日子過得非常充實，尤其看到自己的名字出現在愈來愈多本書的版權頁上，就覺得很有成就感。希望未來可以做出更多編排設計好看、內文挑不出破綻的好書。

五南文化廣場

政府出版品經銷權10年 成功打造專賣店形象

【記者陳閔禎／報導】

行政院研考會政府出版品展售門市經銷商權在民國九十六年以後的每二年一次的重新競標，改由「五南文化廣場」為主、五南出版機構為輔的經營團隊得標，前後已長達十年，為五南在自有出版品之外，開發了另一龐大商機，也是五南在茁壯過程中的一個極重要的里程碑。

政府出版品每年出版量近六千種且內容多元豐富，特別在臺灣文史、典籍整理、漢學研究、繪本圖書及自然生態保育等領域，具體地表達了臺灣的國際觀、史觀和地方特色的多元樣貌。

「五南文化廣場」在二〇〇五年七月榮獲行政院研考會政府出版品展售門市經銷商權至今已有十個年頭，於推廣期間內，培訓專業專責的經營團隊，從臺灣頭走到臺灣尾，西半部跨到東半部，經營板塊從國內書展巡迴、書店通路布建，到利用海外書展機會，將國家出版品於大陸地區展出，突破政治禁忌。更將經銷通路擴展至兩岸三地、日本、新加坡等海外華文圖書市場。

「文化廣場」所經營的圖書與政府出版品展售門市除現有分布北從基隆、南至屏東的七家直營門市，及其成立的「政府出版品專屬物流中心」，更與臺灣博客來、誠品、金石堂等連鎖（網路）書店通路合作，提供政府出版品全臺綿密的銷售據點與近萬家便利商店取貨便利外；加上海內外圖書發行網絡、大陸的行銷管道，長期累積的資力與商譽，已提供政府出版品充分發行的空間，擴大了政府出版品的影響力、成功打造「政府出版品」市場品牌；同時給讀者建立了「五南文化廣場＝政府出版品專賣店」形象。

出版職人

社　　名：五南圖書出版股份有限公司
創 辦 人：楊榮川
局版臺業字第 0598 號
電　　話：02-27055066
傳　　真：02-27066100
劃撥帳號：01068953
地　　址：106 臺北市和平東路 2 段 339 號 4 樓

大事與聞

■五月，民進黨蔡英文、陳建仁當選正副總統，第二次政黨輪替。

大專出版社也能做童書？

新編學習樹系列

結合課綱知識

【記者王正華／報導】

「孩子的教育不能等」是許多父母的心聲。學校是孩子重要的教育搖籃，但是除了學校之外，生活教育更是幫助孩子成長的關鍵，可以讓學校中所習得的知識，成為生活中的幫助、身上帶不走的技能。可是市面上充斥著為了應付考試的參考書，或是普羅大眾的科普書，難道就不能有跟學校課程連結、適合不同年齡、不同程度的孩子的學習書嗎？

有鑑於此，五南圖書出版公司走出以往大專用書的路線，踏進了兒童書籍的領域，精心策畫了「學習樹」叢書。期盼藉由此套叢書的出版，讓孩子從小就能接觸到優質的課外讀物；透過漫畫、圖解、情境故事等方式，將生活周遭觀察到的人事物，與平常在學校所學的知識密切結合。

該叢書是依據十二年國教課程規畫設計，強調「分級閱讀，適性學習」。以寓教於樂方式，提供孩子「語文、健康與體育、社會、藝術與人文、數學、自然生活與科技」等六大學習領域的延伸知識；就像「樹」一樣，有「根」的基礎知識，進而向上發展為「樹枝」和「樹葉」，由簡而繁、由點到面、開枝散葉，全面涵蓋中小學生所需的知識與技能。

「學習樹」叢書從研發、製作、試讀、到正式出版歷經兩年，其間編輯團隊以最嚴謹的態度，對內容敘述字斟句酌、對版型插畫亦不斷討論修改，最後經過大學教授和國小老師的審定，確定在二〇一六年一月誕生！歡迎學校老師索取樣書試閱。

李家同新書發表從工業觀點為台灣加油

【記者王正華／報導】

五南圖書出版公司謹訂於二〇一六年四月十一日下午兩點在臺大醫院國際會議中心舉辦李家同教授新書《李家同為台灣加油打氣》的發表會。李教授歷任靜宜大學校長、暨南大學校長，退休後擔任清華大學、暨南國際大學、靜宜大學的榮譽教授，以及總統府無給職資政。李教授平日關心時事新聞，並多次發表對臺灣教育現況的論述；李教授亦為博幼基金會董事長，為了臺灣弱勢孩童的教育不遺餘力。

許多人都不知李教授實為理工背景，是美國加州大學柏克萊校區的電機博士，對於臺灣工業技術亦多有了解。李教授有感於國內媒體對臺灣工業前途普遍不看好，特地執筆寫出臺灣其實擁有很多令人驕傲的基礎工業技術。這些技術不僅僅在國際上有領頭的地位，更是讓競爭者難以超越。

除此之外，臺灣也有很多很優秀的工程師，在他們的工作領域上也有很傑出的表現，而這些都是媒體未曾報導過的，需要國人一同來關心，需要我們對臺灣有信心，一起為臺灣加油打氣！臺灣加油！

總統賀電

華總二榮電：105030203號

李資政家同、五南文化事業機構楊董事長榮川暨全體與會人士公鑑：

欣悉訂於本（105）年4月11日舉辦「《李家同為台灣加油打氣》、《為台灣教育加油：李家同觀點》新書分享會」，特電致賀。至盼藉由此項盛事，正視精密工業發展，眷注教育改革議題，深化人文關懷素養，啟迪社會正向能量，共同為營造繁榮進步之現代化國度貢獻心力。敬祝活動圓滿成功，諸位健康愉快。

馬英九

中華民國 105 年 3 月 23 日

附錄一

五南文化事業機構經營理念

打造一座　百花綻放的知識公園

歡迎光臨這個屬於愛書人的園地！

這是一座浩瀚的知識公園，含括知識的各個領域，統領學科的各個層次。您可以在此遨遊，吸粉釀蜜；也可以在此播種，期待花開。

這兒有各種主題的深淺呈現，人文的、社會的、自然的，也不缺科技的；豐富多元的面向，不只傳遞先人的智慧經典，也凝聚當今學者的新知卓見，縱貫古今，橫跨中外，讓你的閱讀生活更多采。

憑著堅持與用心，五十年的耕耘，我們開闢了一方沃土，打造了一座知識公園，枝繁葉茂，百花綻放。誠摯邀請您，在竹林小徑上，吟詠唐詩宋詞；駐足樹下，領會皮亞傑的教育哲學；埋首涼亭內，沉思民主的真諦；輕舟湖影中，享用科技發展的產物。漫步花園，領悟「一花一天堂、一書一世界」的奧妙。

知識：弘揚學術、傳承知識，是恆久不變的夢想。

創新：傳揚新知，激發創意，是百年不悔的堅持。

責任：積極負責、效率品質，是永續推進的動力。

附錄二

五南文化事業機構體系圖

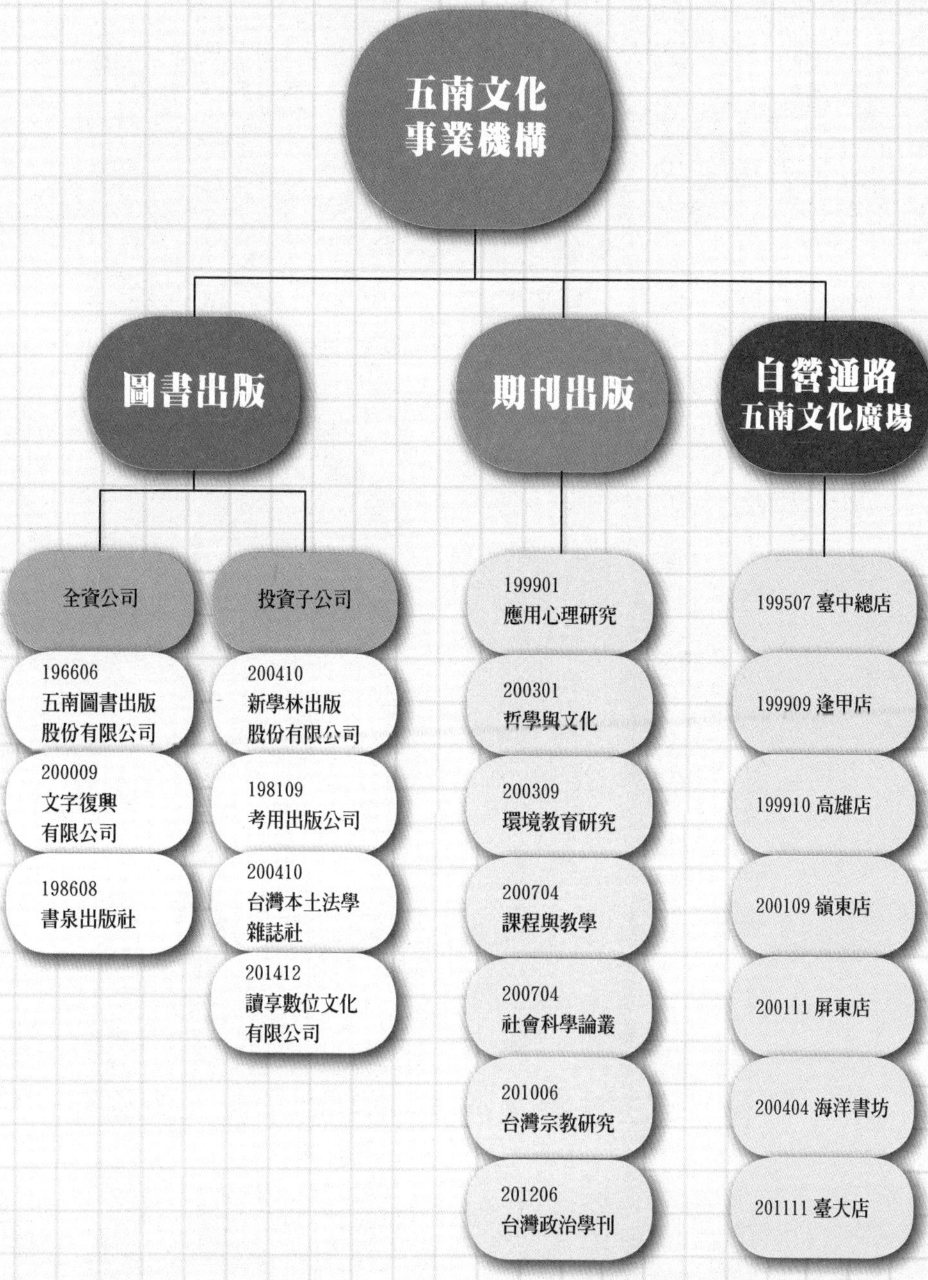
五南文化
事業機構
圖書出版
期刊出版
自營通路
五南文化廣場
全資公司
投資子公司
196606
五南圖書出版
股份有限公司
200009
文字復興
有限公司
198608
書泉出版社
200410
新學林出版
股份有限公司
198109
考用出版公司
200410
台灣本土法學
雜誌社
201412
讀享數位文化
有限公司
199901
應用心理研究
200301
哲學與文化
200309
環境教育研究
200704
課程與教學
200704
社會科學論叢
201006
台灣宗教研究
201206
台灣政治學刊
199507 臺中總店
199909 逢甲店
199910 高雄店
200109 嶺東店
200111 屏東店
200404 海洋書坊
201111 臺大店

附錄三 封面設計演進

一九六〇年代～早期的考試用書封面簡單而明確，只用不同顏色區隔不同的領域，一點都不囉唆。

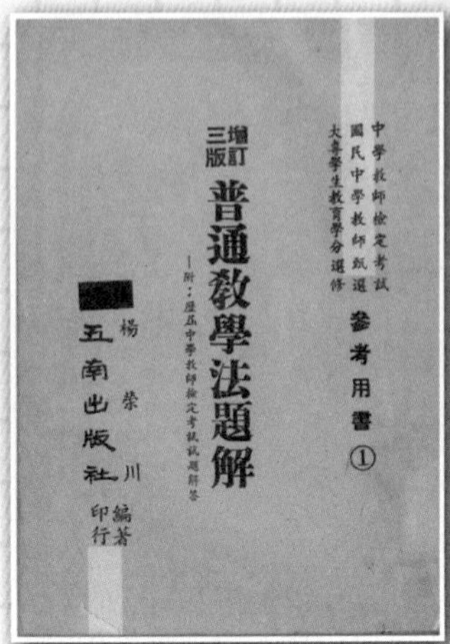

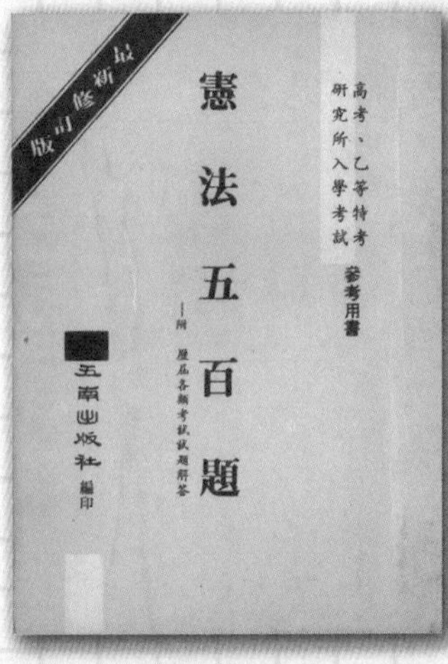

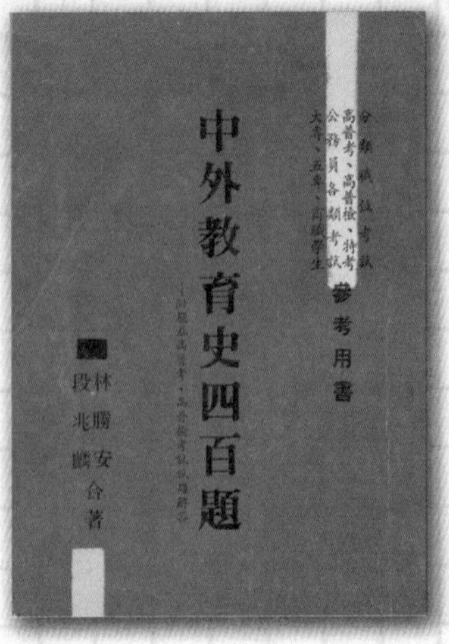

一九七〇年代～一九七五年開始跨入大專教材領域，此期的封面依舊以色彩區分類別，但多了一點點圖案變化；尤其是「藍皮書」系列更是深植人心。

一九八〇年代～這時期教育、文史領域快速成長，於是再分別設計，封面有了更豐富的表情。

一九九〇年代～隨著出版領域的不斷擴充，出版品的分類與識別也更詳細；大抵來說到目前為止封面的規畫仍以「大同小異」為主。

二OOO年代～此時「五南」已是一個全方位、多品牌的事業體，透過CIS的規畫讓封面在「同中有異、異中求同」的原則下，各領域依屬性各自變化設計。

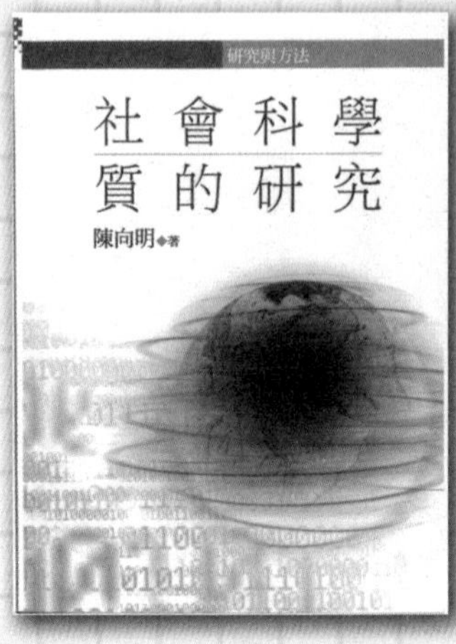

（研究方法類）

（社會學領域）

（新聞大傳領域）

（法政領域）

（心理學領域）

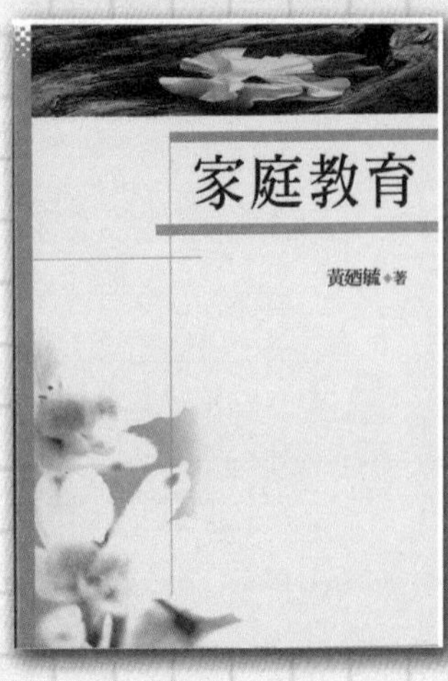

（教育學領域）

二〇一〇年代~為因應作者年輕化、專業普及化、閱讀圖像化的趨勢，出版品封面只保留CI（企業識別）、VI（視覺識別）部分，其餘完全不做規範，可視不同需求各自設計。此時已進入「百花齊放」、「大異小同」的年代。（不再列舉）

（文史哲領域）

（商學領域）

（理工領域）

附錄四 獎賞圖書

年	書名／作者	獎賞
1998	**舞獅技藝 曾慶國 著**	**行政院新聞局金鼎獎優良出版品**
2001	**應用心理研究雜誌 陸洛 主編**	**行政院新聞局金鼎獎優良出版品**
2004	小學生字典（精＋書盒）周何 審訂	行政院新聞局第 23 次中小學生優良課外讀物推介工具書類獎
2005	小學生活用辭典（精＋書盒）邱德修 審訂	行政院新聞局第 24 次中小學生優良課外讀物推介工具書類獎
2005	小學生國語辭典（精＋書盒）邱德修 審訂	行政院新聞局第 25 次中小學生優良課外讀物推介工具書類獎
2005	小學生常用字典 李行健 主編	行政院新聞局第 25 次中小學生優良課外讀物推介工具書類獎
2005	TFT-LCD 面板的驅動與設計 戴亞翔 著	教育部 94 年度影像顯示科技優良教材獎
2006	**台灣傳統音樂概論‧歌樂篇 呂錘寬著**	**第 30 屆金鼎獎最佳藝術生活類圖書獎入圍**
2006	九年一貫審訂音字典（精＋透明書盒） 李行健 主編	行政院新聞局第 27 次中小學生優良課外讀物推介工具書類獎
2006	美麗的世界【青少年台灣文庫】共十二本 國立編譯館 主編 陳明台 編著	行政院新聞局第 27 次中小學生優良課外讀物推介獎教育部生命教育優良出版品人文類佳作獎
2007	作文好撇步 施教麟 主編	行政院新聞局第 29 次中小學生優良課外讀物推介工具書類獎

2007	典藏鈔票異數　莊銘國 著　温雅惠、許桂榮 協編	行政院新聞局第 29 次中小學生優良課外讀物推介獎
2007	十七歲的物理：范小愛與費小曼的奇想世界　蔡淑慧 著	行政院新聞局第 29 次中小學生優良課外讀物推介獎 全國科普閱讀年百種好書物理類獎 行政院新聞局第 33 次中小學生優良課外讀物推介科學類獎
2007	光子晶體：從蝴蝶翅膀到奈米光子學　欒丕綱、陳啟昌 著	國立中央大學光電所優秀教科書獎
2007	**臺灣史　高明士 主編　洪麗完、張永楨、李力庸、王昭文 編著**	**第 31 屆金鼎獎一般圖書類個人類最佳主編獎入圍**
2008	小國旗大學問　莊銘國 著	中華民國觀光領隊協會指定之參考用書
2008	國際禮儀與海外見聞　莊銘國 著	中華民國觀光領隊協會指定之參考用書
2008	挑戰未來公民〈正義、權威、責任、隱私〉共五冊　Center for Civic Education 原著　郭家琪、余佳玲、吳愛頡、郭菀玲 等譯　民間司法改革基金會 策劃出版	國立編譯館獎勵人權教育出版品翻譯獎 行政院新聞局第 30 次中小學生優良課外讀物推介人文類獎、
2008	作文撇步(1)：220 成語＋15 修辭技巧　彭筠蓁 著	行政院新聞局第 30 次中小學生優良課外讀物推介工具書類獎
2008	作文撇步(2)：220 俏皮話＋15 修辭技巧　周姚萍 著	行政院新聞局第 30 次中小學生優良課外讀物推介工具書類獎
2008	被詛咒的文學：戰後初期（1945 — 1949）台灣文學論集　國立編譯館 主編、陳建忠著	巫永福三大獎評選之文學評論獎
2008	**飛天紙馬：金銀紙的民俗故事與信仰　楊偵琴 著**	**第 32 屆金鼎獎兒童及少年最佳人文類圖書獎** 國立台灣藝術教育館第 2 屆中小學優良藝術出版品其他類獎
2009	搞笑經濟學　鍾文榮 著	獲選大陸上海市政府 50 本推薦書

年度	書名／作者	獲獎
2009	道德情感論 Adam Smith 著 謝宗林 譯	獲選大陸上海市政府 50 本推薦書
2009	販賣恐懼：脫軌的風險判斷 Dan Gardner 著 李靜怡、黃慧慧 譯	中時開卷：年度十大好書翻譯類入圍
2009	**臺灣人的發財美夢：愛國獎券 劉華卿 著**	**第 33 屆金鼎獎一般圖書類最佳社會科學類入圍**
2009	**臺灣日日新：阿祖ㄟ身體清潔五十年 沈佳姍 著**	**第 34 屆金鼎獎非文學類入圍**、中時開卷年度十大好書入圍、行政院衛生署國民健康局 2011 健康好書中老年健康類得獎
2009	小學生成語辭典 周何 教授 審訂	行政院新聞局第 31 次中小學生優良課外讀物推介工具書類獎
2009	成語・趣味・知識：小學生成語故事 潘麗珠 教授 總審訂	行政院新聞局第 31 次中小學生優良課外讀物推介工具書類獎
2009	**地下好樂：認識地下音樂你不可錯過的一本書 不然（許逸凡）著**	**第 33 屆金鼎獎一般圖書類最佳藝術生活類圖書獎入圍**
2009	**科學與宗教：400 年來的衝突、挑戰和展望 李雅明 著**	**第 33 屆金鼎獎一般圖書類個人獎最佳著作人獎入圍**
2009	**耶穌祕卷：十字架下的真相 Michael Baigent 著 周春塘 譯**	**第 33 屆金鼎獎一般圖書類最佳翻譯人獎入圍**
2010	廁所之書 Rose George 著 柯乃瑜 譯	中時開卷年度十大好書美好生活書獎、行政院新聞局第 33 次中小學生優良課外讀物推介科學類獎
2010	不一樣的戰爭 Richard C. Bush, Michael E. O'Hanlon 著 林宗憲 譯	中時開卷年度十大好書翻譯類入圍
2010	你所不知道的工業革命：現代世界的創建 1776-1914 年 Gavin Weightman 著 賈士衡 譯	中時開卷年度十大好書翻譯類入圍

2010

給年輕記者的信 Samuel G. Freedman 著 梁岩岩、王星橋 譯	中時開卷年度十大好書翻譯類入圍
罪惡的代價：德國與日本的戰爭記憶 Ian Buruma 著 林錚顗 譯	中時開卷年度十大好書翻譯類入圍
富國的糖衣：揭穿自由貿易的真相 Ha-Joon Chang 著 胡瑋珊 譯	中時開卷年度十大好書翻譯類獎、 桃園市政府文化局桃園之書「十本年度推薦書」之一獎
老百姓經濟學 鍾文榮 著	正體版獲香港特區政府教育局推薦選
化學，就是這樣的！！ 日本化學會 原著 江元仁 譯	全國科普閱讀年百種好書化學類獎
謎樣的化學 I 何子樂 著	全國科普閱讀年百種好書化學類獎
謎樣的化學 II 何子樂 著	全國科普閱讀年百種好書化學類獎
爺爺的證明題：上帝存在嗎？ Gauav Suri, Hartosh Singh Bal 著 洪萬生、洪贊天、林倉億 譯	全國科普閱讀年百種好書數學類獎
Surprise！博物館 陸銘澤 著	行政院新聞局第 32 次中小學生優良課外讀物推介人文類獎
遇見鈔票 莊銘國、卓素絹 著	行政院新聞局第 32 次中小學生優良課外讀物推介人文類獎、 **第 34 屆金鼎獎非文學類獎**
華麗的雙輪主義：有自我風格的自行車生活 小池一介 著 林錚顗 譯	行政院新聞局第 32 次中小學生優良課外讀物推介人文類推介書目

2010	寫給國中生的第一本書：教孩子一生受用的一三〇個智慧　林進材、林香河 著	行政院新聞局第 32 次中小學生優良課外讀物推介人文類推介書目
	台灣俗語諺語辭典（精）　許晉彰、盧玉雯 編著	行政院新聞局第 32 次中小學生優良課外讀物推介工具書類獎
	成語就是這樣讀和寫：看成語笑話拚字音字形競賽　呂淑敏 著	行政院新聞局第 32 次中小學生優良課外讀物推介工具書類獎
	以藝術之名：從現代到當代，探索台灣視覺藝術　公共電視台 編著　徐蘊康 撰稿	**第 34 屆金鼎獎圖書類非文學類入圍**
	一切取決於晚餐　Margaret Visser 著　劉曉媛 譯	中時開卷年度十大好書翻譯類入圍
	圍攻錯別字　潘麗珠教授 總策畫　潘麗珠、陳秉貞、蔡明蓉、施小琴、陳玉芳、鄒依霖、黃美瑤、曾家麒、楊君儀 合著	好書大家讀年度最佳少年兒童讀物知識性讀物組獎 行政院新聞局第 33 次中小學生優良課外讀物推介工具書類獎
2011	非搖擺不可　林煒盛 著	行政院新聞局第 33 次中小學生優良課外讀物推介人文類獎
	大量閱讀的重要性　李家同 著	行政院新聞局第 33 次中小學生優良課外讀物推介人文類推介書目
	民國舊報　唐屹軒 著	行政院新聞局第 33 次中小學生優良課外讀物推介人文類推介書目
	泛自閉症者的社交能力訓練：學校沒有教的人際互動法則　劉萌容 著	行政院新聞局第 33 次中小學生優良課外讀物推介人文類推介書目
	國中生學習方法的第一本書　林香河、林進材 著	行政院新聞局第 33 次中小學生優良課外讀物推介人文類推介書目
	太陽風暴　Stuart Clark 著　嚴麗娟 譯	行政院新聞局第 33 次中小學生優良課外讀物推介科學類獎

年度	書名／作者	獎項
2011	玩出創意：120 個創新科學遊戲　許良榮 主編	行政院新聞局第 33 次中小學生優良課外讀物推介科學類推介書目
	國中生一定要會的 100 道數學經典題目 豐南國中第 39 屆 3 年 28 班全體同學 譯　施信華 審閱	行政院新聞局第 33 次中小學生優良課外讀物推介科學類推介書目
	台灣的音樂與音樂家　林瑛琪 著	國立臺灣藝術教育館第 2 屆中小學優良藝術出版品音樂藝術類獎
	人權不是舶來品：跨文化哲學的人權探究　陳瑤華 著	**第 35 屆金鼎獎非文學類入圍**
	羈押魚肉　林孟皇 著	**第 35 屆金鼎獎非文學類獎**
	童話故事生病了：給小朋友的第一本健康書（精） 周淑娟、周素珍 著　鄭穎珊 繪	衛生署國民健康局 2011 健康好書推介書目
	關鍵飲食　黃建勳醫師等 31 位醫學專家與營養師合著	衛生署國民健康局 2011 健康好書推介書目
	老神在在：行業祖師爺有拜有保庇　楊偵琴 著	好書大家讀第 60 梯次知識性讀物組入選 臺北市小學生十大票選好書
2012	遇見鈔票：歐洲館　莊銘國 著	好書大家讀年度最佳少年兒童讀物獎知識性讀物組獎 文化部第 35 次中小學生優良課外讀物人文及社會類入選 2013 年網路票選人文及社會類優良書籍及優良作者第 5 名獎
	廖玉蕙老師的經典文學：宋朝詩人故事 廖玉蕙 總策畫　林芳妃 撰	好書大家讀年度最佳少年兒童讀物獎文學 B 組獎
	棒球樂事　陸銘澤 著	行政院新聞局第 34 次中小學生優良課外讀物推介知識類推介書目 好書大家讀第 61 梯次知識性讀物組入選
	台語每日一句：落台語俗諺很簡單 許晉彰、盧玉雯 編著	行政院新聞局第 34 次中小學生優良課外讀物推介工具書類推介書目

年份	書名／作者	獲獎紀錄
2012	好查好用簡明成語熟語　五南辭書編輯小組	行政院新聞局第 34 次中小學生優良課外讀物推介工具書類推介書目 好書大家讀第 61 梯次知識性讀物組入選
	詞在有意思 1：露馬腳，皇后不能說的祕密！ 周姚萍　著	行政院新聞局第 34 次中小學生優良課外讀物推介工具書類推介書目
	詞在有意思 2：項羽，分杯給我吧！　周姚萍　著	行政院新聞局第 34 次中小學生優良課外讀物推介工具書類推介書目
	精編分類成語辭典　五南辭書編輯小組	行政院新聞局第 34 次中小學生優良課外讀物推介工具書類推介書目 好書大家讀第 61 梯次知識性讀物組入選
	玩出創意 2：48 個酷炫科學魔術　許良榮　著	**第 36 屆金鼎獎兒童及少年圖書獎科學類獎**
	霸凌議題與校園霸零策略　吳明隆、陳明珠　著	臺北市 101 年度兒童深耕閱讀好書推薦教師用入選圖書獲選
2013	今人說古話：文言文趣味典源 潘麗珠教授　總策畫　潘麗珠、陳秉貞、孫貴珠、蔡明蓉、張嘉珊、簡彥伶、張守甫、施小琴、楊君儀　合著	文化部第 35 次中小學生優良課外讀物獎
	不要讓錯別字害了你　蔡有秩　編著	好書大家讀年度最佳少年兒童讀物獎知識性讀物組獎
	遇見林徽因：愛・建築・文學的一生 張清平　著　關華山　校訂	好書大家讀第 65 梯次文學 B 組入選
	三四五年級的台灣　徐宗懋圖文館　編撰	法蘭克福書展台灣館生活創意與優選好書入選
	論語故事：孔子與他弟子們的故事　張德文　著	好書大家讀第 63 梯次文學 B 組入選
2014	台灣近代美術創世紀：倪蔣懷、陳澄波與黃土水見證台灣史　李欽賢　著	文化部第 36 次中小學生優良課外讀物推介入選

2014

台灣建築的式樣脈絡　傅朝卿 著
文化部第 36 次中小學生優良課外讀物推介入選

達爾文在路上看到了什麼
Charles Robert Darwin 著　肖家延 譯
好書大家讀第 66 梯次文學 B 組入選

數字看天下　莊銘國、柯子超 著
好書大家讀年度最佳少年兒童讀物獎知識性讀物組獎

玩玩具，學科學：玩具背後的科學原理　王德麟 著
好書大家讀第 67 梯次知識性讀物組入選

黎曼猜想漫談　盧昌海 著
吳大猷科學普及著作獎原創類金籤獎

光機電產業設備系統設計　李朱育、劉建聖、利定東、
洪基彬、蔡裕祥、黃衍任、王雍行、林央正、胡平浩、
李炫璋、楊鈞杰、莊傳勝、林敬智 著
教育部產業先進設備人才培育計畫優良教科書佳作獎

圖解模具製造　郭文正 著
教育部產業先進設備人才培育計畫優良教科書佳作獎

智慧型壓鑄模具生產技術　莊水旺 著
教育部產業先進設備人才培育計畫優良教科書第一名獎

電腦輔助沖壓模具設計　林栢村、郭峻志 著
教育部產業先進設備人才培育計畫優良教科書第二名獎

機電工程概論
莊水發、修芳仲、丁一能、廖志偉 著
教育部產業先進設備人才培育計畫優良教科書第三名獎

超人不會飛：鋼鐵人醫生的逆襲
黃述忱、許超彥 合著
好書大家讀年度最佳少年兒童讀物獎文學 B 組獎

不花一毛錢的小旅行：超有料博物館　王派仁 著
好書大家讀年度最佳少年兒童讀物獎知識性讀物組獎
法蘭克福書展台灣館「台灣好書區」入選

2015

玩樂老臺灣：不插電的 78 轉聲音旅行，我們 100 歲了！ 林太崴 著	法蘭克福書展台灣館「台灣好書區」入選
走著橋：古橋閱讀與散步 王派仁 著	法蘭克福書展台灣館「台灣好書區」入選
蔣渭水VS林獻堂：兩位台灣民族運動先驅 戴月芳 著	文化部第 37 次中小學生優良課外讀物評選推介人文及社會類入選
迪士尼 Louise Krasniewicz 著	文化部第 37 次中小學生優良課外讀物評選推介人文及社會類獎
伴熊逐夢：台灣黑熊與我的故事 楊吉宗 著	文化部第 37 次中小學生優良課外讀物評選推介科學類獎
圖解臺灣教育史 張淑媚、蔡元隆、黃雅芳 著	國史館臺灣文獻館推廣性書刊類優等獎
圖說：新古文觀止的故事—從閱讀出發，必讀的文言文經典故事 高詩佳 著	文化部第 37 次中小學生優良課外讀物評選推介人文及社會類獎
玩出創意 3：77 個奇趣科學玩具 許良榮 著	文化部第 37 次中小學生優良課外讀物評選推介入選

附錄五 版權交流

Australia

Allen&Unwin
Ian Maddocks
The University of New South Wales

Belgium

Clavis BVBA

China

人民文學出版社
人民出版社
人民軍醫出版社
人民教育出版社
人民郵電出版社
三秦出版社
三聯書店上海
上海人民出版社
上海文化出版社
上海世界圖書出版公司
上海世紀出版股份有限公司
上海外語教育出版社
上海交通大學出版社
上海科技教育出版社
上海科學技術文獻出版社
上海科學普及出版社
上海財經大學出版社
上海教育出版社
上海醫科大學出版社
上海辭書出版社
九州出版社
大連理工大學出版社
山西人民出版社
山西教育出版社
山西經濟出版社
山東人民出版社
山東大學出版社
山東教育出版社
山東畫報出版社
中央音樂學院出版社
中央編譯出版社
中共中央黨校出版社
中信出版集團
中國人民大學出版社
中國人民公安大學出版社
中國大百科全書出版社
中國工人出版社
中國友誼出版公司
中國文聯出版社
中國民族攝影藝術出版社
中國宇航出版社
中國協和醫科大學出版社
中國法制出版社
中國金融出版社
中國青年出版社
中國政法大學出版社
中國科學出版社
中國科學技術大學出版社
中國旅遊出版社
中國書籍出版社
中國紡織出版社
中國商業出版社
中國國學文化藝術中心
中國税務出版社
中國電力出版社

China

中國輕工業出版社
中華工商聯合出版社
中華書局
內蒙古人民出版社
化學工業出版社
天津大學出版社
天津科學技術出版社
天津教育出版社
天窗出版社
少年兒童出版社
世界圖書出版公司
北方婦女兒童出版社
北京大學出版社
北京出版集團
北京師範大學出版社
北京航空航天大學出版社
北京郵電大學出版社
北京對外經濟貿易大學出版社
北京語言大學出版社
北京燕山出版社
四川人民出版社
四川辭書出版社
外語教學與研究出版社
甘肅人民出版社
生活．讀書．新知三聯書店
石油工業出版社
立信會計出版社
吉林大學出版社
吉林出版集團
同濟大學出版社
合肥工業大學出版社
地質出版社
地震出版社

安徽人民出版社
安徽科學技術出版社
安徽教育出版社
江蘇人民出版社
江蘇教育出版社
江蘇鳳凰美術出版社
百花文藝出版社
西安交通大學出版社
西南財經大學出版社
東方出版社
東北大學出版社
東北財經大學出版社
東華大學出版社
武漢大學出版社
河北大學出版社
法律出版社
知識產權出版社
社會科學文獻出版社
金城出版社
長春出版社
南京大學出版社
南京師範大學出版社
南開大學出版社
科學出版社
重慶大學出版社
重慶出版社
香港中文大學出版社
海南出版社
浙江人民出版社
浙江大學出版社
浙江科學技術出版社
浙江教育出版社
高等教育出版社

商務印書館
國防工業出版社
教育科學出版社
清華大學出版社
現代出版社
復旦大學出版社
湖南人民出版社
湖南少年兒童出版社
湖南文藝出版社
湖南科學技術出版社
華中科技大學出版社
華中師範大學出版社
華東師範大學出版社
華東理工大學出版社
華南理工大學出版社
華夏出版社
貴州人民出版社
雲南人民出版社
廈門大學出版社
新華出版社
當代中國出版社
經濟日報出版社
群眾出版社
電子工業出版社
團結出版社
寧夏人民出版社
漢語大辭典出版社
福建人民出版社
福建教育出版社
語文出版社
廣西人民出版社

China	廣西師範大學出版社 廣東人民出版社 廣東花城出版社 廣東教育出版社	廣東經濟出版社 學苑出版社 機械工業出版社 遼寧人民出版社	遼寧教育出版社 蘇州大學出版社 譯林出版社 灕江出版社
France	Armand Colin SAS Dunod Editeur Editions Gallimard Editions Odile Jacob	Flammarion SA Les Editions de Minuit SA Les Editions Galilee	Les Editions Grasset & Fasquelle PLACE DES EDITEURS SA Presses Universitaires de France
Germany	Campus Verlag GmbH Deuticke Verlag DOM Publishers F. A. Herbig Verlagsbuchhandlung GmbH Franz Steiner Verlag GmbH	Loewe Verlag GmbH Mohr Siebeck GmbH Ravensburger Buchverlag Otto Maier GmbH Rowohlt Verlag GmbH Suhrkamp Verlag GmbH	Vandenhoeck & Ruprecht GmbH Verlag Herder GmbH Verlagsgruppe Random House GmbH Wimmelbuchverlag
Japan	BUSINESS-SHA Discover 21 Iwanami Shoten Jikkyo Shuppan Kurosio Publishers PHP 研究所 SB クリエイティブ エヌ・ティ・ティ出版 キネマ旬報社 コロナ社 ジェイ・リサ-チ出版	ダイヤモンド社 三省堂 三陽社 大和書房 小學館 中央公論新社 化学同人 日本実業出版社 日経 BP 主婦の友社 共立出版	名古屋大学出版 扶桑社 東京大學出版會 金融財政事情研究 晃洋書房 培風館 筑摩書房 彰国社 慶應義塾大學出版會 講談社 讀賣新聞社
Korea	Dasan Books Donga Science Doo Yang Sa Publishing	Gana Publishing Pulbit Publishing San Chaek Publishing	Woongjin Thinkbig 學古房 藝林堂
Netherlands	Amsterdam University Press		

New Zealand	PQ Blackwell Licensing	The Dunmore Press	
Singapore	World Scientific Publishing		
Spain	Editorial VillaCeli		
Taiwan	Cengage Learning Asia		
UK	Aitken Alexander Associates Ashgate Publishing BBC Books Blackwell Publishing CAB International Cambridge University Press CIPD Enterprises Curtis Brown Group David Fulton David Godwin Associates David Higham Associates Dorling Kindersley Free Association Books	Gerald Duckworth Her Majesty's Stationery Office Intercontinental Literary Agency International Psychoanalytical Association Jessica Kingsley Publishers Karnac Books Laurence King Publishers Lion Hudson plc Oxford University Press Palgrave Macmillan PETERS FRASER & DUNLOP Polity Press	Quercus Editions Reaktion Books Routledge Taylor & Francis Group The British Museum The Orion Publishing Group The Science Factory The Templar Company The Winnicott Trust Usborne Publishing Weldon Owen Whurr Publishers
USA	Abbeygate Press ABC-CLIO Alma Books AltaMira Press American Management Association	American Psychiatric Publishing American Psychological Association Artech House Publishing Artivations Aspen Publishers	Association for Supervision and Curriculum Development Association of Teacher Educators Atlantic Books Barron's Educational Series

USA

Berrett-Koehler Publishers
Black Dog & Leventhal Publishers
Bloomsbury Publishing
Broadcasting Board of Governors
Brockman
Carlisle & Company
Carolina Academic Press
CCH Incorporated
Charles Hampden-Turner
Chronicle Books
Churchill / Livingstone
CMP Books
Cold Spring Harbor Laboratory Press
Columbia University Press
Congressional Quarterly
Corwin Press
CRC Press
Creative Trust
Don Congdon Associates
Dover Publications
Elsevier
Eva Dreikurs Ferguson
F+W Media
Farrar, Straus & Giroux
Focal Press
Folio Literary Management
Grove/Atlantic
Guilford Publications
Harcourt Brace
Harper Collins Publishers
Harvard University Press
Houghton & Houghton
Human Kinetics Publishers
ICPE West Virginia University
Island Press
Janet Malcolm
John Wiley & Sons
Jones & Bartlett Learning
Kaplan Publishing
Kuhn Projects
Lippincott Williams & Wilkins
Loretta Barrett Books
Lynne Rienner Publishers
Michael Wiese Productions
Microtraining Associates
Nancy Sokol Green
National Association for the Education of Young Children
National Council of Teachers of Mathematics
NICU Ink Book Publishers
Oxton House Publishers
Pearson Education
PendletonClay Publishers
Penguin Group
Perseus Books
Prentice Hall
Princeton University Press
Pro-Ed
Quirk Books
Random House
Rapid Psychler Press
Sage Publications
Sanford J. Greenburger Associates
Seal Press
Seven Stories Press
SPIE Press
Springer Publishing Company
ST. Martin's Press
State of Wisconsin Department of Public Instruction
State University of New York Press
Taryn Fagerness Agency
Teachers College Press
Ted Weinstein Literary Management
Temenos Press
Ten Speed Press
The C. V. Mosby Company
The Continuum International Publishing Group
The Copy Workshop
The Guilford Press
The Johns Hopkins University Press
The McGraw-Hill Companies
The MIT Press
The Nicholas Ellison Agency
The Random House Group
The Rowman & Littlefield Publishing Group
The University of Chicago Press
The University of North Carolina Press
The University Press of Kentucky
Thomas Nelson Publishers
Thomson Learning
U. S. Geological Survey
University of Illinois Press
University of Oklahoma Press
University Science Books
Vander Wyk and Burnham
Visible Ink Press
W. W. Norton & Company
Westview Press
William Clark Associates
Yale University Press

五南五十 無難事

陳庚金／前總統府資政
前行政院人事行政局局長

欣逢楊榮川先生創辦五南文化集團五十周年年慶，忝為六十年老友，深感與有榮焉。民國四十三年我考上省立臺中師範學校普師科，班上有一位個子不高，白白胖胖，座位排序，第一排「一號楊榮川」，我「十五號」第三排，距離近接觸多交情較好。當年培育師資的「師範學校」都是公費，畢業後分發當小學老師，職業有保障，是我們農村子弟或家境較差而功課好的學生的最佳選擇。他大甲初中第一名畢業，保送就讀「中師」，三年同窗畢業後各奔前程，各自回到自己的家鄉當「小學老師」。三年服務期滿我參加聯考上政大政治系就讀，也許是上天的安排，有一次在臺北火車站邂逅，相邀共進午餐，才知道他比我厲害，幾年內他自修準備各種考試，無試不中，從普考、高考、初中教師、高中教師資格檢定考試等一一及第，轟動桑梓名聞遐邇，成為青年朋友努力的標竿。

楊學長，在家是長子，當老師還要幫雙親作農耕，不能遠離鄉居，經濟上不容許他上大學，只好放棄保送師大的機會。他以高考及格等同大學畢業資格服預官役一年，過五關斬六將，當上「國軍政士」的最高榮譽。

我們政大學生都知道王雲五的苦學有成，創辦商務印書館，沒有高學歷卻當政大博士班指導老師。我常跟同學說「楊榮川有點王雲五的影子」，這不是恭維，而是對他的努力、奮鬥、眼光、前瞻與成就表示敬佩！他跟我說當年他在苑裡初中教書，受限於無應考研究所資格，再也沒有展現考試長才身手的機會，開始寫作，三、五年間在各大報章雜誌，投稿近百篇有關教育與教學的文章，擠入專家之流。後來，自己先是編撰出版考試用書，進而開出版社邀學者專家撰寫當起老闆來了。

回味當年，中師全體公費住校，作習管理，一如軍校，也有早晚自習。普師科的學生也要彈「風琴」，檢定過關才行，我看到只有楊學長自繪風琴鍵盤，利用晚自習練習彈奏，其認真苦學可見一斑。曾經請他代我上臺代彈，矇混過關，如今想來有點汗顏。

民國六〇年代，行政院蔣院長經國先生鑑於社會色情行業泛濫，要了解實情。當時我任研考會科長奉派主辦，我找五、六個年輕同事分組分赴各種風化場所深入了解，我的岳父在商場帶我上酒家，楊學長會跳舞，我就請他帶我上舞廳，都能滿載而歸。

七〇年代，我以客家人、空降部隊，回臺中選縣長，他號召同學出錢出力拉票助選。縣長八年，夜以繼日難得休閒，偶有機會往臺北公幹，一定忙裡偷閒找他請客小酌，甚至借住一宿，聊至深夜，了解他經營圖書出版的甘苦。縣長卸任後出任考選部次長，負責各種國家考試，及時提供可以公開的考試資訊自不在話下。

八〇年代，我是連戰內閣的一員，公事繁忙應酬亦多，忙裡偷閒最愉快的時段就是下班後約他小酌聊天，天南地北無所不談。他不羨慕我當官，倒是我欽佩他鄉下人進城經營圖書出版事業的敬業與成就。

二〇〇〇年代以降，他有計畫的培植第二代接班，慢慢放下重擔，留點時間充實家居生活的內涵，游泳、爬山、打高爾夫球、出國旅遊、玩照相機……等等，樣樣都來。此時，我也告老還鄉，我們有更多的時間在一起雙進雙出，享受美好的時光，充實寶貴的生涯規畫。

就我所了解，本業之餘，這位學長還熱心公益、社會服務。除擔任中華民國圖書出版協會理事長期間努力爭取出版業權益外，數十年來「五南」一承辦各種大小不同的出版活動、參與兩岸三地出版交流、贊助學術研究、捐贈圖書……。逾百的感謝狀，積滿辦公室。也經常為我們母校臺中教育大學、臺北校友會以及校友總會作出貢獻。擔任臺北市臺中教育大學校友會理事長期間，首設校友金婚、銀婚、鑽石婚紀念辦法及校友傑出子女獎勵辦法，而且至今，每年之紀念品皆由其提供。其中結婚紀念辦法，我們校友總會也已推行中。不管臺北或總會，若有重要活動如：年度大會、郊遊活動，亦都提供好書分贈與會者。他來自鄉下，飲水思源，出資編印《珍藏五南——五南社區文史采風》乙冊，分贈村民每戶一冊，為出生地留下歷史文物，傳承後代，精神實在可佩。對於鄉里學校，如苑裡國小、苑裡國中、國立苑裡高中，以及苑裡老人社區中心，亦都分別捐贈圖書數萬冊，供眾參閱，熱誠感人。

幾十年來的相處，觀察到這位學長之所以在出版界屹立不搖，首先覺得他眼光敏銳，策略成功。察覺到高普考試用書已經粗俗化，流於市場惡性競爭時，即刻轉型大專教材的出版；預估到少子化波及到大專學生的銳減，即刻向下延伸中小學的學習用書。每每談及，知道他六十年代以迄今天，每一年幾乎都有他的環境因應策略，不會固守僵化，是他成功的要因。而經營的同時又特別講究誠信。我常聽到學界的朋友說，在「五南」出書版稅制一定要求作者在版權頁上蓋章認定，我曾經建議他何必增加作者的麻煩。他對我說：「一般作者對商業化的出版社充滿不信賴感，何況一般作者都會高估自己書的銷量，蓋了章就會減少以多報少的心中納悶。有些作者相信我們，堅持不用蓋，我們也派人在他面前替他代勞。」至於版稅，依約如期結算寄付，不用作者催索，自不在話下，難怪「五南」會取得學界的信賴與支持。

最近，我常跟他聊及為什麼不多角經營，投資其他的行業，他說：「出版是我的終身志業，在作者與讀者之間搭起橋樑，是我的樂趣。每出一本書就有生了一個小孩的喜悅。其他的投資我可以，但不能花去我的時間與心思，它可以失敗結束，出版絕對要永續不朽！」充滿出版熱情，何其堅定！

「五南五十」年來的成長，工作同仁二百多人的辛勤耕耘，總計出書已達六千餘種，成就一方浩瀚無垠的閱讀國度，打造「百花綻放的知識公園」，對我的學長——楊榮川——而言真是「無難事」。

經歷

臺中縣縣長
考選部政務次長
行政院人事行政局局長
總統府有給職國策顧問
總統府資政

出版職人：飛躍 50 迎向百年 / 五南五十周年專案小組策
畫. -- 初版. -- 臺北市：五南, 2016.05
面；　公分
ISBN 978-957-11-8528-6(平裝)

1. 五南圖書出版公司 2. 出版業 3. 歷史

487.78933　　105002422

出版職人——飛躍 50 迎向百年

策　　畫　五南 50 周年專案小組
發 行 人　楊榮川
總 編 輯　王翠華
執行主編　蘇美嬌
編　　輯　謝昀諭　連彥盛　邱紫綾
校　　對　李貴年　周淑婷　温小瑩
美術設計　黃順德　柳佳璋　陳翰陞　徐慧如
封面設計　柳佳璋
插　　畫　陳翰陞　凌雨君
出 版 者　五南圖書出版股份有限公司
地　　址　106 臺北市大安區和平東路二段 339 號 4 樓
電　　話　(02)2705-5066　傳真　(02)2706-6100
劃撥帳號　01068953
戶　　名　五南圖書出版股份有限公司
網　　址　http://www.wunan.com.tw
電子郵件　wunan @ wunan.com.tw
法律顧問　林勝安律師事務所　林勝安律師
出版日期　2016 年 5 月初版一刷
定　　價　新臺幣 480 元

有著作權　翻印必究

掌聲

31屆金鼎 獎一般圖書類最佳主編獎入圍／臺灣史　第32屆金鼎獎最佳兒童及少年最佳人文類圖書獎

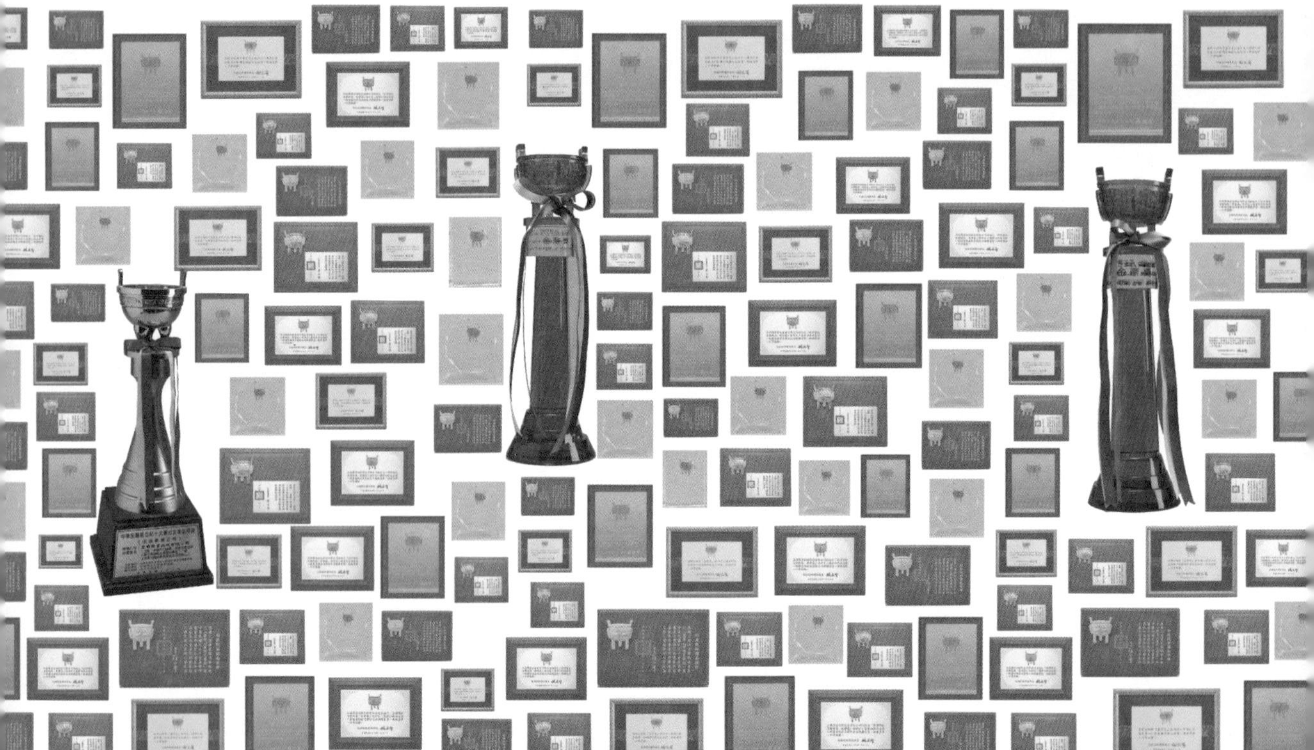

類／羈押魚肉　第36屆金鼎獎兒童及少年圖書獎科學類／玩出創意2：48個酷炫科學魔術

96老字號金招牌 第21屆金鼎獎優良出版品／舞獅技藝 第25屆年金鼎獎優良出版品／應用心理研

飛天紙馬 第34屆金鼎獎圖書類兒童及少年圖書獎／遇見鈔票 第35屆金鼎獎非文學獎